Dipl.-Hdl. Dr. Hans Hahn
Studiendirektor

Dipl.-Hdl. Dipl.-Kfm. Helge Meyer
Studiendirektor

Rechnungswesen Groß- und Außenhandel

4. Auflage

Bestellnummer 32700

Bildungsverlag EINS – Gehlen

Legende der verwendeten Symbole:

Handlungssituation	Sachinhalt
Zusammenfassung	
Aufgaben	Aufgaben und Sachverhalte, die mithilfe eines Computerprogrammes gelöst werden können
AWL Hinweis auf das Allgemeine Wirtschaftslehrebuch	HBL Hinweis auf das Handelsbetriebslehrebuch

www.bildungsverlag1.de

Gehlen, Kieser und Stam sind unter dem Dach des Bildungsverlages EINS zusammengeführt.

Bildungsverlag EINS
Sieglarer Straße 2, 53842 Troisdorf

ISBN 3-441-**32700**-4

Vorwort

Dieses Buch erfüllt die Anforderungen der Richtlinien des Landes Nordrhein-Westfalen für den neu geordneten Ausbildungsberuf Kauffrau/Kaufmann im Groß- und Außenhandel.

Inhalte und Gliederung orientieren sich am **Lernfeld 11** dieser Richtlinien:

Bestände und Werteströme erfassen und dokumentieren sowie Kosten- und Leistungsrechnung als Instrument für betriebliche Entscheidungen im Großhandelsbetrieb bereitstellen.

In anderen Bundesländern ausgewiesene Lerngebiete können problemlos diesem Lernfeld zugeordnet werden.

Lehrplangemäß wurden instrumentelle Grundlagen der Finanzbuchhaltung einschließlich Jahresabschluss und der Kosten- und Leistungsrechnung gelegt. Damit werden Kenntnisse und Fertigkeiten in der Erfassung, Aufbereitung und Auswertung von Informationen zur Planung, Steuerung und Kontrolle vermittelt, die dann in einzelnen fachspezifischen Lernfeldern der AWL und HBL angewandt und erweitert werden können.

Neben der Integration von **Buchführung** und **Rechnen** haben die Autoren in allen Kapiteln die Inhalte des Rechnungswesens betriebswirtschaftlichen Zusammenhängen zugeordnet.

Den Buchungsteilen liegt der 1988 vom Bundesverband des Deutschen Groß- und Außenhandels e.V. herausgegebene Kontenrahmen für den Groß- und Außenhandel zugrunde. Zusätzlich wurden die Empfehlungen der **„Aufgabenstelle für kaufmännische Abschluss- und Zwischenprüfungen“** (AKA), IHK Nürnberg, beachtet.

Bewusst verzichten die Autoren auf die Darstellung von Spezialkenntnissen. Stattdessen vermitteln sie Grundstrukturen des Faches in starker Einbindung in betriebswirtschaftliche Zusammenhänge, indem die wichtigsten Lerninhalte mithilfe von Belegen problematisiert werden.

Auf Querverbindungen, die in dem entsprechenden Allgemeinen Wirtschaftslehre- bzw. Handelsbetriebslehrebuch derselben Reihe vertieft werden können, wird durch besondere Symbole hingewiesen.

Die einzelnen Themenbereiche werden am Beispiel einer Groß- und Außenhandlung für Bürobedarf (Modellunternehmen Primus GmbH) erarbeitet. Jedes Kapitel wird mit einer unternehmungs- und fachtypischen Handlungssituation eingeleitet. Über einen abschließenden Arbeitsauftrag werden die Schüler zur eigenständigen Lösung aufgefordert. Mit der verständlichen und illustrierten Darstellung und Erklärung der Inhalte an Beispielen werden Hilfen zur Entwicklung von eigenen Lösungsvorschlägen und damit zu einer identifizierenden Handlungsorientierung angeboten.

In vielen Abschnitten werden computerunterstützte Lösungen aufgezeigt bzw. gefordert.

Jedes Kapitel schließt mit einer Zusammenfassung der Lernstruktur und einem umfangreichen Aufgabenteil. Durch den hohen Stellenwert des Aufgabenteils haben auch lernschwächere Schüler die Möglichkeit, die Bestandteile des Rechnungswesens systematisch einzuüben. Ein umfangreicher Materialienband enthält ausführliche Lösungen, Übungstests, weitere Übungsaufgaben und Unterrichtsskizzen.

Die Verfasser

Inhaltsverzeichnis

Rechnen mit dem Taschenrechner

Anzeigefeld

Tastenfeld

Zahlen-Tasten [0] … [9]

Rechen-Tasten

- Division [÷]
- Multiplikation [X]
- Subtraktion [–]
- Addition [+]
- Prozent-automatik [%]

Lösch-Tasten

- Einschalten Einzel- und Gesamtlöschung [ON/CE]
- Aus-Taste [AUS/OFF]

Speicher-Tasten

- Addierender Speicher [M+]
- Subtrahierender Speicher [M–]
- Speicheraufruf [MR]
- Speicherlöschung [MC]

Rechenart	Aufgabenbeispiel	Eingabe in den Rechner	Anzeige
1 Addition	36 + 322	36 (+) 322 (=)	358
2 Subtraktion	540 – 196	540 (–) 196 (=)	344
3 Addition und Subtraktion	39 + 620 – 222	39 (+) 620 (–) 222 (=)	437
4 Multiplikaktion	64 · 3,6	64 (X) 3 · 6 (=)	230,40
5 Division	420 : 21	420 (÷) 21 (=)	20
6 Multiplikation und Division	$\frac{14 \cdot 224}{8}$	14 (X) 224 (÷) 8 (=)	392
7 Multiplikation und Division mit Konstanten	12 · 4 12 · 6 4 : 16 8 : 16	12 (X) 4 (=) 12 (X) 6 (=) 4 (÷) 16 (=) 8 (÷) 16 (=)	48 72 0,25 0,5
8 Prozentrechnen	15 % von 900 15 % von 900 + 900 900 – 15 % von 900	900 (X) 15 (%) 900 (+) 15 (%) 900 (–) 15 (%)	135 1035 765
9 Rechnen mit Speicher	(16 · 8) – (30 : 3)	16 (X) 8 (M+) 30 (÷) 3 (M–) (MR)	118

1 Aufgaben und Aufgabenbereiche des betrieblichen Rechnungswesens

Nach den ersten sechs Monaten ihrer Ausbildung zur Kauffrau im Groß- und Außenhandel in der Primus GmbH wechselt Nicole Höver vom Absatz ins Rechnungswesen. Herr Winkler, der Leiter der Abteilung Verkauf/Marketing, begleitet sie zu Herrn Schubert, dem Gruppenleiter des Rechnungswesens. „Guten Tag, Herr Schubert, ich bringe Ihnen eine Hilfe für die nächsten Monate." „Danke, mir wurde Frau Höver schon durch den Ausbildungsplan der Personalabteilung angekündigt. Ich will sie sofort mit ihren neuen Kolleginnen und Kollegen bekannt machen, nämlich mit unserer Finanzbuchhalterin, Frau Lapp, und unserer Lohnbuchhalterin, Frau Hahn." Im Büro nebenan arbeiten Frau Braun, zuständig für die Statistik, und Herr Zimmer, der Leiter der Kosten- und Leistungsrechnung und des Controllings.

Während des Rundgangs durch die Abteilung erzählt Herr Schubert von seiner Arbeit. Er habe das Gefühl, das Nachrichtenzentrum für die Unternehmensleitung und die betrieblichen Abteilungen zu sein. Noch heute wollte Herr Hack, der Gruppenleiter „Bürotechnik", die Umsatzentwicklung des Laserdruckers HP Laser Jet 5 P erfahren, der seit sechs Monaten verkauft wird. Anlässlich eines Auftrages der Computerfachhandlung Martina van den Bosch, Venlo, über 40 000,00 EUR will Herr Winkler wissen, ob die Firma van den Bosch die bisherigen Lieferungen bezahlt hat. Außerdem will die Geschäftsleitung regelmäßig Kurzberichte über die Entwicklung des Gewinns oder Verlustes und der liquiden Mittel. Herr Schubert stellt abschließend fest: „Wir sind im Rechnungswesen eine Art Datenbank für die Unternehmungs- und Abteilungsleiter."

Arbeitsauftrag Stellen Sie einen Aufgabenkatalog des Rechnungswesens zusammen, aus dem hervorgeht, dass das Rechnungswesen ein Informationssystem für die Geschäftsleitung, die Abteilungsleiter, die Gruppenleiter, die Kreditgeber und die Behörden werden kann!

Großhandelsbetriebe kaufen über den **Beschaffungsmarkt Waren** und **Betriebsmittel** (Maschinen, Fahrzeuge) ein.

Die Waren werden durch die Mitarbeiter der Großhandelsunternehmung auf dem Absatzmarkt an die Kunden der Großhandelsunternehmung (Einzelhandel, Großverbraucher) verkauft. **Waren, Betriebsmittel** und **menschliche Arbeit** sind die **Produktionsfaktoren** der Unternehmung. Der Verkauf von Waren ist neben dem Verkauf von Dienstleistungen, wie Montage und Wartung verkaufter Waren, die typische Leistung der Großhandelsunternehmung.

AWL

Güter- und Geldströme

Vom **Beschaffungsmarkt** fließt also ein **Strom von Gütern und Dienstleistungen** in die Großhandelsunternehmung. **Beim Verkauf strömen Güter und Dienstleistungen** zu den Kunden **am Absatzmarkt**.

Dem **Güter-** und **Dienstleistungsstrom** steht also ein **Geldstrom** gegenüber (vgl. Abbildung S. 8).

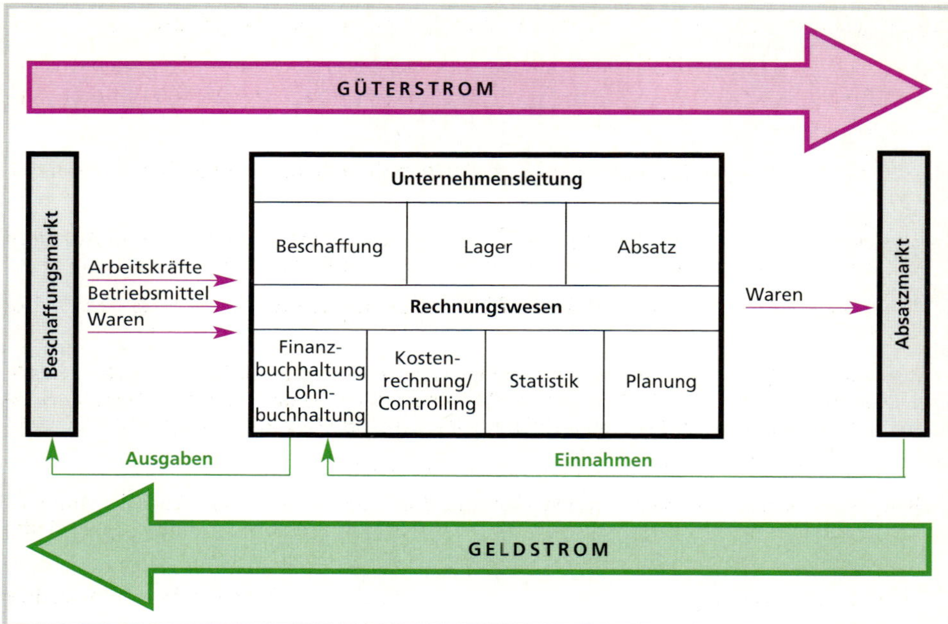

Ziel des Unternehmers ist es hierbei, einen Überschuss der Einnahmen gegenüber den Ausgaben zu erreichen. Ist das der Fall, erzielt das Unternehmen einen **positiven Erfolg** (einen **Gewinn**). Es setzt sich jedoch auch dem Risiko aus einen **negativen Erfolg** (einen **Verlust**) zu erleiden.

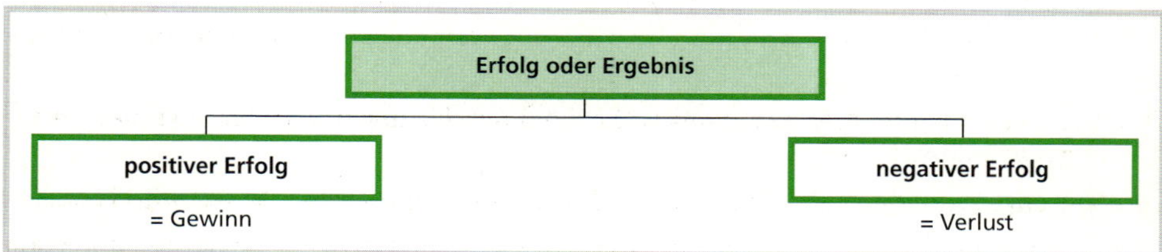

Einzelaufgaben des Rechnungswesens

Geld- und Güterströme verändern fortwährend die Zusammensetzung und Höhe der Vermögensteile (z. B. Warenbestände, Forderungen, Bankguthaben) und der Schulden. Über die Ursachen, die Art und den Umfang der Veränderungen des Vermögens und der Schulden muss die Unternehmungsleitung zuverlässige Informationen (Daten) erhalten, um aufgrund genauer Angaben die erforderlichen Entscheidungen treffen zu können.

Beispiele

- Der Primus GmbH wird von der Bürotec GmbH, Leipzig, ein großer Posten Druckertische Euratio besonders preisgünstig bei sofortiger Zahlung angeboten. Die Unternehmungsleitung erkundigt sich in der Buchhaltung nach dem Bestand an Zahlungsmitteln (Bargeld, Guthaben bei Banken).
- Wegen eines Auftrages über 40 000,00 EUR vom Kunden Martina van den Bosch, Venlo, möchte der Abteilungsleiter Verkauf/Marketing, Herr Winkler, den derzeitigen Kontenstand des Kunden wissen.

Das Rechnungswesen erfüllt für die Unternehmensleitung folgende **Aufgaben:**

- Es ermittelt **Art und Höhe des Vermögens und der Schulden** bei der Gründung der Unternehmung, am Ende jedes Geschäftsjahres und beim Verkauf oder bei der Auflösung der Unternehmung.
- Alle **Veränderungen des Vermögens und der Schulden** hält es im Laufe des Geschäftsjahres fest.

  Beispiele Aufnahme oder Tilgung eines Darlehens, Zahlungen von Kunden zum Ausgleich von Ausgangsrechnungen, Zahlungen an Lieferer zum Ausgleich von Eingangsrechnungen
- Es erfasst alle Daten, um den **Erfolg des Unternehmens,** den Gewinn oder den Verlust, zu ermitteln.

  Beispiel Im Monat Oktober wurden Bürobedarfsartikel für 350 000,00 EUR verkauft, dafür entstanden im selben Monat Ausgaben für Wareneinkäufe, Löhne, Gehälter, Miete, Büromaterial u. a. von 310 000,00 EUR. Der Erfolg, in diesem Fall ein Gewinn, beträgt 40 000,00 EUR.
- Es liefert Aufzeichnungen zur **Berechnung der Preise** (Kalkulation).

  Beispiel Ausgaben für Waren, Löhne, Gehälter, Büromaterial usw. sollen über die Verkaufspreise der Waren wieder hereingeholt werden. Deshalb müssen diese Ausgaben vollständig festgehalten und bei der Preisberechnung (Kalkulation) berücksichtigt werden.
- Über die Beobachtung und den Vergleich fortlaufend erfasster Daten stellt es notwendige **Unterlagen für unternehmerische Entscheidungen** bereit.

  Beispiel Die Verkaufszahlen von den einzelnen Artikeln (Umsatz und Absatz) werden festgehalten. Je nach Entwicklung lösen sie unternehmerische Entscheidungen aus: Werbemaßnahmen, Herausnahme aus dem Sortiment u. a.
- Es ist **Informationsstelle für Gläubiger.**

  Beispiel Kreditinstitute überprüfen anhand von Unterlagen des Rechnungswesens die Kreditwürdigkeit.
- Es sammelt und ermittelt die **Angaben für Steuererklärungen** (z. B. für die Einkommensteuererklärung).
- Im Streitfalle mit den Behörden oder mit Geschäftspartnern stellt es **Beweismittel** bereit.

  Beispiel Belege werden aufbewahrt, um gegenüber der Finanzverwaltung Ausgaben und Einnahmen nachzuweisen, um entstandene und getilgte Schulden und Forderungen nachzuweisen.

Das Rechnungswesen ist somit zugleich **Informations-, Kontroll- und Steuerungssystem** für alle betrieblichen Funktions- und Verantwortungsbereiche, vor allem für das Absatz- und Beschaffungsmarketing.

Aufgaben des betrieblichen Rechnungswesens

Informationssystem	Kontrollsystem	Steuerungssystem
stellt Daten bereit über ❑ Einnahmen, Ausgaben ❑ Gewinne, Verluste ❑ Veränderungen der Güter- und Geldmittelbestände	❑ überwacht die Erfassung von Einnahmen und Ausgaben ❑ kontrolliert die Einhaltung von Plänen durch Soll-Ist-Vergleich	❑ liefert Planungsdaten für künftige Entscheidungen

Aufgabenbereiche des Rechnungswesens

Wegen der vielfältigen Aufgaben ist das Rechnungswesen der meisten Betriebe in folgende Bereiche gegliedert:

Finanzbuchhaltung (Fibu)	Kosten- und Leistungsrechnung (KLR)	Statistik	Planung
❑ erfasst die **Geldströme** zwischen dem Unternehmen und der Außenwelt (z. B. Ausgaben an Lieferer und Einnahmen von Kunden) ❑ ermittelt den **Erfolg** (Gewinn oder Verlust) der Unternehmung, indem sie Aufwendungen und Erträge gegenüberstellt ❑ ermittelt Bestände und **Veränderungen** von **Vermögen** und **eingesetztem Kapital**	❑ ermittelt den Erfolg aus dem Verkauf von Waren ❑ dazu stellt sie die Kosten durch Kauf und Verkauf der Waren und die Umsatzerlöse für die abgesetzten Waren gegenüber ❑ kontrolliert die Wirtschaftlichkeit des Unternehmens	❑ sammelt betriebliche und außerbetriebliche Daten ❑ stellt diese in Tabellen oder Diagrammen anschaulich dar (z. B. Umsätze einzelner Artikel, einzelner Sortimentsbereiche, Kosten einzelner Abteilungen) ❑ ist Basis für die Entscheidungsvorbereitung	❑ wertet innerbetriebliche Daten der Fibu, KLR und Statistik und außerbetriebliche Daten (z. B. Preisentwicklung, Vergleichszahlen der Verbände und IHK) aus ❑ stellt Daten für Einzelpläne (Absatzplan, Beschaffungsplan, Lagerplan, Finanzplan) zur Verfügung

Das Rechnungswesen ist vergleichbar mit einer **Datenbank,** in der Daten von allen Funktionsbereichen gesammelt und von allen Bereichen für die unterschiedlichsten Zwecke abgerufen werden.

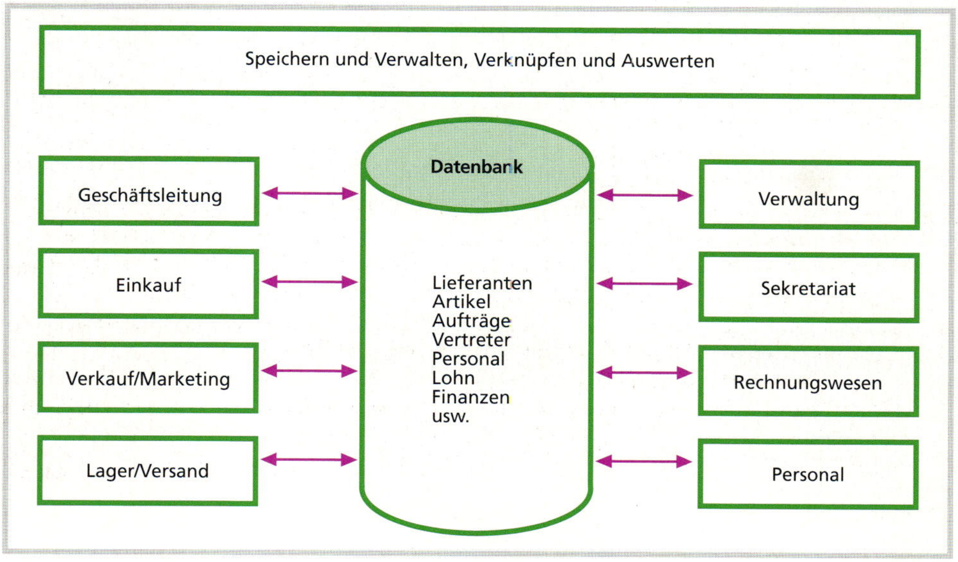

Aufgaben und Aufgabenbereiche des Rechnungswesens

- Das Rechnungswesen
  - erfasst die Güter- und Geldströme zwischen dem Unternehmen und dem Beschaffungs- und Absatzmarkt,
  - ermittelt regelmäßig den Stand an Vermögen und Schulden und erfasst laufend deren Veränderungen,
  - stellt den Erfolg (Gewinn und Verlust) des Geschäftsjahres fest,
  - stellt Daten für die Preisberechnung und für zahlreiche betriebliche Entscheidungen bereit.
- Das Rechnungswesen ist Informations-, Kontroll- und Steuerungssystem.
- Das Rechnungswesen ist in die Aufgabenbereiche Finanzbuchhaltung, Kosten- und Leistungsrechnung, Statistik und Planung gegliedert.

1 Erläutern Sie anhand des Schaubildes S. 8 die Aufgabenbereiche der Großhandelsunternehmung!

2 Ordnen Sie den betrieblichen Produktionsfaktoren die folgenden Wirtschaftsgüter einer Großhandlung für Bürobedarf zu!

a) Fahrzeuge
b) Leistungen der Unternehmensleitung
c) Computer in der Abteilung Verwaltung
d) Grundstücke und Gebäude
e) Leistungen des Lagerpersonals
f) Regale in den Verwaltungsräumen
g) Bürotische in der Verwaltungsabteilung
h) Gabelstapler im Warenlager
i) Bürobedarfsartikel
j) Leistungen der Möbelschreiner in der Reparaturwerkstatt
k) Regale zur Warenlagerung

3 Nennen Sie die wesentlichen Aufgaben der Finanzbuchhaltung!

4 Erläutern Sie den Güter- und den Geldstrom zwischen Großhandelsunternehmung und Beschaffungs- und Absatzmarkt!

5 Begründen Sie, warum sich
a) die Stadtsparkasse Duisburg,
b) das Finanzamt Duisburg am Geschäftssitz der Primus GmbH
für die Buchführung der Primus GmbH interessieren!

6 Erläutern Sie die Bedeutung des betrieblichen Rechnungswesens als Informations-, Kontroll- und Steuerungssystem!

7 Grenzen Sie die Aufgaben der Geschäfts- oder Finanzbuchhaltung von denen der Kosten- und Leistungsrechnung ab!

8 „Was hast du mit den 400,00 EUR gemacht, die ich dir erst vorige Woche gegeben habe?", reagiert Herr Klein auf die Bitte seiner Frau um Haushaltsgeld. „Du weißt doch, dass ich wirklich nur das Notwendigste für den Haushalt kaufe", antwortet Frau Klein.
Ähnliche Gespräche haben Sie sicher auch schon in Ihrer Familie miterlebt.
a) Erarbeiten Sie in Gruppen ein Haushaltsbuch zur übersichtlichen Aufzeichnung aller Einnahmen und Ausgaben und vergleichen Sie die Ergebnisse!
b) Begründen Sie jeweils den Aufbau!
c) Stellen Sie einen Katalog von Gründen zusammen, die für ein solches Haushaltsbuch sprechen!

2 Dokumentation im System der doppelten Buchführung

2.1 Erfassung und Darstellung von Vermögen und Schulden

2.1.1 Inventur

Nicole Höver ist noch keine ganze Woche in der Abteilung Rechnungswesen, als sie ein Gespräch zwischen Frau Primus und Herrn Schubert mitbekommt: „Herr Schubert, ich habe den Eindruck, dass die Menge von Artikeln, die wir auf Lager haben, ganz unterschiedlich ist. Ich denke, es ist richtig, den Einkauf der Artikel, von denen wir zu viel auf Lager haben, zu drosseln. Daher möchte ich Sie bitten, mir möglichst schnell eine genaue Aufstellung der Warenbestände zu machen." Da das Sortiment der Primus GmbH sehr vielfältig ist, überlegt sich Herr Schubert Vorbereitungen und Arbeitsanweisungen, die ihm die Aufstellung der Bestände erleichtern könnten.

Arbeitsauftrag Überlegen Sie, wie man am schnellsten und am ökonomischsten diese Aufstellung erledigen kann!

Gesetzliche Grundlagen der Inventur

§ 240 HGB Abs. 1: Jeder Kaufmann hat zu Beginn seines Handelsgewerbes seine Grundstücke, seine Forderungen und Schulden, den Betrag seines baren Geldes sowie seine sonstigen Vermögensgegenstände genau zu verzeichnen und dabei den Wert der einzelnen Vermögensgegenstände und Schulden anzugeben.
Abs. 2: Er hat [...] für den Schluss eines jeden Geschäftsjahres ein solches Inventar aufzustellen. [...]

Der **Unternehmer** muss

- zu **Beginn der Betriebstätigkeit,**
- am **Ende jedes Geschäftsjahres** und
- beim Verkauf des Unternehmens

ein **genaues Verzeichnis** (Inventar) seines Vermögens und seiner Schulden aufstellen. Alle Vermögensteile und Schulden müssen in **Art** und **Menge** sowie **Wert vollständig** aufgeführt werden.

Beispiel Die Primus GmbH muss Menge und Werte der vorhandenen Bürobedarfsartikel, ihr Bargeld, ihr Guthaben (Forderungen) gegenüber einzelnen Kunden, jedes Fahrzeug und dessen Wert, ihre Schulden gegenüber Lieferern und Banken ermitteln und in einem Verzeichnis darstellen.

Dazu muss der Unternehmer sein Bargeld, seine Waren zählen und noch nicht bezahlte Rechnungen zusammenstellen. Diese Aufnahme aller Wirtschaftsgüter nach Art, Menge und Wert wird als **Inventur** bezeichnet.

Arten der Inventur

▶ Unterscheidung nach der Art der Aufnahme:

❑ **Körperliche Inventur:** Um die gesetzliche Verpflichtung zu erfüllen sind die **Vermögensgegenstände** (Waren, Bargeld) **„körperlich" aufzunehmen.** Zu einem bestimmten Zeitpunkt sind also alle Vermögensgegenstände, die im Unternehmen vorzufinden sind (lat.: invenire = finden, vorfinden), **zu zählen, zu messen, zu wiegen** oder **zu schätzen und zu bewerten.** HBL

Beispiele

– Am Aufnahmetag wurden in der Geschäftskasse gezählt

1 Banknote à 500,00 EUR	30 Banknoten à 10,00 EUR	15 Münzen à 1 EUROCENT
3 Banknoten à 200,00 EUR	50 Banknoten à 5,00 EUR	19 Münzen à 2 EUROCENT
2 Banknoten à 100,00 EUR		18 Münzen à 5 EUROCENT
24 Banknoten à 50,00 EUR	25 Münzen à 1,00 EUR	47 Münzen à 10 EUROCENT
9 Banknoten à 20,00 EUR	27 Münzen à 2,00 EUR	14 Münzen à 20 EUROCENT
		36 Münzen à 50 EUROCENT

– Am Aufnahmetag befinden sich im Warenlager u. a.

350 Primus Bleistifte	12 Stück à 1,38 EUR
528 Primus Textmarker	6 Stück à 1,15 EUR

❑ **Buchinventur:** Wird der mengen- und wertmäßige Bestand der Wirtschaftsgüter nur **anhand** von **schriftlichen Unterlagen oder Daten in der Datenbank ermittelt,** liegt eine **Buchinventur** vor. Sie ersetzt die körperliche Inventur, wenn aufgrund von Aufzeichnungen eine ordnungsmäßige buchmäßige Erfassung sichergestellt ist.

Beispiele

Wirtschaftsgüter der Primus GmbH	Buchinventur aufgrund von
– Grundstücke und Gebäude – Betriebs- und Geschäftsausstattung – Fuhrpark – Forderungen – Verbindlichkeiten – Darlehensforderungen und -schulden – Bank- und Postbankguthaben	– Grundbuchauszügen und anhand der Anlagendatei – Verzeichnis der Fahrzeuge – noch nicht bezahlten Ausgangsrechnungen – noch nicht beglichenen Eingangsrechnungen – Kontenauszügen der Gläubiger – entsprechenden Tagesauszügen der Banken

▶ Inventurvereinfachungsverfahren:

❑ **Stichtaginventur und zeitnahe Inventur:** Der Gesetzgeber fordert die Inventur **für** den Schluss des Geschäftsjahres. Die Finanzverwaltung legte den Gesetzestext früher recht eng aus und verlangte den Ablauf der Bestandsaufnahme **genau am Schluss des Geschäftsjahres,** z. B. genau zum Stichtag 31. Dezember. Eine solche Inventur wird als **Stichtaginventur** bezeichnet. HBL

Das Aufnahmeverfahren lässt sich in vielen Fällen **nicht am Schluss des Geschäftsjahres durchführen,** da der Arbeitsaufwand, z. B. aufgrund hoher Lagerbestände, zu umfangreich ist.

Beispiel Großhandelsunternehmen haben nicht selten zwischen 40 000 und 120 000 verschiedene Artikel auf Lager.

Deshalb müssen die **Bestände nur zeitnah,** d. h. in der Regel innerhalb einer Frist von zehn Tagen vor und zehn Tagen nach dem Stichtag **aufgenommen** werden: **Zeitnahe Inventur.** Dabei muss sichergestellt werden, dass die **Bestandsveränderungen** zwischen dem Bilanzstichtag und dem früher oder später liegenden Aufnahmetag anhand von Belegen ordnungsmäßig **mengen- und wertmäßig berücksichtigt werden.**

Beispiel

bis zu zehn Tagen vor dem Bilanzstichtag ← Körperliche Inventur → bis zu zehn Tagen nach dem Bilanzstichtag

Mengen- und Wertfortschreibung				Mengen- und Wertrückrechnung			
Artikel: **Schreibtisch Primo**	Menge	Einzelwert in EUR	Gesamtwert in EUR	Artikel: **Bürodrehstuhl Modell 1640**	Menge	Einzelwert in EUR	Gesamtwert in EUR
Bestand am 21.12. **(Aufnahmetag)**	20	96,59	1 931,80	Bestand am 09.01. **(Aufnahmetag)**	38	97,50	3 705,00
+ Zugang am 23.12.	35	96,59	3 380,65	+ Abgang am 03.01.	20	97,50	1 950,00
	55		5 312,45		58		5 655,00
– Abgang am 28.12.	10	96,59	965,90	– Zugang am 07.01.	40	97,50	3 900,00
= Bestand am 31.12. **(Bilanzstichtag)**	45	96,59	4 346,55	= Bestand am 31.12. **(Bilanzstichtag)**	18	97,50	1 755,00

Die Stichtaginventur hat vielfach große **Nachteile**:

- Das Betriebsgeschehen wird erheblich gestört oder gar unterbrochen.
- Vielfach müssen Arbeitskräfte eingestellt oder Überstunden gemacht werden. Damit sind erhebliche Personalkosten verbunden. Daher lässt der Gesetzgeber ein weiteres Inventurvereinfachungsverfahren zu (§ 241 HGB).

HBL

- **Permanente Inventur:** Die Großhandelsunternehmung erfasst alle Wareneingänge und Warenausgänge mengenmäßig mittels Computer. Dadurch ist sie in der Lage den Warenbestand jederzeit ausdrucken zu lassen. Das ist **eine** Voraussetzung der permanenten Inventur.

Beispiel

Warenlagerdatei — Nr. 1

Lagerstelle:	Ware:	Verpackungseinheit:	Art.-Nr.:	Anschaffungswert (Bezugspreis):
Bürotechnik	Taschenrechner	1 Stück	155B440	16,25 EUR/St.

Bezeichnung: Taschenrechner TI-5028 — Meldebestand: 600 Stück — Höchstbestand: 1 200 Stück — Mindestbestand: 450 Stück

Datum:	Vorgang:	Zugang:	Abgang:	Bestand:	Anmerkung:
..-01-01	Inventurbestand			1 100	
..-04-05	Abgang lt. AR 294		400	700	
..-06-06	Zugang lt. ER der Computec GmbH & Co KG	500		1 200	
..-07-16	Abgang lt. AR 1 380		283	917	
..-09-25	Abgang lt. AR 8 258		457	460	
..-10-01	Körperliche Inventur			460	gez.: I. Lapp
..-10-06	Zugang lt. ER der Computec GmbH & Co KG	750		1 210	
..-10-25	Abgang lt. AR 54 357		582	628	
..-11-23	Zugang lt. ER der Computec GmbH & Co KG	500		1 128	
..-12-21	Abgang lt. AR 99 479		600	528	
..-12-31	Sollbestand			528	

Die permanente Inventur ist möglich, wenn sich der Bestand eines körperlichen Wirtschaftsgutes auch ohne körperliche Bestandsaufnahme aufgrund entsprechender Unterlagen (z. B. Lagerdateien), in denen ständig die Zu- und Abgänge mengenmäßig erfasst werden, buchmäßig ermitteln lässt. Der am Bilanzstichtag vorliegende **buchmäßige Bestand (Sollbestand)** darf dann als **tatsächlicher Bestand (Istbestand)** angesetzt werden.

Diese Vorgehensweise setzt voraus:

- In Lagerkarteien bzw. Lagerdateien müssen täglich mit Angabe des Datums, der Art und Menge alle **Zu- und Abgänge** auf der Grundlage nachprüfbarer Belege eingetragen werden.
- Mindestens **einmal** im Jahr muss durch **körperliche Inventur** (vgl. S. 13) geprüft werden, ob der zu diesem Inventurstichtag ausgewiesene buchmäßige Bestand **(Sollbestand)** mit dem durch körperliche Inventur ermittelten Bestand **(Istbestand)** übereinstimmt. Der buchmäßige Bestand ist zu berichtigen, falls der durch körperliche Inventur ermittelte Bestand von ihm abweicht. Das Datum dieser körperlichen Inventur ist in der Lagerkartei/-datei für das betreffende Wirtschaftsgut (im Beispiel „Taschenrechner TI 5028“) zu vermerken.

Es sind Aufzeichnungen anzufertigen (Inventurlisten; vgl. S. 16) über die Durchführung und das Ergebnis der körperlichen Inventur, die von den aufnehmenden Personen zu unterzeichnen sind.

Diese Niederschriften sind **zehn Jahre** aufzubewahren.

Die permanente Inventur ist eine enge **Kombination von „Buchinventur“ und „körperlicher Inventur“.** Sie wird besonders bei der Inventur von Waren angewandt.

- Die **Inventurarbeiten** können bei den einzelnen Artikeln **zu unterschiedlichen Terminen** während des Geschäftsjahres erfolgen.
- Die personal- und zeitaufwendigen Inventurarbeiten können **in Zeiten** durchgeführt werden, in denen Arbeitskräfte ohne erhebliche Schwierigkeiten von anderen Arbeiten **freigestellt werden können.**
- Anhand der Lagerbuchhaltung kann dann zu **jedem Termin der Buchbestand** (**Sollbestand**) als **Inventurbestand (Istbestand)** ausgedruckt werden.

§ 241 Abs. 2 HGB: Bei der Aufstellung des Inventars für den Schluss eines Geschäftsjahres bedarf es einer körperlichen Bestandsaufnahme der Vermögensgegenstände für diesen Zeitpunkt nicht, soweit durch Anwendung eines den Grundsätzen ordnungsmäßiger Buchführung entsprechenden anderen Verfahrens gesichert ist, dass der Bestand der Vermögensgegenstände nach Art, Menge und Wert auch ohne die körperliche Bestandsaufnahme für diesen Zeitpunkt festgestellt werden kann.

Ablaufplanung der Inventur

Damit die Inventurarbeiten zügig ablaufen, sind **Inventuranweisungen** auszuarbeiten, in denen für alle Bereiche der Unternehmung Aufnahmevorschriften enthalten sind. Ein zusätzlicher **Ablaufplan** enthält Angaben darüber,

- **wer** die Inventur an den verschiedenen Orten im Unternehmen durchzuführen hat,
- **wo** im Unternehmen die Bestände zu erfassen sind und
- **wann** die Bestandsaufnahme an den verschiedenen Orten abzulaufen hat.

Beispiel Auszug aus einem Inventurablaufplan in der Primus GmbH:

Name	Pers.-Nr.	Ort	Gang	Fächer	Aufnahmetag
Hack, Armin Jäger, Petra	15 17	Bürotechnik	01 – 14		..–01–04
Schiffer, Claudia Sommer, Elke	34 38	Bürotechnik	15 – 30		..–01–04
...	...	...	...	...	...

HBL

Damit die Inventur den Grundsätzen ordnungsmäßiger Buchführung entsprechen kann, sollten die **Inventurlisten** zur Aufzeichnung der aufgenommenen Bestände die folgenden Angaben enthalten:

- genaue Mengen nach Zahl, Maßen, Volumen (z. B. Liter) und Gewichten
- fachgerechte (handelsübliche) Bezeichnungen der Gegenstände nach Art und Größe
- übersichtliche Gruppierungen der aufgenommenen Wirtschaftsgüter nach Standorten, Lagerstellen oder Abteilungen
- den Wert je Einheit und den Gesamtwert des jeweiligen Postens
- das Datum der Bestandsaufnahme und die Unterschrift der mit der Inventur beauftragten Person

Beispiel Auszug aus einer Inventurliste der Primus GmbH:

Inventurliste Blatt: 1

Abteilung: Verbrauch Gang F VI Lagerort: Verbrauchsartikel Aufnahmedatum: ..–01–04

Schlüssel: Beschaffenheit: Qualität 1a = i. O.; nicht verwendbar = n. i. O.
Art der Aufnahme: gemessen = m; gewogen = w; gezählt = z.

Lfd. Nr.	Bezeichnung	Artikel-nummer	An-zahl	Ein-heit	Be-schaf-fenheit	Art der Auf-nahme	Wert je Ein-heit	Wert-abschlag		Inventur-wert EUR
								%	EUR	
1	Primus-Bleistifte	253B989	350	12	i.O.	z	1,38	–	–	483,00
2	Primus-Textmarker	128B488	528	6	i.O.	z	1,15	–	–	607,20
3	...									

Aufgenommen: am ..–01–04 durch Hack/Jäger Berechnet: Geprüft:

HBL

Bei **computergestützter Lagerbestandsführung** können die Inventurlisten bereits mit den **Sollbeständen** ausgedruckt werden. Durch Eintragung der Istbestände lt. Inventur werden die Abweichungen sofort erkannt.

Inventur

- **Inventur:** Aufnahme nach Art, Mengen und Werten der Vermögensteile und der Schulden zu einem bestimmten Zeitpunkt (Stichtaginventur)

Inventurarten

Körperliche Inventur

Die Vermögensteile werden gezählt, gemessen, gewogen oder geschätzt.

Buchinventur

Der Bestand an Vermögensteilen oder an Schulden wird anhand schriftlicher Unterlagen ermittelt.

- **Zeitpunkte der Inventur:** Bei Beginn oder Übernahme des Betriebes, zum Schluss jedes Geschäftsjahres und bei Auflösung oder Veräußerung des Betriebes

- **Inventurvereinfachungsverfahren:**
  - **Zeitnahe Inventur:** Inventur innerhalb einer Frist von zehn Tagen vor oder nach dem Bilanzstichtag
  - **Permanente Inventur:**
    - Erfassung der Zu- und Abgänge mittels Lagerkartei/-datei
    - Ermittlung von Sollbeständen
    - Körperliche Inventur mindestens einmal im Jahr
    - Übernahme der Sollbestände zum Stichtag als Ist- oder Inventurbestände

1 a) Geben Sie den Zeitraum zur Durchführung einer zeitnahen Inventur an, wenn das Geschäftsjahr vom 1. Januar bis zum 31. Dezember .. dauert!

b) Berechnen Sie den Inventurbestand zum 31. Dezember .. im Wege der Rückrechnung für den Artikel „Regalelement classic“, Art.-Nr. 308 B 122 aufgrund folgender Angaben:

Bestand bei der Aufnahme am 09.01.	180 Stück à 58,86 EUR
Einkauf von Regalelementen am 05.01.	150 Stück à 58,86 EUR
Verkauf von Regalelementen am 03.01	160 Stück
Verkauf von Regalelementen am 07.01	70 Stück

2 Führen Sie nach dem Muster S. 16 eine Inventurliste des Lagers „Organisation“ der Primus GmbH, deren Geschäftsjahr mit dem Kalenderjahr übereinstimmt.

1. Aufnahmedatum: 21. Dezember ..
2. Lagerort: Organisation
3. Handelsübliche Bezeichnung: Primus Ordner 6 Farben A4
4. Einstandspreis mit Bezugskosten 1,00 EUR/St.
5. Beschaffenheit: keine Mängel
6. Menge/Anzahl: 750 St.
7. Aufgenommen durch: Isabel Lapp

a) Tragen Sie diese Daten in die Inventurliste ein und berechnen Sie den Inventurpreis!

b) Um welche Inventurart handelt es sich?

c) Welcher Bestand ergibt sich zum 31. Dezember .., wenn noch folgende Vorgänge zu berücksichtigen sind:

22.12.: ER über Primus Ordner 6 Farben A4:	5000 St. zu je 1,00 EUR
22.12.: Verkauf:	2800 St. zu je 2,00 EUR
28.12.: Verkauf:	1600 St. zu je 2,00 EUR

3 Erläutern Sie die Aufgaben der Inventur!

4 Erläutern Sie die Begriffe „Inventuranweisungen“ und „Inventurablaufplanung“!

5 Es gibt nach Art der Inventurdurchführung die „Buchinventur“ und die „körperliche Inventur“. Nennen Sie die jeweils zweckmäßigste Inventurart für folgende Wirtschaftsgüter: Kassenbestand, Bankguthaben, Forderungen a. LL., Waren, Verbindlichkeiten a. LL.

2.1.2 Inventar

Herr Schubert hat nach der Inventur der Primus GmbH alle Aufnahmelisten eingesammelt. In vielen Fällen enthalten sie nur handelsübliche Artikel- und Mengenangaben. Die Buchhalterin, Frau Lapp, wird beauftragt, die Inhalte der Aufnahmelisten zu ordnen und alle Gegenstände zu bewerten.

Arbeitsauftrag Machen Sie einen Vorschlag zur Gliederung und Bewertung der Vermögensteile und der Schulden!

Gliederung des Inventars

Aufgrund der durchgeführten Inventur ist der Unternehmer in der Lage ein Bestandsverzeichnis (Inventar) anzulegen, in dem **Vermögensteile** und **Schulden** der Unternehmung zum Abschlussstichtag nach Art, Menge und Wert aufgezeichnet sind. Zieht der Unternehmer vom Gesamtwert der Vermögensteile die Summe der betrieblichen Schulden ab, erhält er sein **Reinvermögen** (Eigenkapital).

Daraus ergibt sich folgende Gliederung des Inventars (Bestandsverzeichnis):

A. Vermögen
B. Schulden
C. Errechnung des Reinvermögens (Eigenkapital)

▶ **Vermögen:** Der Gesetzgeber fordert vom kaufmännischen Unternehmen die Gliederung des Vermögens in **Anlage-** und **Umlaufvermögen** (§ 247 Abs. 1 HGB).

- **Anlagevermögen:** Zum **Anlagevermögen** rechnen die Vermögensgegenstände, die am Abschlussstichtag dazu bestimmt sind, dauernd dem Geschäftsbetrieb zu dienen (§ 247 HGB). Das Anlagevermögen bildet die **Grundlage der Betriebstätigkeit,** mit seiner Hilfe können die eigentlichen Aufgaben des Betriebes, wie Einkauf, Lagerung und Verkauf, erst durchgeführt werden.

  Das Anlagevermögen wird gegliedert in:

Immaterielle Vermögensgegenstände	Sachanlagen	Finanzanlagen
– Lizenzen (Rechte zur Nutzung einer Erfindung) – Geschütztes Markenzeichen – Software-Lizenzen – Geschäfts- oder Firmenwert	– Grundstücke und Gebäude – Lagereinrichtung – Fuhrpark – Büroeinrichtung – Computeranlagen	– Beteiligungen an anderen Unternehmen – Langfristige Darlehensforderungen gegenüber anderen Unternehmen

- **Umlaufvermögen:** Zum **Umlaufvermögen** rechnen die Vermögensteile, die am Abschlussstichtag dazu bestimmt sind,

  = **veräußert** (Waren) oder

  = nur **einmalig genutzt** (Bargeld, Bankguthaben, Forderungen) zu werden.

Das Umlaufvermögen bildet den eigentlichen **Gewinnträger.** Es kann gegliedert werden in:

Vorräte	Forderungen	Liquide Mittel
Warenbestand	Forderungen aus Lieferungen und Leistungen	– Kassenbestand (Bargeld) – Postbankguthaben – Bankguthaben

Bei den **Waren** handelt es sich um Handelsartikel, die von fremden Unternehmen bezogen und ohne weitere wesentliche Veränderung veräußert werden.

Beispiele Sämtliche Bürobedarfsartikel der Primus GmbH (vgl. S. 253)

Im Gegensatz zum Anlagevermögen wird das **Umlaufvermögen** durch die betrieblichen Tätigkeiten **ständig verändert und umgewandelt:**

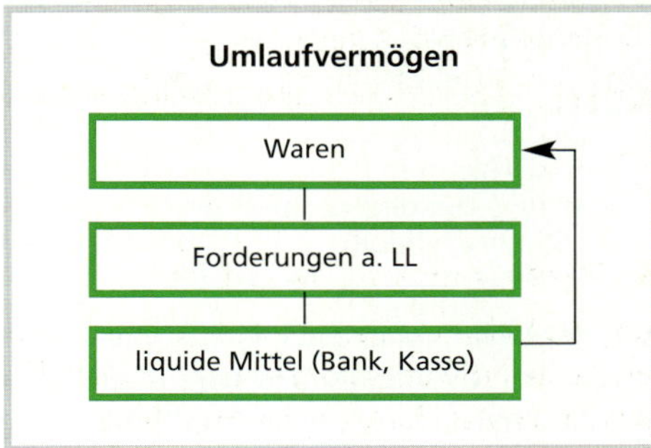

Anordnung der Vermögensteile

Müssen die Gegenstände des Vermögens in einer geordneten Reihenfolge aufgelistet werden, dann ordnet man sie nach **zunehmender Geldnähe (Liquidität)** und abnehmender Kapitalbindung:

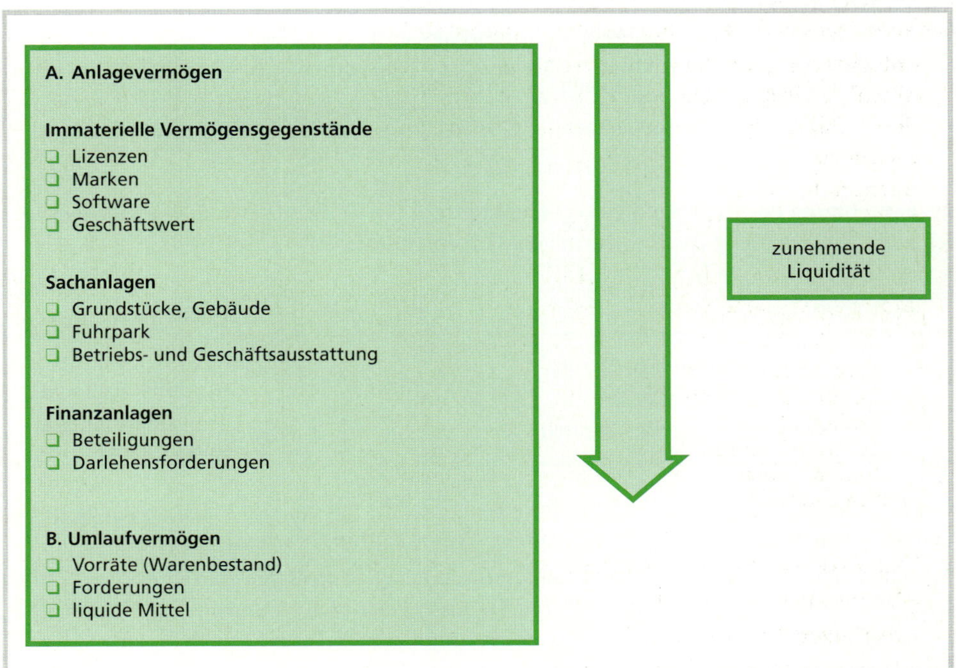

▶ **Schulden:** Schulden sind Zahlungsverpflichtungen aufgrund von **Darlehensverträgen** (Verbindlichkeiten gegenüber Banken) oder aufgrund von **Kaufverträgen** (Verbindlichkeiten aus Lieferungen und Leistungen), die der Vertragspartner bereits erfüllt hat. Die verschiedenen Verbindlichkeiten unterscheiden sich durch ihre **Fälligkeit** oder **Restlaufzeit** und die gegebene Sicherheit:

Schulden	Fälligkeit	Restlaufzeit von ...
Darlehensschulden mit einer Restlaufzeit von zehn Jahren	❑ langfristig	❑ mehr als fünf Jahren
Verbindlichkeiten a. LL, Sonstige Verbindlichkeiten (z. B. Steuerschulden)	❑ mittelfristig	❑ ein bis fünf Jahren
	❑ kurzfristig	❑ bis ein Jahr

Kapitalgesellschaften (AG, GmbH) müssen bei Offenlegung ihrer Verbindlichkeiten bei jedem Posten den Anteil lang- und kurzfristiger Schulden und die Art der Kreditsicherung angeben. Diese Übersicht wird als **Verbindlichkeitenspiegel** bezeichnet.

Beispiel Verbindlichkeitenspiegel der Primus GmbH

Verbindlichkeiten	insgesamt EUR	Restlaufzeit		
		bis ein Jahr EUR	über ein Jahr bis fünf Jahre - EUR	mehr als fünf Jahre - EUR
Verbindlichkeiten gegenüber Banken	500 000,00	25 000,00	275 000,00	200 000,00
Verbindlichkeiten a. LL	100 000,00	100 000,00		
Sonstige Verbindlichkeiten	50 000,00	50 000,00		
	650 000,00	175 000,00	275 000,00	200 000,00

▶ **Errechnung des Reinvermögens (Eigenkapital):** Die Differenz zwischen Vermögenswerten und Schulden ergibt das **Reinvermögen (Eigenkapital).**

Beispiel (siehe S. 21)

	Summe der Vermögensteile	1 250 000,00 EUR
–	Summe der Schulden	– 650 000,00 EUR
=	**Reinvermögen (Eigenkapital)**	= 600 000,00 EUR

Das Reinvermögen zeigt den Wert der Vermögensteile, die mit eigenen Mitteln **(Eigenkapital)** und nicht mit fremden Mitteln (Schulden oder **Fremdkapital**) beschafft worden sind.

Inventare mit allen zu ihrem Verständnis erforderlichen Unterlagen dürfen auch auf **Bildträgern** (Mikrokopien) oder auf **anderen Datenträgern** (z. B. Magnetband, Magnetplatte, Diskette) angefertigt bzw. aufbewahrt werden, wenn sie bei Bedarf innerhalb angemessener Frist lesbar gemacht werden können (§§ 239 HGB, 147 Abs. 2 AO).

Beispiel **Inventar der Primus GmbH, Koloniestr. 2–4, 47057 Duisburg,** zum 31. Dezember ..

Art, Menge, Einzelwert	EUR	EUR
A. Vermögen		
I. Anlagevermögen		
1. Bebautes Grundstück, Koloniestr. 2–4		400 000,00
2. Gebäude, Koloniestr. 2–4 (Anlage 1)[1]		315 000,00
3. Fuhrpark (Anlage 2)		125 000,00
4. Betriebs- und Geschäftsausstattung (Anlage 3)		110 000,00
II. Umlaufvermögen		
1. Warenbestand		
Bürotechnik (Anlage 4)	64 000,00	
Büroeinrichtung (Anlage 5)	33 500,00	
Verbrauch (Anlage 6)	13 000,00	
Organisation (Anlage 7)	19 500,00	130 000,00
2. Forderungen aus Lieferungen und Leistungen		
Stadtverwaltung, Duisburg	10 800,00	
Klöckner-Müller Elektronik AG, Offenbach	17 100,00	
Herstadt Warenhaus GmbH, Gelsenkirchen	9 900,00	
Herbert Blank, Oberhausen	2 950,00	
Modellux GmbH & Co KG, Münster	7 550,00	
Krankenhaus GmbH, Duisburg	12 700,00	
Martina van den Bosch, Venlo	9 000,00	70 000,00
3. Kassenbestand		1 200,00
4. Bankguthaben		
Stadtsparkasse Duisburg lt. Kontoauszug (Anlage 8)	80 000,00	
Postbank Essen lt. Kontoauszug (Anlage 9)	18 800,00	98 800,00
Summe des Vermögens		1 250 000,00
B. Schulden		
I. Langfristige Schulden		
Hypothek der Stadtsparkasse Duisburg lt. Kontoauszug und Darlehensvertrag (Anlage 10)		500 000,00
II. Kurzfristige Schulden		
1. Verbindlichkeiten aus Lieferungen und Leistungen (Anlage 11)		100 000,00
2. Sonstige Verbindlichkeiten (Anlage 12)		50 000,00
Summe der Schulden		650 000,00
C. Errechnen des Reinvermögens (Eigenkapital)		
Summe des Vermögens		1 250 000,00
Summe der Schulden		650 000,00
Reinvermögen (Eigenkapital)		600 000,00

Erfolgsermittlung durch Eigenkapitalvergleich

Das Inventar gibt dem Kaufmann einen Überblick über den **Stand seines Vermögens und seiner Schulden zu einem bestimmten Stichtag.**

[1] Wegen ihres Umfangs sind die Anlagen hier nicht aufgenommen.

Durch Vergleich der Inventare zweier aufeinander folgender Jahre wird die Entwicklung der Bestände an Vermögen und Schulden erkennbar. Die Veränderung des Eigenkapitalbestands, der sich erhöht oder vermindert haben kann, verdeutlicht, mit welchem Erfolg ein Unternehmen gearbeitet hat.

Beispiel

Erfolg

Eigenkapitalmehrung (positiver Erfolg) Gewinn		Eigenkapitalminderung (negativer Erfolg) Verlust
1 462 215,00 EUR	31. 12. ... – Eigenkapital – 31. 12. d. l. J.	1 225 000,00 EUR
– 1 225 000,00 EUR	31. 12. ... – Eigenkapital – 31. 12. d. Vorj.	– 1 250 000,00 EUR
237 215,00 EUR		– 25 000,00 EUR

Bewertung der Vermögensteile und der Schulden

Für alle Vermögensteile und Schulden sind im Inventar Werte (EUR) anzugeben. Damit alle Unternehmen bei der Bewertung einheitlich verfahren, hat der Gesetzgeber zahlreiche Vorschriften zur Bewertung erlassen (vgl. S. 220 ff.).

Inventar

- Verzeichnis aller Vermögensteile (Art, Menge, Einzelwerte) und Schulden zum Abschlussstichtag
- Errechnung des Reinvermögens
- Erfolgsermittlung durch Vergleich des Eigenkapitals zweier Jahre

A. Vermögen	**Ordnung nach zunehmender Liquidität**
I. Anlagevermögen	❑ Vermögensgegenstände, die dazu bestimmt sind, **dauernd** dem Geschäftsbetrieb zu dienen ❑ Grundlage der Betriebs- und Absatzbereitschaft
II. Umlaufvermögen	❑ Vermögensgegenstände, die veräußert und nur einmalig genutzt werden ❑ Gewinnträger des Unternehmens
B. Schulden	**Ordnung nach abnehmenden Restlaufzeiten**
1. Verbindlichkeiten gegenüber Kreditinstituten (Darlehensschulden) 2. Verbindlichkeiten aus Lieferungen und Leistungen	❑ Fremdkapital ❑ Es ist nach **Restlaufzeiten** zu gliedern: – langfristige Schulden mit mehr als fünf Jahren – mittelfristige von einem bis fünf Jahre – kurzfristige bis zu einem Jahr
C. Errechnung des Reinvermögens	
Vermögen – Schulden = Reinvermögen	❑ Gegenüberstellung von Vermögen und Schulden ❑ Die Differenz ist das Reinvermögen, das dem Betrieb nach Abzug aller Schulden verbleibt (Betriebsvermögen)

- Inventare sind zehn Jahre aufzubewahren

1 Der Lebensmittelgroßhändler Alois Berger, Fürth, machte zum 31. Dezember .. Inventur.

Dabei stellte er folgende Werte fest:	EUR	EUR
Gebäude		450 000,00
Fuhrpark lt. Verzeichnis		600 000,00
Geschäftsausstattung lt. Verzeichnis		120 000,00
Waren lt. Verzeichnis		75 000,00
Forderungen		
Alois Hausmann, Nürnberg	22 100,00	
Ludwig Sommer, Bamberg	33 950,00	
Peter Dick, München	43 270,00	
Guthaben bei der		
Handelsbank, Fürth	283 185,00	
Sparkasse der Stadt Fürth	117 430,00	
Guthaben bei der Postbank Nürnberg		62 865,00
Bargeld		2 487,00
Verbindlichkeiten gegenüber der Bank für Handel und Gewerbe		118 000,00
Verbindlichkeiten a. LL		
Schmitz & Co. KG, Aachen	44 600,00	
König AG, Stuttgart	63 200,00	
Werner Linde e. K., Hamburg	55 100,00	

Stellen Sie das Inventar auf!

2 Welche der folgenden Begriffe ergänzen untenstehende Satzteile zu einer richtigen Aussage?

a) das Anlagevermögen

b) das Umlaufvermögen

c) das Vermögen

d) die Schulden

e) das Reinvermögen

Aussagen:

1. Grundlage der Betriebsbereitschaft bildet ...
2. Eigentlicher Gewinnträger der Unternehmung ist ...
3. ... ist der dem Unternehmer verbleibende Teil des Vermögens, nachdem ... abgezogen wurden.
4. Kapital, das der Unternehmung nur befristet überlassen wurde, bezeichnet man als ... der Unternehmung.
5. ... ist dazu bestimmt, dem Unternehmen dauernd zu dienen.
6. ... können als Fremdkapitel bezeichnet werden.
7. ... wird nach zunehmender Liquidität geordnet.

3 Welche der folgenden Aussagen treffen auf das Inventar zu?

a) Es ist die Aufnahme aller Vermögens- und Schuldenteile durch Zählen, Messen, Wiegen oder Schätzen.

b) Es ist das Verzeichnis der Warenbestände zum Inventurstichtag.

c) Reinvermögen = Vermögen – Schulden

d) Es ist zehn Jahre aufzubewahren.

e) Die Waren werden mit ihren Verkaufspreisen bewertet.

4 Ordnen Sie die unten angegebenen Posten eines Lebensmittelgroßhändlers in einer Tabelle mit folgender Gliederung:

Anlage-vermögen	Umlauf-vermögen	Eigen-kapital	Langfristige Schulden	Kurzfristige Schulden

Posten:

1. Vorräte an Fleischkonserven
2. EDV-Anlage
3. Verbindlichkeiten gegenüber einem Lieferer
4. Bankguthaben
5. Darlehen mit zehnjähriger Laufzeit
6. Transportbänder im Lager
7. Geschäftshaus
8. Guthaben bei einem Kunden
9. Verbindlichkeiten gegenüber Banken mit einer Laufzeit bis zu einem Jahr
10. Vorräte an Gewürzen
11. Kassenbestand
12. Regale in den Lagerräumen
13. Gabelstapler
14. Reinvermögen
15. Guthaben bei der Postbank
16. Geschäftswagen
17. Geschäftsparkplatz
18. Schreibmaschinen

5 a) Erläutern Sie den Zusammenhang von Inventur und Inventar!

b) Erklären Sie die Begriffe „körperliche" und „buchmäßige" Bestandsaufnahme!

c) Grenzen Sie Anlage- und Umlaufvermögen voneinander ab!

d) Stellen Sie gegenüber
 1. Forderungen a. LL und Verbindlichkeiten a. LL,
 2. Eigenkapital und Schulden!

6 Der Textilgroßhändler Martin Huber, Stuttgart, stellte zum 31. Dezember .. (6 a) und 31. Dezember .. (6 b) des nächsten Jahres folgende Werte fest:

	a) EUR	b) EUR
Waren lt. Verzeichnis	315 000,00	331 000,00
Betriebs- und Geschäftsausstattung lt. Verzeichnis	160 000,00	159 000,00
Darlehensschulden bei der Neckar-Bank	170 000,00	160 000,00
Guthaben bei der Stadtsparkasse, Stuttgart	116 740,00	185 280,00
Forderungen a. LL		
Wilhelm Bauer, Stuttgart	40 000,00	30 500,00
Alois Michels, Ludwigshafen	20 800,00	50 000,00
Klaus Lohmar, Mannheim	30 100,00	30 800,00
Verbindlichkeiten a. LL		
V. Missel & Co., Heidenheim	60 000,00	80 000,00
P. Schulze, Berlin	80 000,00	40 000,00
F. Schmitz, Krefeld	30 300,00	20 600,00
H. Meyer, Augsburg	30 400,00	30 700,00
Fuhrpark lt. Verzeichnis	440 000,00	430 000,00
Bargeld	8 100,00	9 900,00

a) Stellen Sie die Inventare zu den beiden Zeitpunkten auf!

b) Vergleichen Sie die Inventare der beiden Jahre miteinander!

c) Worauf führen Sie die Veränderungen des Anlage- und Umlaufvermögens und der Schulden zurück?

d) Um welchen Betrag hat sich das Eigenkapital verändert?

7 Stellen Sie in Gruppen jeweils Probleme der Inventurplanung, -durchführung und -auswertung und Möglichkeiten der Lösung zusammen!

2.1.3 Bilanz

Schon am 15. Januar kann Frau Lapp aus der Finanzbuchhaltung Herrn Schubert das gewünschte Inventar überreichen. Es umfasst 284 Seiten. Nach kurzem Blättern im Inventar sagt Herr Schubert: „Das ist zwar ein schönes Paket Arbeit, aber im Moment fehlt mir die Übersicht über die Struktur des Vermögens und der Schulden. Erstellen Sie mir bis Montag eine Bilanz!" Nicole Höver, die das mitbekommen hat, fragt stöhnend: „Nochmal die ganze Arbeit?"

Arbeitsauftrag Arbeiten Sie anhand des nachstehenden Textes den Unterschied zwischen der Bilanz und dem Inventar heraus!

Eine bessere Übersicht als das Inventar vermittelt die **Bilanz.** Nach § 242 HGB ist sie regelmäßig neben dem Inventar zu erstellen.

§ 242 Abs. 1 Satz 1 HGB: Der Kaufmann hat zu Beginn seines Handelsgewerbes und für den Schluss eines jeden Geschäftsjahres einen das Verhältnis seines Vermögens und seiner Schulden darstellenden Abschluss (Eröffnungsbilanz, Bilanz) aufzustellen.

- In der Bilanz wird auf jede **mengenmäßige Darstellung des Vermögens und der Schulden verzichtet.**
- Sie enthält lediglich die **Gesamtwerte gleichartiger Posten** (z.B. den Gesamtwert der Waren).
- **Vermögen und Kapital werden in einem T-Konto gegenübergestellt.**

Beispiel **Gegenüberstellung von Vermögen und Kapital in der Bilanz zum Inventar** (S. 21)

Aktiva — Bilanz der Primus GmbH zum 31. Dezember ... in EUR — Passiva

Aktiva	EUR	Passiva	EUR
I. Anlagevermögen		**I. Eigenkapital**	600 000,00
1. Grundstück mit Bauten	715 000,00	**II. Schulden**	
2. Fuhrpark	125 000,00	**1. Langfristige**	
3. Betriebs- und Geschäftsausstattung	110 000,00	Hypothekenschulden	500 000,00
II. Umlaufvermögen		**2. Kurzfristige**	
1. Warenbestand	130 000,00	Verbindlichkeiten a. LL	100 000,00
2. Forderungen a. LL	70 000,00	Sonstige Verbindlichkeiten	50 000,00
3. Kassenbestand	1 200,00		
4. Bankguthaben	98 800,00		
	1 250 000,00		1 250 000,00

Duisburg, den 26. Januar .. Sonja Primus Markus Müller

Die Bilanz einer Unternehmung zeigt in übersichtlicher Form, woher das Kapital stammt bzw. wie das Vermögen finanziert (Eigen- und Fremdkapital) und wie das Kapital angelegt oder investiert wurde (Anlage- und Umlaufvermögen):

Vermögen oder Aktiva	Bilanz Kapital oder Passiva
Diese Seite erfasst **die Formen des Vermögens,** d.h. die **Mittelverwendung** **(Investition)**	Diese Seite erfasst **die Quellen des Kapitals,** d.h. die **Mittelherkunft** **(Finanzierung)**
Anlagevermögen + Umlaufvermögen = Vermögen der Unternehmung	Eigenkapital + Schulden (Fremdkapital) = Kapital der Unternehmung

Die Summe des Vermögens ist gleich der Summe des Kapitals **(Bilanzgleichung).**

Diese Bilanzdarstellung entspricht den **Mindestgliederungsvorschriften** des § 247 HGB. In Kapitalgesellschaften (AG und GmbH) sind die ausführlichen Gliederungsangaben des § 266 HGB zu beachten (vgl. S. 188 ff.).

Der **Jahresabschluss** – dazu gehört neben der **Bilanz** auch die **Gewinn- und Verlustrechnung** (vgl. S. 196 f.) – ist unter Angabe des Datums vom Kaufmann zu **unterzeichnen** (§ 245 HGB).

Inventar und Bilanz, ein Vergleich

Das Inventar und die Bilanz sind Übersichten über das Vermögen und das Kapital einer Unternehmung. Sie unterscheiden sich nur in der Art der Darstellung. Die Unterschiede zeigt folgende Übersicht:

Inventar	→	Bilanz
❑ ausführlich, aber unübersichtlich ❑ Angabe der Mengen, Einzel- und Gesamtwerte ❑ Vermögen, Schulden und Reinvermögen untereinander (Staffelform)	Das Inventar ist die Grundlage zur Aufstellung der Bilanz →	❑ kurz, aber übersichtlich ❑ nur Angabe der Gesamtwerte ❑ Vermögen und Kapital in Kontenform nebeneinander ❑ vom Inhaber zu unterschreiben

Bilanz

Bilanz

Aktiva (Vermögen)		Passiva (Kapital)
❑ I. Anlagevermögen ❑ II. Umlaufvermögen	← **Gegenüberstellung in T-Kontenform** →	❑ I. Eigenkapital ❑ II. Schulden
Mittelverwendung = **Investition**	← **Aussagen** →	Mittelherkunft = **Finanzierung**
Liquidierbarkeit oder **Kapitalbindungsfrist**	← **Ordnungskriterien** →	**Fälligkeit** oder **Kapitalüberlassungsfrist**

- Inventare und Bilanzen müssen **zehn Jahre** aufbewahrt werden (§ 257 Abs. 1 HGB).

1 **2** Stellen Sie nach folgenden Angaben die Bilanz der Fa. Karl Monz e. K., Stuttgart zum 31. Dezember .. auf!
Tag der Fertigstellung: 15. Januar ..

	1	**2**
	EUR	EUR
Geschäftsausstattung	186 000,00	318 000,00
Warenbestand	117 000,00	132 000,00
Forderungen a. LL	81 800,00	75 500,00
Bankguthaben	92 000,00	104 400,00
Kassenbestand	1 800,00	4 600,00
Verbindlichkeiten gegenüber Banken	–	143 000,00
Verbindlichkeiten a. LL	92 100,00	96 400,00

3 **4** Die Möbelgroßhandlung Hans Lewen e. K., Mainz, machte am 31. Dezember .. (Aufgabe 3) und am 31. Dezember des folgenden Jahres (Aufgabe 4) Inventur.

Sie stellte folgende Werte fest:	**3** EUR	**4** EUR
Betriebs- und Geschäftsausstattung lt. Verzeichnis	188 500,00	167 650,00
Warenbestand lt. Verzeichnis	119 360,00	117 920,00
Forderungen a. LL		
Herbert Berg, Wiesbaden	11 850,00	11 970,00
Fritz Maas, Bingen	12 370,00	–
Kurt Schorn, Mainz	13 640,00	13 640,00
Hermann Feld, Mainz	–	21 760,00
Bankguthaben	54 800,00	65 100,00
Postbankguthaben	21 260,00	31 130,00
Kassenbestand	1 750,00	2 810,00
Verbindlichkeiten a. LL		
Karl Huber, Stuttgart	22 670,00	30 720,00
Ernst Klein, Berlin	33 620,00	20 100,00
F. Merz OHG, Frankfurt	14 100,00	8 530,00

a) Stellen Sie Inventar und Bilanz für beide Zeitpunkte auf! Tag der Fertigstellung:
Aufgabe 3 – 15. Februar ..
Aufgabe 4 – 28. Februar .. des folgenden Jahres
b) Ermitteln Sie den Erfolg durch Eigenkapitalvergleich!

5
6 Aus dem Inventar zum 31. Dezember .. der Möbelgroßhandlung Franz Klein e. K., Siegburg, gehen folgende Gesamtwerte hervor

	5	6
	EUR	EUR
Bankguthaben	320 000,00	366 600,00
Darlehensschulden, Restlaufzeit vier Jahre	500 000,00	720 000,00
Forderungen a. LL	900 000,00	253 800,00
Maschinen	150 000,00	600 000,00
Warenbestand	1 600 000,00	1 126 220,00
Verbindlichkeiten a. LL	1 170 000,00	1 080 000,00
Betriebs- und Geschäftsausstattung	60 000,00	141 000,00
Kasse	7 000,00	42 300,00
Grundstücke mit Gebäuden	1 670 000,00	338 400,00
Hypothekenschulden, Restlaufzeit acht Jahre	600 000,00	–
Fuhrpark	700 000,00	564 000,00
Postbankguthaben	250 000,00	67 680,00
Eigenkapital	?	1 700 000,00

Stellen Sie eine ordnungsgemäße Bilanz zum 31. Dezember .. auf! Tag der Fertigstellung:
Aufgabe 5 – 14. Januar ..
Aufgabe 6 – 15. Februar ..

7 Die Bilanz einer Unternehmung weist am Ende des Geschäftsjahres folgende Werte aus:

Anlagevermögen	4 800 000,00 EUR	Eigenkapital	5 600 000,00 EUR
Umlaufvermögen	3 200 000,00 EUR	Schulden	2 400 000,00 EUR

Wie viel Prozent der Bilanzsumme beträgt
a) das Anlagevermögen,
b) das Umlaufvermögen,
c) das Eigenkapital,
d) das Fremdkapital (Schulden)?

8 Untersuchen Sie folgende Aussagen über die Bilanz und stellen Sie mögliche Fehler heraus:
a) Die Aktivseite der Bilanz gibt Auskunft über die Verwendung des Kapitals.
b) Die Passivseite wird nach zunehmender Fälligkeit des Kapitals geordnet.
c) Zum Anlagevermögen zählen beispielsweise Grundstücke, Gebäude, Fuhrpark, Forderungen a. LL, Geschäftsausstattung.
d) Das Anlagevermögen ist das Haftungskapital der Unternehmung.
e) Das Umlaufvermögen ist stärkeren Veränderungen unterworfen als das Anlagevermögen.
f) Das Eigenkapital in der Bilanz stimmt wertmäßig mit dem Reinvermögen im Inventar zum Schluss des Geschäftsjahres überein.
g) Die Bilanz ist eine Gegenüberstellung von Vermögen und Schulden in Kontenform.
h) Die Bilanz wird jeweils zu Beginn des Geschäftsjahres aufgestellt.

9 Prüfen Sie die nachstehenden Aussagen über das Inventar und über die Bilanz auf ihre Richtigkeit:
a) Das Inventar enthält Mengen- und Wertangaben, die Bilanz dagegen nur Wertangaben.
b) Inventar und Bilanz einer Unternehmung können wertmäßig voneinander abweichen.
c) Die Bilanz ist eine kurz gefasste Gegenüberstellung von Kapitalquellen und Kapitalverwendung.
d) Die Bilanz eines Geschäftsjahres ergibt die Grundlage für die Buchführung des folgenden Geschäftsjahres.
e) Inventar und Bilanz können nur vom Prokuristen oder vom Inhaber unterschrieben werden.

2.2 Buchung von Vermögens- und Kapitalveränderungen

2.2.1 Bilanzbewegungen

Am ersten Tag nach den Weihnachtsferien zeigt Frau Lapp der Auszubildenden Nicole Höver eine Bilanz. „Jetzt müssen wir die Auswirkungen aller Geschäftsfälle auf diese Bilanz genau verfolgen und festhalten. Sie sollen sich das heute einmal klarmachen am Beispiel dieser verkürzten Bilanz und folgender Geschäftsfälle, für die Belege vorliegen."

Aktiva — Bilanz zum Beginn des Geschäftsjahres in EUR — Passiva

Aktiva		Passiva	
I. Anlagevermögen		**I. Eigenkapital**	70 000,00
Geschäftsausstattung	30 000,00	**II. Schulden**	
II. Umlaufvermögen		Darlehen	40 000,00
Bank	90 000,00	Verbindlichkeiten a. LL	20 000,00
Kasse	10 000,00		
	130 000,00		130 000,00

Geschäftsfälle: EUR

1. **Bankauszug:** Einkauf eines Druckers gegen Bankscheck 800,00
2. **Vertragskopie:** Eine kurzfristige Verbindlichkeit wird in eine langfristige Darlehensschuld umgewandelt 10 000,00
3. **Eingangsrechnung:** Kauf eines Personalcomputers auf Ziel 2000,00
4. **Bankauszug:** Ausgleich einer fälligen Liefererrechnung 8 000,00

Arbeitsauftrag Erläutern Sie die Auswirkung der einzelnen Geschäftsfälle auf die Bilanz!

Die Bilanz ist eine Aufstellung des Vermögens und der Schulden zu einem bestimmten Zeitpunkt. Durch die Geschäftstätigkeit werden die Vermögens- und Kapitalbestände aber laufend verändert. Damit ändern sich die Bestände einzelner Positionen.

Alle Vorgänge, die zu Änderungen einzelner Bilanzposten führen, werden als **Geschäftsfälle** bezeichnet. Der Buchhaltung werden diese Geschäftsfälle, wie Waren- und Anlagenkäufe und -verkäufe, Banküberweisungen zum Ausgleich fälliger Rechnungen, Kreditaufnahmen und -tilgungen, Lohn- und Gehaltszahlungen usw., durch **Belege** angezeigt.

Aus den Belegen gehen unentbehrliche Angaben für die Buchungen hervor: Zeitpunkt, Art, Ursache und Höhe der Wertveränderungen.

Die Buchhaltung muss alle in den Belegen verbrieften Vermögensänderungen lückenlos und zeitnah erfassen. Umgekehrt sind die Belege lückenlos und geordnet aufzubewahren. Nur mit Belegen kann die Ordnungsmäßigkeit der Buchführung nachgewiesen werden (z. B. gegenüber dem Kapitaleigner oder gegenüber dem Finanzamt). **„Keine Buchung ohne Beleg"** ist daher ein wichtiger Grundsatz der Buchführung.

Alle Änderungen werden durch **Belege**[1] angezeigt und nachgewiesen.

[1] AR = Ausgangsrechnung, BA = Bankauszug, ER = Eingangsrechnung, KB = Kassenbeleg/Quittung, PBA = Postbankauszug

Folgende vier Wertbewegungen in der Bilanz sind zu unterscheiden:

Aktivtausch

Der Geschäftsfall betrifft nur die Aktivseite der Bilanz. Die Bilanzsumme bleibt unverändert. Es werden flüssige Mittel in weniger liquide umgewandelt oder umgekehrt.

Beispiel

Geschäftsfall 1: Bankauszug: Einkauf eines Druckers gegen Bankscheck 800,00 EUR

Geschäftsausstattung: + 800,00 EUR
Bank: – 800,00 EUR

Aktiva	Bilanz		Passiva
I. Anlagevermögen		**I. Eigenkapital**	70 000,00
Geschäftsausstattung	30 800,00	**II. Schulden**	
II. Umlaufvermögen		Darlehen	40 000,00
Bank	89 200,00	Verbindlichkeiten a. LL	20 000,00
Kasse	10 000,00		
	130 000,00		130 000,00

Passivtausch

Der Geschäftsfall betrifft nur die Passivseite der Bilanz. Die Bilanzsumme bleibt unverändert. Inhaltlich werden kurzfristige in längerfristige Verbindlichkeiten umgewandelt oder umgekehrt.

Beispiel

Geschäftsfall 2: Vertragskopie: Eine kurzfristige Verbindlichkeit wird in eine längerfristige Darlehensschuld umgewandelt 10 000,00 EUR

Verbindlichkeiten a. LL: – 10 000,00 EUR
Darlehensschulden: + 10 000,00 EUR

Aktiva	Bilanz		Passiva
I. Anlagevermögen		**I. Eigenkapital**	70 000,00
Geschäftsausstattung	30 800,00	**II. Schulden**	
II. Umlaufvermögen		Darlehen	50 000,00
Bank	89 200,00	Verbindlichkeiten a. LL	10 000,00
Kasse	10 000,00		
	130 000,00		130 000,00

Aktiv-Passiv-Mehrung (Bilanzverlängerung)

Der Geschäftsfall betrifft Aktiv- und Passivseite der Bilanz. Ein Posten der Aktiv- und ein Posten der Passivseite erhöhen sich um den gleichen Betrag. Die Bilanzsummen nehmen um den gleichen Betrag zu. Die Bilanzgleichung bleibt erhalten. Inhaltlich zeigt die Passivseite eine Mehrung des Kapitals und die Herkunft dieses Kapitals auf. Die Veränderung auf der Aktivseite zeigt die Verwendung des neuen Kapitals an.

Beispiel

Geschäftsfall 3: ER: Kauf eines PC auf Ziel 2 000,00 EUR
Geschäftsausstattung: + 2 000,00 EUR
Verbindlichkeiten a. LL: + 2 000,00 EUR

Aktiva	Bilanz		Passiva
I. Anlagevermögen		**I. Eigenkapital**	70 000,00
Geschäftsausstattung	32 800,00	**II. Schulden**	
II. Umlaufvermögen		Darlehen	50 000,00
Bank	89 200,00	Verbindlichkeiten a. LL	12 000,00
Kasse	10 000,00		
	132 000,00		132 000,00

Aktiv-Passiv-Minderung (Bilanzverkürzung)

Ein Posten der Aktiv- und ein Posten der Passivseite werden um den gleichen Betrag vermindert. Die Bilanzsummen verringern sich um den gleichen Betrag. Die Gleichung der Bilanz bleibt erhalten. Inhaltlich wurde befristet überlassenes Kapital zurückgezahlt. Die Änderung auf der Passivseite zeigt, welches Kapital zurückgezahlt wurde, die Änderung auf der Aktivseite zeigt, mit welchen Mitteln die Tilgung erfolgte.

Beispiel

Geschäftsfall 4: BA: Ausgleich einer Liefererrechnung 8 000,00 EUR
Verbindlichkeiten a. LL: – 8 000,00 EUR
Bank: – 8 000,00 EUR

Aktiva	Bilanz		Passiva
I. Anlagevermögen		**I. Eigenkapital**	70 000,00
Geschäftsausstattung	32 800,00	**II. Schulden**	
II. Umlaufvermögen		Darlehen	50 000,00
Bank	81 200,00	Verbindlichkeiten a. LL	4 000,00
Kasse	10 000,00		
	124 000,00		124 000,00

Bilanzbewegungen

Arten der Bilanzveränderungen

Aktivtausch	Passivtausch	Aktiv-Passiv-Mehrung	Aktiv-Passiv-Minderung
❑ Umschichtung auf der Aktivseite der Bilanz	❑ Umschichtung auf der Passivseite der Bilanz	❑ Der Unternehmung wurde neues Kapital zugeführt (Passivmehrung).	❑ Es wird von der Unternehmung Kapital zurückgezahlt (Passivminderung).
❑ Liquide Mittel werden in weniger liquide umgewandelt oder umgekehrt.	❑ Kurzfristiges Kapital wird in längerfristiges umgewandelt oder umgekehrt.	❑ Seine Verwendung wird auf der Aktivseite sichtbar (Aktivmehrung).	❑ Hierfür verwendete Mittel zeigt die Aktivseite (Aktivminderung).

1 **Bestände laut Inventur:**

	EUR		EUR
Fuhrpark	600 000,00	Eigenkapital	719 000,00
Geschäftsausstattung	180 000,00	Darlehensschuld	320 000,00
Bank	312 000,00	Verbindlichkeiten a. LL	120 000,00
Kasse	2 000,00	Forderungen a. LL	65 000,00

Geschäftsfälle: EUR

1. **Bankauszug:** Kunde bezahlte fällige Ausgangsrechnung durch Banküberweisung . . . 12 000,00
2. **Bankauszug:** Kauf eines Lkw gegen Bankscheck . . . 80 000,00
3. **Vertragskopie:** Lieferer stundet Rechnungsbetrag auf sechs Jahre . . . 40 000,00
4. **Ausgangsrechnung:** Zielverkauf eines gebrauchten Personalcomputers . . . 1 000,00
5. **Bankauszug:** Überweisung der Tilgungsrate für unser Darlehen . . . 20 000,00

a) Stellen Sie bei jedem Geschäftsfall die Auswirkungen auf die Bilanz fest!
b) Kennzeichnen Sie die Wertveränderungen mit dem zutreffenden Begriff!
c) Erstellen Sie nach jedem Geschäftsfall die veränderte Bilanz!

2 **Bestände laut Inventur:**

	EUR		EUR
Grundstück mit Gebäude	800 000,00	Eigenkapital	922 000,00
Fuhrpark	250 000,00	Darlehensschuld	130 000,00
Bank	70 000,00	Verbindlichkeiten a. LL	258 000,00
Postbankguthaben	42 000,00	Forderungen a. LL	138 000,00
Kasse	10 000,00		

Geschäftsfälle: EUR

1. **Bankauszug, Kaufvertrag:** Grundstückskauf gegen Bankscheck . . . 10 000,00
2. **Postbankauszug:** Bareinzahlung auf das Postbankkonto . . . 8 000,00
3. **Bankauszug:** Banküberweisung: Ausgleich einer fälligen Liefererrechnung 20 000,00
4. **Eingangsrechnung:** Zielkauf eines Pkw . . . 30 000,00
5. **Postbankauszug:** Kunde bezahlt fällige AR mit Postüberweisung . . . 8 000,00

a) Stellen Sie bei jedem Geschäftsfall die Auswirkungen auf die Bilanz fest!
b) Kennzeichnen Sie die Wertveränderungen mit dem zutreffenden Begriff!
c) Erstellen Sie nach jedem Geschäftsfall die veränderte Bilanz!

3 Beantworten Sie zu den Geschäftsfällen folgende Fragen:

a) Welche Posten der Bilanz werden berührt?
b) Handelt es sich um Posten der Aktiv- oder Passivseite der Bilanz?
c) Wie wirkt sich der Geschäftsfall auf die Posten aus?
d) Um welche der vier Bilanzveränderungen handelt es sich?

Geschäftsfälle: EUR

1. **Eingangsrechnung:** Einkauf eines Personalcomputers für das Sekretariat auf Ziel . . . 2 000,00
2. **Vertragskopie:** Umwandlung einer Verbindlichkeit in ein Darlehen . . . 6 000,00
3. **Eingangsrechnung:** Zielkauf eines Gabelstaplers für das Lager . . . 15 000,00
4. **Quittungsdurchschlag:** Kunde bezahlte fällige Ausgangsrechnung bar. 400,00
5. **Postbankauszug:** Barabhebung vom Postbankkonto . . . 1 000,00
6. **Kassenbeleg:** Barverkauf eines gebrauchten Personalcomputers . . . 300,00
7. **Bankauszug:** Tilgungsrate für unsere Darlehensschuld . . . 10 000,00
8. **Bankauszug:** Kunde bezahlte fällige Rechnung durch Banküberweisung 20 000,00
9. **Bankauszug:** Bareinzahlung auf das Bankkonto . . . 8 000,00
10. **Eingangsrechnung:** Einkauf einer Kühlanlage für das Lager . . . 12 000,00

4 Untersuchen Sie, welche der untenstehenden Auswirkungen durch die Geschäftsfälle 1 bis 4 hervorgerufen werden:

Geschäftsfälle:	EUR
1. **Eingangsrechnung/Bankauszug:** Kauf eines Personalcomputers gegen Bankscheck	3000,00
2. **Bankauszug:** Tilgungsrate einer Darlehensschuld	5 000,00
3. **Postbankauszug:** Ein Kunde begleicht eine fällige Rechnung	9 200,00
4. **Eingangsrechnung:** Zielkauf eines Lkw	85 000,00

Auswirkungen:

5 Erläutern Sie, welche Bilanzveränderungen folgende Geschäftsfälle hervorrufen:

	EUR
1. Barabhebung vom Bankkonto für die Geschäftskasse	1 500,00
2. Ausgleich einer Liefererrechnung durch Banküberweisung	92 000,00
3. Aufnahme eines Darlehens, das auf dem Bankkonto gutgeschrieben wird	70 000,00
4. Ein Kunde begleicht eine fällige Rechnung durch Banküberweisung	5 750,00
5. Barkauf eines Lagerregals	1 250,00
6. Ein Lieferer stundet einen Rechnungsbetrag auf fünf Jahre	50 000,00
7. Verkauf eines gebrauchten Pkw gegen Bankscheck	4 500,00
8. Einkauf eines Gabelstaplers auf Ziel	17 200,00

2.2.2 Bestandskonten

Frau Lapp hat Nicole Höver die Auswirkungen der vier Geschäftsfälle ausführlich erläutert. Danach stellt Frau Lapp zufrieden fest: „Das ist die eigentliche Aufgabe des Informationssystems ‚Buchführung'. Es zeigt der Unternehmensleitung zu jeder Zeit den Stand und die Veränderungen von Vermögen und Kapital."

„Heißt das, dass Sie und Herr Schubert Tag für Tag Hunderte von Bilanzen erstellen?" „Nein, das wäre sehr zeitraubend, unübersichtlich und wenig aussagekräftig, zumal Herr Müller und Frau Primus u. a. regelmäßig wissen wollen, wie viel Forderungen durch Verkäufe entstanden sind und welche Forderungen von den Kunden ausgeglichen wurden. Bei den Verbindlichkeiten taucht das gleiche Problem auf. Vielleicht sehen Sie mir eine Weile beim Buchen zu." „Ja, gerne", sagt Nicole. Bis zum Mittag hält sie es aus. Frau Lapp gibt Zahlen ein und lässt Buchungsprotokolle ausdrucken. „Aber ehrlich gesagt, ich habe nichts verstanden", gesteht sie Frau Lapp beim Mittagessen. „Ja, das ist ein wirklich komplexer Bereich. Und deshalb haben wir uns zusammen mit Ihrem Lehrer von der Berufsschule überlegt, ein Modell von diesem Informationssystem zu entwickeln. Damit wird es viel anschaulicher und Sie verstehen unser Fibu-Programm sicher bald."

Arbeitsauftrag Versuchen Sie einen Vorschlag zu entwickeln, wie man die Veränderungen der Bilanzpositionen Kasse, Forderungen und Verbindlichkeiten übersichtlich erfassen kann.

Konto

Das **Konto** (ital. conto = Rechnung) **ist eine zweiseitige Rechnung in T- oder Reihenform** (s. S. 105 f.) zur getrennten und übersichtlichen Aufzeichnung von Geschäftsfällen. Das Führen eines Kontos, d. h. das Eintragen der Veränderungen, nennt man **„buchen".**

Beispiel **Buchung der Bareinnahmen und Barausgaben auf dem Kassenkonto in T-Form:**

Einnahmen	Kasse		Ausgaben
Anfangsbestand	860,00	04.01. Mietzahlung	460,00
03.01. Zahlung von Fa. Blank	1 250,00	05.01. Zahlung an Bürotec GmbH	780,00
07.01. Barabhebung vom Bankkonto	900,00	31.01. Gehaltsvorschuss	850,00
		Endbestand (= Saldo)	920,00
	3 010,00		3 010,00

Aus den Buchungen unter dem **Anfangsbestand** erkennt der Kaufmann die **Zugänge** und deren **Ursachen**. Die Buchungen auf der gegenüberliegenden Seite des Anfangsbestandes geben Minderungen des Bestandes und deren Ursachen an.

Auflösung der Bilanz in Konten

Um eine genaue Übersicht über Art, Ursache und Höhe der Veränderungen der Bilanzposten zu erzielen, wird für jeden Bilanzposten ein **Konto** eingerichtet. Den Seiten der Bilanz entsprechend werden **Aktiv- und Passivkonten** unterschieden. Ihre Seiten tragen die Bezeichnung **„Soll" (links) und „Haben" (rechts).** Aus der Bilanz am Anfang eines Abrechnungszeitraumes, der **Eröffnungsbilanz,** übernehmen die Konten die Anfangsbestände **(AB).** Deshalb werden die Aktiv- und Passivkonten auch als **Bestandskonten** bezeichnet.

Aktiva	Eröffnungsbilanz		Passiva
I. Anlagevermögen		**I. Eigenkapital**	70 000,00
Betriebs- und Geschäftsausstattung	30 000,00	**II. Schulden**	
II. Umlaufvermögen		Darlehen	40 000,00
Bank	90 000,00	Verbindlichkeiten a. LL	20 000,00
Kasse	10 000,00		
	130 000,00		130 000,00

Soll	Betriebs- und Geschäftsausstattung	Haben
AB	30 000,00	

Soll	Eigenkapital	Haben
	AB	70 000,00

Soll	Bank	Haben
AB	90 000,00	

Soll	Darlehen	Haben
	AB	40 000,00

Soll	Kasse	Haben
AB	10 000,00	

Soll	Verbindlichkeiten a. LL	Haben
	AB	20 000,00

Die **Aktivkonten** werden durch Auflösung der Aktiv- oder Vermögensseite der Bilanz gebildet. Bei ihnen wird der **Anfangsbestand auf der Sollseite** gebucht, weil er in der Bilanz auch auf der linken Seite steht.

Die **Passivkonten** werden durch Auflösung der Passiv- oder Kapitalseite der Bilanz gebildet. Bei ihnen wird der **Anfangsbestand auf der Habenseite** gebucht, weil er in der Bilanz auch auf der rechten Seite steht.

Erfassung von Wertveränderungen auf Bestandskonten

Jeder Geschäftsfall ruft Veränderungen auf mindestens zwei Konten hervor.

Vor jeder Buchung sind folgende Überlegungen anzustellen:

- **Welche Konten** werden berührt?
- Um welche **Kontenart** handelt es sich (Aktiv- oder Passivkonto)?
- Wie **wirkt** sich der Geschäftsfall **auf den Bestand** der Konten aus?
- Auf welcher **Kontenseite** wird gebucht?

Es muss genau überlegt werden, ob es sich um ein Aktiv- oder Passivkonto handelt, da auf beiden Kontenarten unterschiedlich gebucht wird.

- Bei **Aktivkonten** werden **Mehrungen** auf der Sollseite gebucht: Sie stehen unter dem **Anfangsbestand. Minderungen** werden auf der **Habenseite** gebucht.
- Bei **Passivkonten** ist es folglich umgekehrt: **Mehrungen** stehen auf der **Habenseite, Minderungen** auf der **Sollseite.**

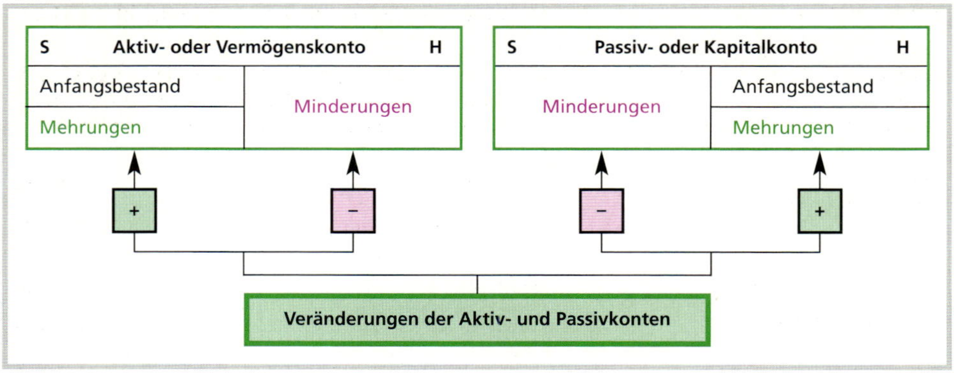

Beispiel 1 **Bankauszug:** Kauf eines Druckers für die Buchhaltung gegen Bankscheck . . 800,00 EUR

Auswirkung	Buchung
Mehrung der Geschäftsausstattung	Betriebs- und Geschäftsausstattung (Aktivkonto): Soll. . . . . 800,00 EUR
Minderung des Bankguthabens	Bank (Aktivkonto): Haben . . . . 800,00 EUR

Beispiel 2 **Vertrag:** Umwandlung einer Verbindlichkeit in ein Darlehen . . . . 10 000,00 EUR

Auswirkung	Buchung
Minderung der Verbindlichkeiten	Verbindlichkeiten a. LL (Passivkonto): Soll . . . . 10 000,00 EUR
Mehrung der Darlehensschulden	Darlehensschulden (Passivkonto): Haben. . . . . 10 000,00 EUR

Beispiel 3 **Eingangsrechnung:** Zielkauf eines PC für das Personalbüro . . . . 2 000,00 EUR

Auswirkung	Buchung
Mehrung der Betriebsausstattung	Betriebs- und Geschäftsausstattung (Aktivkonto): Soll. . . . . 2 000,00 EUR
Mehrung der Verbindlichkeiten	Verbindlichkeiten a. LL (Passivkonto): Haben . . . . 2 000,00 EUR

Beispiel 4 **Bankauszug:** Ausgleich einer fälligen Eingangsrechnung . . . . 7 000,00 EUR

Auswirkung	Buchung
Minderung der Verbindlichkeiten	Verbindlichkeiten a. LL (Passivkonto): Soll . . . . 8 000,00 EUR
Minderung des Bankguthabens	Bank (Aktivkonto): Haben . . . . 8 000,00 EUR

Damit die Ursachen der Veränderung der Anfangsbestände erkennbar sind, schreibt der Buchhalter vor die Beträge das **Gegenkonto.**

Beispiel Aus dem Konto Betriebs- und Geschäftsausstattung geht durch Angabe des Gegenkontos „Kasse“ hervor, dass der Monitor bar bezahlt wurde. Auf dem Konto Kasse wird durch die Angabe des Gegenkontos „Betriebs- und Geschäftsausstattung“ erkennbar, wofür die Ausgabe entstand.

Aktiva	Bilanz		Passiva
I. Anlagevermögen		**I. Eigenkapital**	70 000,00
Betriebs- und Geschäftsausstattung	30 000,00	**II. Schulden**	
II. Umlaufvermögen		Darlehen	40 000,00
Bank	90 000,00	Verbindlichkeiten a. LL	20 000,00
Kasse	10 000,00		
	130 000,00		130 000,00

S Betriebs- und Geschäftsausstattung H (Soll: +, Haben: −)

S		H	
AB	30 000,00		
(1) Bank	800,00		
(3) Verb.	2 000,00		

S Eigenkapital H (Soll: −, Haben: +)

S		H	
		AB	70 000,00

S Bank H

S		H	
AB	90 000,00	(1) BuG	800,00
		(4) Verb.	8 000,00

S Darlehensschuld H

S		H	
		AB	40 000,00
		(2) Verb.	10 000,00

S Kasse H

S		H	
AB	10 000,00		

S Verbindlichkeiten a. LL H

S		H	
(2) Darl.	10 000,00	AB	20 000,00
(4) Bank	8 000,00	(3) BuG	2 000,00

Bestandskonten

Bestandskonten

Aktivkonten	Passivkonten
Sie werden durch Auflösung der Aktivseite der Bilanz gebildet.	Sie werden durch Auflösung der Passivseite der Bilanz gebildet.
Der Anfangsbestand wird im Soll eingetragen.	Der Anfangsbestand wird im Haben eingetragen.
Mehrungen werden im Soll unter dem Anfangsbestand, Minderungen im Haben gebucht.	Mehrungen werden im Haben unter dem Anfangsbestand, Minderungen im Soll gebucht.

Aktivkonten

Anfangsbestand Mehrungen	Minderungen

Passivkonten

Minderungen	Anfangsbestand Mehrungen

1 Stellen Sie die Bilanz auf! Richten Sie die Bestandskonten ein und übernehmen Sie die Anfangsbestände! Buchen Sie die Geschäftsfälle auf den Konten bei Angabe der Nummer des Buchungsfalles und des Gegenkontos!

Anfangsbestände:	EUR		EUR
Fuhrpark	430 000,00	Eigenkapital	540 000,00
Forderungen a. LL	115 000,00	Verbindlichkeiten a. LL	140 000,00
Bank	225 000,00	Darlehensschulden	100 000,00
Kasse	10 000,00		

Geschäftsfälle:	EUR
1. **Bankauszug:** Kunde bezahlt fällige Ausgangsrechnung durch Banküberweisung	15 000,00
2. **Eingangsrechnung:** Zielkauf eines Pkw	30 000,00
3. **Bankauszug:** Banküberweisung an Lieferer für fällige Eingangsrechnung	37 000,00
4. **Bankauszug:** Bareinzahlung auf das Bankkonto	4 000,00
5. **Ausgangsrechnung:** Verkauf eines gebrauchten Lkw auf Ziel	28 000,00
6. **Bankauszug:** Überweisung einer Tilgungsrate für die Darlehensschuld	2 000,00

2 Stellen Sie die Bilanz auf! Richten Sie die Bestandskonten ein und übernehmen Sie die Anfangsbestände! Buchen Sie die Geschäftsfälle auf den Konten bei Angabe der Nummer des Buchungsfalles und des Gegenkontos!

Anfangsbestände:	EUR		EUR
Grundstücke mit Gebäude	1 400 000,00	Postbank	120 000,00
Geschäftsausstattung	270 000,00	Kasse	15 000,00
Fuhrpark	430 000,00	Eigenkapital	2 240 000,00
Forderungen a. LL	275 000,00	Darlehensschuld	320 000,00
Bank	330 000,00	Verbindlichkeiten a. LL	280 000,00

Geschäftsfälle:	EUR
1. **Eingangsrechnung:** Zielkauf einer Lagersteuerungsanlage	14 000,00
2. **Bankauszug:** Banküberweisung der Tilgungsrate für die Darlehensschuld	25 000,00
3. **Postbankauszug:** Kunde bezahlte fällige AR mit Postüberweisung	20 000,00
4. **Ausgangsrechnung:** Zielverkauf eines gebrauchten Pkw	12 000,00
5. **Bankauszug:** Aus der Geschäftskasse werden auf das Bankkonto bar eingezahlt	8 000,00
6. **Vertrag:** Lieferer stundet eine fällige ER auf sechs Jahre	20 000,00
7. **Vertrag, Bankauszug:** Kauf einer Lagerhalle gegen Bankscheck	120 000,00
8. **Eingangsrechnung:** Zielkauf eines Pkw	45 000,00
9. **Postbankauszug:** Postüberweisung an Lieferer für fällige ER	14 000,00
10. **Ausgangsrechnung:** Verkauf eines gebrauchten Personalcomputers	1 000,00

3 Erläutern Sie zu folgenden Buchungen den Geschäftsfall:

		EUR			EUR
1. Bank	Soll	600,00	5. Betriebs- und Geschäftsausstattung	Soll	900,00
Forderungen a. LL	Haben	600,00	Kasse	Haben	900,00
2. Betriebs- und Geschäftsausstattung	Soll	900,00	6. Verbindl. a. LL	Soll	750,00
Verbindl. a. LL	Haben	900,00	Bank	Haben	750,00
3. Kasse	Soll	1 500,00	7. Kasse	Soll	450,00
Bank	Haben	1 500,00	Forderungen a. LL	Haben	450,00
4. Darlehensschulden	Soll	2 000,00	8. Bank	Soll	1 200,00
Postbank	Haben	2 000,00	Kasse	Haben	1 200,00

4 Buchen Sie folgende Geschäftsfälle, indem Sie
a) zu jedem Geschäftsfall die entsprechenden Konten einrichten,
b) auf dem ersten Konto die Sollbuchung, auf dem zweiten die Habenbuchung vornehmen und das jeweilige Gegenkonto angeben!

		EUR
1.	Kunde bezahlt fällige Ausgangsrechnung bar	800,00
2.	Banküberweisung durch einen Kunden	430,00
3.	Postüberweisung an einen Lieferer	1 940,00
4.	Bareinzahlung auf das Bankkonto	1 200,00
5.	Kauf einer Büromaschine gegen Bankscheck	3 600,00
6.	Kauf eines Gabelstablers auf Ziel	1 500,00
7.	Rückzahlung eines Darlehens durch Banküberweisung	3 000,00
8.	Postüberweisung durch den Kunden	640,00
9.	Verkauf eines gebrauchten Pkw bar	1 500,00
10.	Barabhebung vom Bankkonto	2 000,00

2.2.3 Buchungssatz

Frau Lapp möchte Nicole Höver möglichst schnell in die Buchungsarbeiten einbeziehen, insbesondere in den Umgang mit PC und Fibu-Programm. Damit keine Buchungsfehler gemacht werden, gibt sie ihr auf den Belegen an, wie zu buchen ist.

Arbeitsauftrag Erarbeiten Sie am Beispiel eines Geschäftsfalles, welche Informationen Nicole Höver bei ihrem jetzigen Kenntnisstand braucht, um die Buchungen einzugeben!

Einfacher Buchungssatz

Ein Buchhalter erteilt mithilfe eines **Buchungsstempels** auf den Belegen Anweisungen, wie die Geschäftsfälle zu buchen sind. Für diese Anweisungen hat sich eine feste Form herausgebildet, der **Buchungssatz.**

Der Buchungssatz ist eine kurze Anweisung für die Durchführung der Buchung aufgrund des Beleges. Er gibt die Konten an, auf denen gebucht werden muss. Er nennt zuerst das Konto, bei dem im Soll, dann das Konto, bei dem in Haben gebucht wird.

Sollbuchung vor Habenbuchung

Beispiel Banküberweisung der Primus GmbH zum Ausgleich der ER Nr. 706 vom 30. Mai .. über 9 200,00 EUR

Die ausführliche Buchungsanweisung aufgrund dieses Beleges müsste lauten:
Im Konto Verbindlichkeiten a. LL sind auf der Sollseite 9 200,00 EUR und
im Konto Bank sind auf der Habenseite 9 200,00 EUR zu buchen.

Der **Buchungssatz** fasst das zusammen, indem er die betroffenen Konten in der Reihenfolge **„erst Soll, dann Haben"** nennt und durch das Wort **„an"** verbindet.

Verbindlichkeiten a. LL	9 200,00	**an**	Bank	9 200,00

Der Buchungssatz wird im Buchungsstempel auf dem Beleg eingetragen **(= Vorkontierung):**

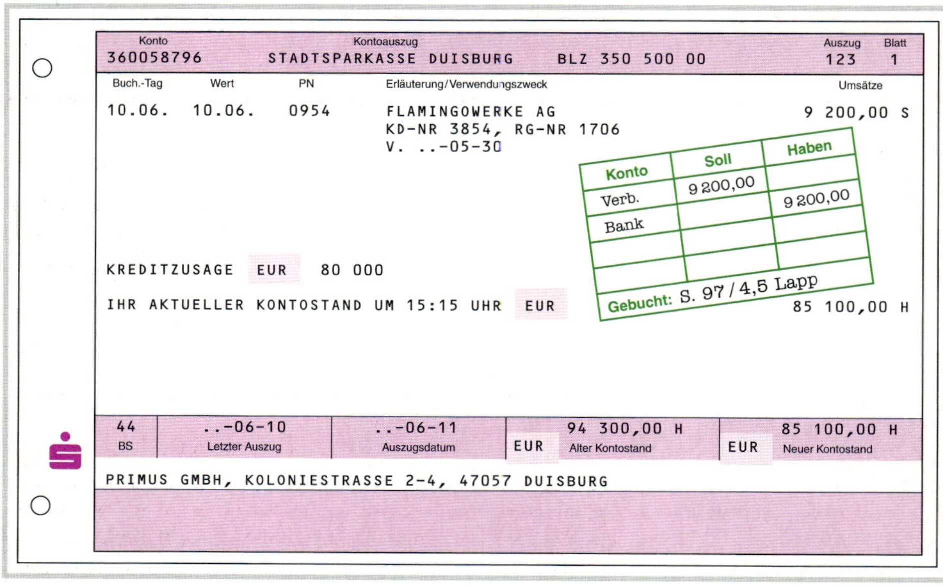
Konto 360058796 Kontoauszug STADTSPARKASSE DUISBURG BLZ 350 500 00 Auszug 123 Blatt 1

Buch.-Tag	Wert	PN	Erläuterung/Verwendungszweck	Umsätze
10.06.	10.06.	0954	FLAMINGOWERKE AG KD-NR 3854, RG-NR 1706 V. ..-05-30	9 200,00 S

Konto	Soll	Haben
Verb.	9 200,00	
Bank		9 200,00

Gebucht: S. 97 / 4,5 Lapp

KREDITZUSAGE EUR 80 000

IHR AKTUELLER KONTOSTAND UM 15:15 UHR EUR 85 100,00 H

BS	Letzter Auszug	Auszugsdatum	Alter Kontostand	Neuer Kontostand
44	..-06-10	..-06-11	EUR 94 300,00 H	EUR 85 100,00 H

PRIMUS GMBH, KOLONIESTRASSE 2-4, 47057 DUISBURG

- Im **Buchungsstempel** wird die Vorkontierung eingetragen. Diese ist die Grundlage der späteren Buchung auf den Konten.
- Der **Buchungsvermerk** ist der Beweis, dass die Buchung ausgeführt worden ist.
- Der Buchungsvermerk verhindert Doppelbuchungen und zeigt durch Angabe der Seite und Zeilen im Grundbuch an, **wo gebucht wurde.**

Zusammengesetzter Buchungssatz

Beim einfachen Buchungssatz ruft der zugrunde liegende Geschäftsfall nur auf zwei Konten Wertveränderungen hervor. Beim zusammengesetzten Buchungssatz werden mehr als zwei Konten berührt.

Beispiel 1 Ausgleich einer Liefererrechnung	EUR	EUR
durch Banküberweisung	1 100,00	
und Postüberweisung	400,00	1 500,00
Buchungssatz:	**Soll**	**Haben**
Verbindlichkeiten a. LL	1 500,00	
an Bank		1 100,00
an Postbank		400,00

Buchung:

S	Bank (Ba)		H
AB	4 000,00	Vb	1 100,00

S	Verbindlichkeiten a. LL (Vb)		H
Ba, Pb	1 500,00	AB	8 000,00

S	Postbank (Pb)		H
AB	2 500,00	Vb	400,00

Sollbuchung auf dem Konto Verbindlichkeiten a. LL	=	**Habenbuchung** auf den Konten Bank und Postbank

Beispiel 2

	EUR
Ein Kunde begleicht eine Rechnung über	650,00
durch Banküberweisung	450,00
und Barzahlung	200,00

Buchungssatz:	**Soll**	**Haben**
Bank	450,00	
Kasse	200,00	
an Forderungen a. LL		650,00

Sollbuchung auf den Konten Bank und Kasse	=	**Habenbuchung** auf dem Konto Forderungen a. LL

- **Der Buchungssatz** ruft die Konten an, die durch einen Geschäftsfall berührt werden.
- Zuerst werden die Konten angerufen, auf denen im **Soll,** dann die Konten, auf denen im **Haben** gebucht wird.

Nach der Buchung werden die Belege abgelegt und aufbewahrt. Häufig müssen Belege für Prüfungen und Vergleiche aus der Registratur hervorgeholt werden. Eine Ordnung nach Belegart und Belegnummer schließt zeitraubendes Suchen aus. Alle Belege müssen daher aufbewahrt werden (vgl. S. 110f., 115, 118).

Buchungssatz

- Der Buchungssatz ist eine kurz gefasste Anweisung, wie ein Geschäftsfall zu buchen ist.
- Er nennt die Konten, auf denen zu buchen ist, und zwar zuerst das Konto, auf dem die Sollbuchung, dann das Konto, auf dem die Habenbuchung erfolgt.
- Einfache Buchungssätze rufen nur je ein Konto im Soll und im Haben an.
- Zusammengesetzte Buchungssätze rufen mehrere Konten im Soll und/oder im Haben an.
- Grundlage aller Buchungen sind Belege. Nur mit Belegen kann die Ordnungsmäßigkeit der Buchungen nachgewiesen werden.
- Jeder Beleg wird zwecks Buchung vorkontiert.
- Vorkontieren heißt Angeben des Buchungssatzes auf dem Beleg.

1 Bilden Sie die Buchungssätze zu folgenden Geschäftsfällen: EUR

1.	Bareinzahlung auf das Postbankkonto	1 300,00
2.	Barabhebung vom Bankkonto	600,00
3.	Ein Kunde begleicht eine Rechnung durch Banküberweisung	350,00
4.	Kauf einer Rechenmaschine bar	160,00
5.	Zieleinkauf eines Schreibtisches	830,00
6.	Tilgung einer Darlehensschuld durch Postüberweisung	900,00
7.	Ausgleich einer Liefererrechnung durch Banküberweisung	850,00
8.	Einkauf eines Pkw gegen Bankscheck	20 000,00
9.	Aufnahme eines Darlehens, das auf dem Bankkonto gutgeschrieben wird	11 500,00
10.	Zahlung an einen Lieferer durch Postüberweisung	950,00
11.	Bareinzahlung auf unser Bankkonto	800,00
12.	Verkauf eines gebrauchten Pkw bar	450,00
13.	Kauf eines Baugrundstücks gegen Bankscheck	25 500,00

2 Welche Geschäftsfälle liegen folgenden Buchungssätzen zugrunde?

1.	Fuhrpark	an Verbindlichkeiten a. LL
2.	Kasse	an Bank
3.	Bank	an Forderungen a. LL
4.	Verbindlichkeiten a. LL	an Bank
5.	Darlehen	an Postbank
6.	Bank	an Kasse
7.	Postbank	an Forderungen a. LL
8.	Geschäftsausstattung	an Kasse
9.	Bank	an Unbebaute Grundstücke
10.	Kasse	an Darlehen

3 Bilden Sie die Geschäftsfälle zu den Buchungen im Kassenkonto:

Soll	Kasse		Haben
AB	3 000,00	(1) Darlehen	500,00
(3) Forderungen a. LL	250,00	(2) Verbindlichkeiten a. LL	300,00
(5) Bank	310,00	(4) Geschäftsausstattung	270,00
(6) Geschäftsausstattung	1 160,00	(7) Bank	1 000,00
		SB	2 650,00
	4 720,00		4 720,00

4 Bilden Sie die Buchungssätze zu den Aufgaben 1 bis 4 S. 38 f.!

5 Bilden Sie zu folgenden Geschäftsfällen die Buchungssätze: EUR

1.	Ausgleich von Liefererrechnungen über	60 000,00
	durch Banküberweisung	38 000,00
	durch Postüberweisung	22 000,00
2.	Kunden begleichen Rechnungen über	54 000,00
	durch Banküberweisung	45 000,00
	durch Postüberweisung	8 000,00
	durch Barzahlung	1 000,00
3.	Kauf eines Lkw	130 000,00
	gegen Bankscheck	50 000,00
	auf Ziel	80 000,00

2.2.4 Grundbuch und Hauptbuch

Frau Primus und Herr Müller haben einen Betriebsprüfer des Finanzamtes im Unternehmen. Dieses will wissen, ob alle Belege gebucht sind und ob für alle Buchungen Belege vorliegen. In der Buchhaltung sind die Belege in Aktenordnern abgeheftet (Registratur).

Arbeitsauftrag Geben Sie Gründe an, weshalb die Finanzverwaltung für alle Buchungen Belege verlangt und wie Buchungen und Belege miteinander verknüpft werden können, damit einerseits vom Beleg auf die Buchung, andererseits von der Buchung auf den Beleg geschlossen werden kann!

Sind die Belege vorkontiert, kann gebucht werden. **Nach der Ordnung** der Buchungen sind **Grundbuch** und **Hauptbuch** zu unterscheiden.

Grundbuch

Im **Grundbuch,** auch **Journal** genannt, werden alle Buchungssätze in **zeitlicher Reihenfolge** festgehalten. Daneben werden zur besseren Kontrolle Buchungsdatum, Eingangs- bzw. Ausstellungsdatum des Beleges, Belegnummer, Buchungstext u.a. festgehalten.

Beispiel Grundbuchgestaltung

Primus GmbH, Duisburg

Grundbuch				Seite 097	
Lfd.-Nr.	Buchungs-datum	Beleg	Buchungstext	Soll	Haben
00342	..–06–11	BA 123	Verbindlichkeiten a. LL an Bank	9200,00	 9200,00

Da in diesem Buch alle Geschäftsfälle fortlaufend und lückenlos gebucht werden, bildet es die **Grundlage bei Prüfungen durch die Behörden** (z.B. Finanzamt). Gleichzeitig liefert das Grundbuch alle **Unterlagen für die Buchung der Geschäftsfälle auf den Konten.**

Hauptbuch

Die chronologische Aufzeichnung im Grundbuch vermittelt keinen Überblick über die Veränderungen der einzelnen Vermögens- und Kapitalposten. Daher werden alle Geschäftsfälle auf den Konten gebucht. **Die Konten befinden sich im Hauptbuch**[1]**.**

[1] Für unser Erklärungsmodell benutzen wir T-Kontenblätter, die im Handel erhältlich sind.

Beispiel Hauptbuch

Primus GmbH, Duisburg

Hauptbuch

S		Bank	H	S		Verbindlichkeiten a. LL	H
AB	28 000,00	Vb	9 200,00	Ba	9 200,00	AB	34 500,00

Die **Eintragung des Gegenkontos** lässt auf den zugrunde liegenden Geschäftsfall und damit **auf die Ursache der Änderung** schließen.

Beispiel Aus dem Konto „Bank" geht durch die Angabe des Gegenkontos „Verbindlichkeiten a. LL" hervor, dass Schulden gegenüber Lieferern beglichen worden sind. Das Konto „Verbindlichkeiten a. LL" zeigt durch die Gegenbuchung Bank, dass die Verbindlichkeiten über Bank beglichen wurden.

Die Angabe der **Belegnummer** und des **Datums** vor der Gegenbuchung ermöglichen ein schnelles Wiederfinden des Beleges, der der Buchung zugrunde liegt, weil die Belegnummer gleichzeitig Ordnungsnummer für die Ablage der Belege in der Registratur ist. Belegnummer in der Buchung und auf dem Beleg machen einerseits die Buchung nachvollziehbar, beweisen andererseits, dass der Geschäftsfall gebucht wurde.

An die Stelle **gebundener Bücher** können **Loseblattsammlungen** in Form ausgedruckter oder auf **Datenträgern** (Magnetbänder und -platten) gespeicherte Journale und Konten treten (§ 239 HGB; siehe auch S. 109 ff.).

Grundbuch und Hauptbuch

- Im **Grundbuch** werden alle Geschäftsfälle in Form von **Buchungssätzen in zeitlicher Reihenfolge** (chronologisch) eingetragen.
- Weil alle Geschäftsfälle hier in zeitlicher Reihenfolge lückenlos erfasst werden, bildet das Grundbuch die Grundlage für Kontrollen durch die Finanzverwaltung.
- Es bildet die Grundlage für die Buchungen im Hauptbuch.
- Im **Hauptbuch** werden alle **Geschäftsfälle nach sachlichen Gesichtspunkten**, also welches Konto jeweils berührt wird, verteilt.
- Die Konten des Hauptbuches liefern dem Unternehmer Informationen über Art, Ursache und Höhe der Veränderungen der einzelnen Bilanzposten.
- Die **Ursache jeder Buchung** wird durch die **Angabe des Gegenkontos** und der Belegnummer zum Ausdruck gebracht.

- Folgendes Schaubild zeigt die Zusammenhänge:

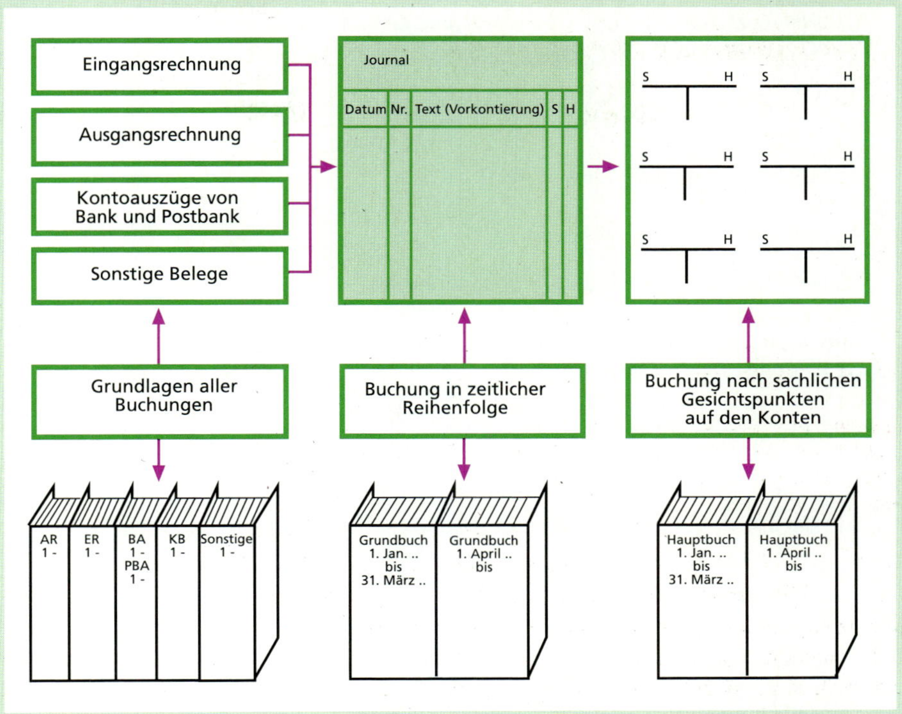

1 Tragen Sie zu folgenden Geschäftsfällen die Buchungssätze ins Grundbuch ein:

	EUR	EUR
1. Einkauf eines Aktenschrankes		
bar	200,00	
auf Ziel	750,00	950,00
2. Ausgleich einer Liefererrechnung		
bar	180,00	
durch Banküberweisung	760,00	
durch Postüberweisung	260,00	1 200,00
3. Rechnungsausgleich des Kunden		
bar	80,00	
durch Banküberweisung	360,00	
durch Postüberweisung	340,00	780,00
4. Einkauf eines Personalcomputers		
bar	1 250,00	
gegen Barscheck	1 430,00	2 680,00
5. Tilgung einer Darlehensschuld		
durch Banküberweisung	800,00	
durch Postüberweisung	200,00	1 000,00

2 Welche Geschäftsfälle liegen folgenden Buchungssätzen im Grundbuch zugrunde?

Lfd.-Nr.	Buchungs-datum	Beleg	Buchungstext	Soll EUR	Haben EUR
001	02.01.	BA 1, PBA 1	Darlehen	2 000,00	
			an Bank		1 500,00
			an Postbank		500,00
002	03.01.	KB 1, BA 2, PBA 2	Kasse	200,00	
			Bank	500,00	
			Postbank	400,00	
			an Forderungen a. LL		1 100,00
003	04.01.	ER 1, BA 3	Fuhrpark	40 000,00	
			an Verbindlichkeiten a. LL		30 000,00
			an Bank		10 000,00
004	05.01.	BA 4, PBA 4	Verbindlichkeiten a. LL	1 280,00	
			an Bank		900,00
			an Postbank		380,00
005	07.01.	ER 2, BA 5	Geschäftsausstattung	800,00	
			an Kasse		300,00
			an Bank		500,00
006	08.01.	Kaufvertrag, KB 2, BA 6, PBA 5	Unbebaute Grundstücke	70 000,00	
			an Kasse		10 000,00
			an Bank		40 000,00
			an Postbank		5 000,00
			an Verbindlichkeiten a. LL		15 000,00

3 Erstellen Sie ein Grundbuch und tragen Sie die Buchungssätze zu folgenden Geschäftsfällen ein:

	EUR
1. Kauf eines Lkw	
bar	8 500,00
gegen Bankscheck	21 000,00
gegen Postscheck	11 200,00
auf Ziel	43 000,00
2. Kunden gleichen Rechnungen aus	
durch Postüberweisung	740,00
durch Banküberweisung	820,00
3. Ausgleich von Liefererrechnungen	
durch Banküberweisung	1 900,00
durch Postüberweisung	1 300,00
4. Kauf eines Kombiwagens für den Betrieb	
gegen Barscheck	17 400,00
gegen bar	740,00
5. Tilgung einer Darlehensschuld	
durch Banküberweisung	2 000,00
durch Postüberweisung	1 000,00
6. Verkauf eines gebrauchten Pkw	
gegen Barzahlung	200,00
gegen Bankscheck	500,00
auf Ziel	1 300,00

2.2.5 Abschluss der Bestandskonten

Am Ende des Geschäftsjahres möchte Herr Schubert den Stand der Konten Kasse und Verbindlichkeiten wissen und eine Aufstellung über Vermögen und Kapital haben.

Arbeitsauftrag

- Ermitteln Sie die Schlussbestände der Konten!
- Erläutern Sie dabei die Einzelschritte des Kontenabschlusses!
- Begründen Sie die Notwendigkeit des Kontenabschlusses in regelmäßigen Abständen aus der Sicht der Unternehmensleitung!

Zur Ermittlung der vorhandenen Bestände (in der Praxis monatlich, quartalsmäßig, jährlich) werden die Konten abgeschlossen. Dabei wird der **Saldo = Schlussbestand (SB)** auf jedem Konto errechnet. Die so festgestellten Schlussbestände **(Sollbestände)** müssen mit den durch **Inventur** (vgl. S. 12 ff.) ermittelten Beständen **(Istbestände**) der Bilanz am Ende des Jahres **(= Schlussbilanz)** übereinstimmen.

Daher muss vor dem Kontoabschluss ein **Abgleich** der Sollbestände mit den Istbeständen lt. Inventur erfolgen.

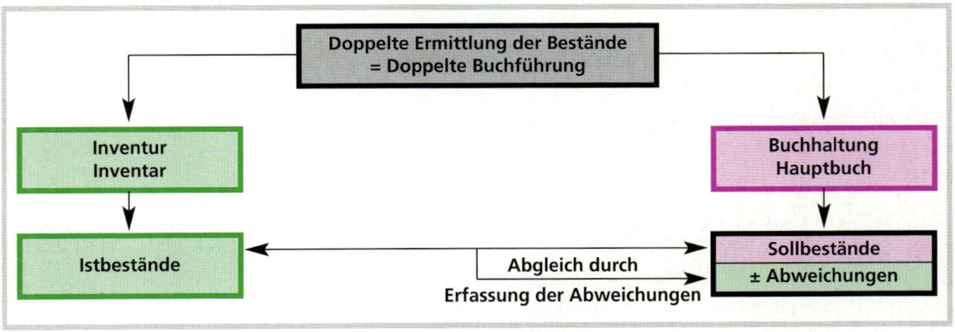

In den Konten werden die Schlussbestände folgendermaßen berechnet:

(1) Addition der wertmäßig größeren Seite

(2) Übertragung der Summe auf die wertmäßig kleinere Seite

(3) Subtraktion der wertmäßig kleineren Seite

(4) Eintragung der Differenz (Schlussbestand, Saldo) auf der wertmäßig kleineren Seite

Beispiele

Aktivkonto

S	Bank		H
AB	90 000,00	(1) GA	800,00
		(4) Verb.	8 000,00
		SB	81 200,00
	90 000,00		90 000,00

Passivkonto

S	Verbindlichkeiten a. LL		H
(2) DA	10 000,00	AB	20 000,00
(4) BA	8 000,00	(3) GA	2 000,00
SB	4 000,00		
	22 000,00		22 000,00

Aktivkonto		Berechnung des Schlussbestandes	Passivkonto	
+ Sollzahlen	90 000,00 EUR	Anfangsbestand + Mehrungen	+ Habenzahlen	22 000,00 EUR
– Habenzahlen	8 800,00 EUR	– Minderungen	– Sollzahlen	18 000,00 EUR
= Sollsaldo	81 200,00 EUR	= Schlussbestand (Saldo)	= Habensaldo	4 000,00 EUR

Beispiel (vgl. S. 35 ff.)

Eröffnungsbilanz

Aktiva		Passiva	
I. Anlagevermögen		**I. Eigenkapital**	70 000,00
Betriebs- und Geschäftsausstattung	30 000,00	**II. Schulden**	
II. Umlaufvermögen		Darlehen	40 000,00
Bank	90 000,00	Verbindlichkeiten a. LL	20 000,00
Kasse	10 000,00		
	130 000,00		130 000,00

S Betriebs- und Geschäftsausstattung H

S		H	
AB	30 000,00	SB	32 800,00
(1) Ka	800,00		
(3) Verb.	2 000,00		
	32 800,00		32 800,00

S Eigenkapital H

S		H	
SB	70 000,00	AB	70 000,00

S Bank H

S		H	
AB	90 000,00	(1) BuG	800,00
		(4) Vb	8 000,00
		SB	81 200,00
	90 000,00		90 000,00

S Darlehensschuld H

S		H	
SB	50 000,00	AB	40 000,00
		(2) Vb	10 000,00
	50 000,00		50 000,00

S Kasse H

S		H	
AB	10 000,00	SB	10 000,00
	10 000,00		10 000,00

S Verbindlichkeiten a. LL H

S		H	
(2) Da	10 000,00	AB	20 000,00
(4) Ba	8 000,00	(3) GA	2 000,00
SB	4 000,00		
	22 000,00		22 000,00

Schlussbilanz

Aktiva		Passiva	
I. Anlagevermögen		**I. Eigenkapital**	70 000,00
Betriebs- und Geschäftsausstattung	32 800,00	**II. Schulden**	
II. Umlaufvermögen		Darlehen	50 000,00
Bank	81 200,00	Verbindlichkeiten a. LL	4 000,00
Kasse	10 000,00		
	124 000,00		124 000,00

- Der **Schlussbestand** wird immer **auf der wertmäßig kleineren Seite** des Kontos **eingetragen:** der **Sollsaldo des Aktivkontos im Haben,** der **Habensaldo des Passivkontos im Soll.** Dadurch weisen die beiden Seiten jedes Kontos am Ende des Rechnungszeitraumes die gleiche Summe aus (Waage, ähnlich der Bilanz).
- Die Summen der Aktiv- und Passivseite der Schlussbilanz müssen gleich sein, da bei jedem Geschäftsfall der gleiche Betrag im Soll und im Haben gebucht wurde.
- **Lösungsweg von der Eröffnungs- zur Schlussbilanz:**
  1. Übernahme der Schlussbilanz des Vorjahres als Eröffnungsbilanz
  2. Einrichtung von Konten für die Bilanzposten
  3. Übertragung der Anfangsbestände aus der Bilanz auf die Konten
  4. Buchung der Geschäftsfälle im Grundbuch
  5. Buchung in den Konten des Hauptbuches
  6. Abschluss der Konten und Aufstellung der Schlussbilanz aufgrund der Inventurwerte

Abschluss der Bestandskonten

Buchung auf Bestandskonten

Buchung auf Aktivkonten

Soll	Haben
Anfangsbestand	Minderungen
Mehrungen	Endbestand

Berechnung des Endbestandes

Sollzahlen (AB + Zugänge)
– Habenzahlen (Abgänge)

Sollsaldo (Endbestand)

Buchungsregeln

- Der **Anfangsbestand** steht auf derselben Seite wie in der Bilanz
  - auf Aktivkonten links (Soll)
  - auf Passivkonten rechts (Haben)
- **Mehrungen** stehen unter dem Anfangsbestand
- **Minderungen** stehen auf der gegenüberliegenden Seite
- Der **Endbestand** bildet die Differenz (Saldo) zwischen wertmäßig kleinerer und größerer Seite

Buchung auf Passivkonten

Soll	Haben
Minderungen	Anfangsbestand
Endbestand	Mehrungen

Berechnung des Endbestandes

Habenzahlen (AB + Zugänge)
– Sollzahlen (Abgänge)

Habensaldo (Endbestand)

- Alle Geschäftsfälle wurden im Grundbuch in zeitlicher Reihenfolge erfasst.
- Im Hauptbuch wurden alle Geschäftsfälle nach sachlichen Gesichtspunkten auf die Konten verteilt.
- Die Ursache jeder Buchung wird durch die Angabe des Gegenkontos und der Belegnummer verdeutlicht.

1 Eröffnen Sie die Bestandskonten; tragen Sie die Buchungssätze zu den Geschäftsfällen im Grundbuch ein!

Buchen Sie die Geschäftsfälle auf den Konten und stellen Sie die Schlussbilanz auf!

Anfangsbestände:	EUR		EUR
Grundstücke mit Gebäuden	150 000,00	Kasse	5 000,00
Fuhrpark	40 000,00	Eigenkapital	270 000,00
Geschäftsausstattung	24 000,00	Darlehensschulden	120 000,00
Forderungen a. LL	36 000,00	Verbindlichkeiten a. LL	15 000,00
Bank	150 000,00		

Geschäftsfälle:	EUR
1. **Eingangsrechnung:** Zielkauf eines Pkw	40 000,00
2. **Ausgangsrechnung:** Zielverkauf eines gebrauchten PC	500,00
3. **Bankauszug:** Banküberweisung an einen Lieferer	35 000,00
4. **Kassenbeleg:** Bareinzahlung auf das Bankkonto	2 000,00
5. **Bankauszug:** Banküberweisung von einem Kunden	17 400,00
6. **Bankauszug:** Verkauf eines gebrauchten Pkw gegen Bankscheck	6 000,00
7. **Bankauszug:** Banküberweisung der Tilgungsrate für das Darlehen	20 000,00
8. **Bankauszug:** Kunde bezahlt fällige Rechnung durch Banküberweisung	1 400,00
9. **Bankauszug:** Einkauf eines Büroregals gegen Bankscheck	1 200,00

2 Stellen Sie die Eröffnungsbilanz auf! Richten Sie die Bestandskonten ein und übernehmen Sie die Anfangsbestände! Buchen Sie die Geschäftsfälle auf den Konten bei Angabe der Nummer des Geschäftsfalles und des Gegenkontos!

Anfangsbestände:	EUR		EUR
Betriebs- und Geschäftsausstattung	420 000,00	Eigenkapital	488 000,00
Forderungen a. LL	115 000,00	Verbindlichkeiten gegenüber Banken	200 000,00
Bank	226 000,00	Verbindlichkeiten a. LL	84 000,00
Kasse	11 000,00		

Geschäftsfälle:	EUR
1. **Bankauszug:** Kunde bezahlt fällige Ausgangsrechnung durch Banküberweisung	35 000,00
2. **Eingangsrechnung:** Zielkauf einer Kühlanlage für das Lager	60 000,00
3. **Bankauszug:** Banküberweisung an Lieferer für fällige Eingangsrechnung	36 000,00
4. **Bankauszug:** Bareinzahlung auf das Bankkonto	5 000,00
5. **Ausgangsrechnung:** Verkauf eines gebrauchten Gabelstaplers	6 000,00
6. **Bankauszug:** Banküberweisung einer Tilgungsrate der Darlehensschuld	20 000,00

3 Stellen Sie die Eröffnungsbilanz auf. Richten Sie die Bestandskonten ein und übernehmen Sie die Anfangsbestände. Buchen Sie die Geschäftsfälle auf den Konten bei Angabe der Nummer des Geschäftsfalles!

Anfangsbestände:	EUR		EUR
Grundstücke mit Gebäude	600 000,00	Postbank	30 000,00
Geschäftsausstattung	90 000,00	Kasse	13 000,00
Fuhrpark	130 000,00	Eigenkapital	694 000,00
Forderungen a. LL	85 000,00	Darlehensschuld	312 000,00
Bank	150 000,00	Verbindlichkeiten a. LL	92 000,00

Geschäftsfälle: EUR

Nr.	Geschäftsfall	EUR
1.	**Eingangsrechnung:** Zielkauf eines Computernetzes	15 000,00
2.	**Bankauszug:** Banküberweisung der Tilgungsrate für die Darlehensschuld	25 000,00
3.	**Postbankauszug:** Kunde bezahlte fällige AR mit Postüberweisung	17 000,00
4.	**Ausgangsrechnung:** Zielverkauf eines gebrauchten Pkw	9 000,00
5.	**Bankauszug:** Einzahlung auf das Bankkonto bar	10 000,00
6.	**Vertrag:** Lieferer stundet eine fällige ER auf zwei Jahre	25 000,00
7.	**Vertrag, Bankauszug:** Kauf einer Lagerhalle gegen Bankscheck	80 000,00
8.	**Eingangsrechnung:** Zielkauf eines Pkw	38 000,00
9.	**Postbankauszug:** Postüberweisung an Lieferer für fällige ER	13 000,00
10.	**Ausgangsrechnung, Quittung:** Barverkauf eines gebrauchten Personalcomputers	200,00

2.2.6 Eröffnungsbilanzkonto und Schlussbilanzkonto

Die Finanzbuchhalterin der Primus GmbH, Frau Lapp, eröffnet die Bestandskonten zu Beginn des Geschäftsjahres. Bisher übernahm sie die Eröffnungsbestände aus der Bilanz zum Schluss des letzten Geschäftsjahres und übertrug sie auf die Konten.

A — Bilanz — P

Aktiva		Passiva	
I. Anlagevermögen		**I. Eigenkapital**	70 000,00
Betriebs- und Geschäftsausstattung	30 000,00	**II. Schulden**	
II. Umlaufvermögen		Darlehen	40 000,00
Bank	90 000,00	Verbindlichkeiten a. LL	20 000,00
Kasse	10 000,00		
	130 000,00		130 000,00

Dabei ist ihr ein Übertragungsfehler unterlaufen. Um solche Fehler künftig zu vermeiden, verlangt der Geschäftsführer, Herr Müller, eine Gegenbuchung der Eröffnungsbuchungen auf einem Eröffnungsbilanzkonto.

Arbeitsauftrag

- Begründen Sie, warum Herr Müller die Abschlusswerte der Schlussbilanz für die Eröffnung der Konten im neuen Jahr benötigt!
- Erläutern Sie, warum Herr Müller die Gegenbuchung auf einem besonderen Konto verlangt!

Eröffnungsbilanz und Eröffnungsbilanzkonto

Die Bilanz am Ende eines Jahres ist identisch mit der Eröffnungsbilanz des neuen Geschäftsjahres (**Grundsatz der Bilanzgleichheit, Bilanzidentität,** vgl. § 252 (1) HGB). Um die Geschäftsfälle des neuen Jahres zu buchen, werden Konten für die einzelnen Bilanzposten eingerichtet.

Die Anfangsbestände wurden **bisher** in folgender Weise vorgetragen:

- Von der **Aktivseite der Eröffnungsbilanz** auf die **Sollseite der Aktivkonten,**
- von der **Passivseite der Eröffnungsbilanz** auf die **Habenseite der Passivkonten** (vgl. S. 34 f.).

Die Anfangsbestände wurden also in den Konten auf der gleichen Seite eingetragen, auf der sie in der Bilanz stehen. Ein Grundsatz der doppelten Buchführung wird dadurch durchbrochen. Dieser verlangt, dass jeder Buchung im Soll eine Buchung im Haben entspricht.

Soll ständig nach diesem Grundsatz verfahren werden, muss ein Konto im Hauptbuch eingerichtet werden, das bei der Buchung der Anfangsbestände der Konten die Gegenbuchung aufnimmt. Diese Aufgabe übernimmt das **Eröffnungsbilanzkonto (EBK).** Die Buchungen zur Eröffnung der Bestandskonten heißen **Eröffnungsbuchungen.**

Eröffnungsbuchungen	
Aktive Bestandskonten	**Passive Bestandskonten**
Aktivkonten an EBK	EBK an Passivkonten

Beispiel Eröffnung der Konten Kasse und Verbindlichkeiten a. LL lt. Beispiel S. 35.

Grundbuch

Datum	Vorgang	EUR	Buchungssatz	Soll	Haben
	A. Eröffnungsbuchungen				
01.01.	Eröffnung des Kontos Kasse	10 000,00	Kasse	10 000,00	
			an EBK		10 000,00
01.01.	Eröffnung des Kontos Verbindlichkeiten a. LL	20 000,00	EBK	20 000,00	
			an Verbindl. a. LL		20 000,00

Hauptbuch

S	EBK		H
Verbindlichkeiten a. LL	20 000,00	Kasse	10 000,00

S	Verbindlichkeiten a. LL		H
		EBK	20 000,00

S	Kasse		H
EBK	10 000,00		

Schlussbilanz und Schlussbilanzkonto

Am **Ende des Geschäftsjahres** werden die Konten abgeschlossen. Der Endbestand wird errechnet und auf der kleineren Seite eines jeden Kontos zum Ausgleich eingetragen. Zur Aufnahme der Gegenbuchung ist wiederum ein Konto erforderlich: **das Schlussbilanzkonto (SBK).** Es ist ein Hilfskonto zur Sammlung aller Endbestände der Bestandskonten. Hierzu werden **Abschlussbuchungen** gebildet.

Abschlussbuchungen	
Aktive Bestandskonten	**Passive Bestandskonten**
SBK an Aktivkonten	Passivkonten an SBK

Vorgeschrieben ist die Aufstellung der Bilanz aus dem Inventarverzeichnis (Schlussbilanz). Die durch Inventur ermittelten Bestände **(Istbestände)** müssen mit den auf den Konten errechneten Beständen **(Sollbestände)** übereinstimmen.

Eröffnungsbilanzkonto und Schlussbilanzkonto

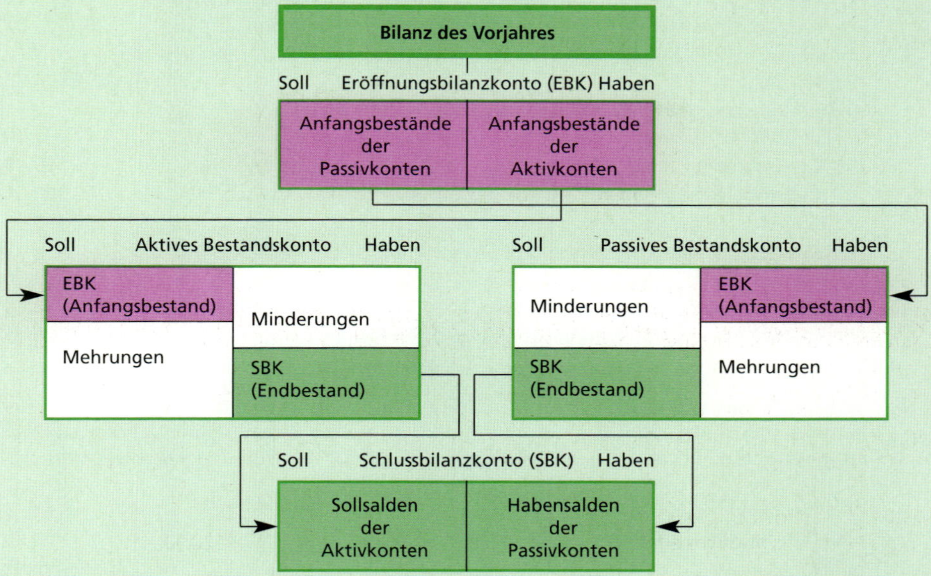

- Das **Eröffnungsbilanzkonto** ist das Gegenkonto für die Eröffnungsbuchungen in den **Bestandskonten.**
- Das **Schlussbilanzkonto** ist das **Gegenkonto für die Abschlussbuchungen in den Bestandskonten.**

Arbeitsanweisungen vom EBK zum SBK

1. Stellen Sie die Eröffnungsbilanz auf!
2. Tragen Sie die Eröffnungsbuchungen und Geschäftsfälle mit Buchungssätzen im Grundbuch ein!
3. Buchen Sie die Eröffnungsbuchungen und die Geschäftsfälle auf den Konten im Hauptbuch!
4. Schließen Sie die Konten über das Schlussbilanzkonto ab! Die Abschlussbuchungen sind auch im Grundbuch einzutragen.
5. Stellen Sie die Schlussbilanz auf! Die Bestände im SBK stimmen mit den Beständen laut Inventur überein.

1 Stellen Sie die Eröffnungsbilanz auf! Tragen Sie die Eröffnungsbuchungen und die laufenden Buchungen im Grundbuch ein! Buchen Sie die Geschäftsfälle auf den Konten im Hauptbuch! Führen Sie den Abschluss der Konten im Grund- und Hauptbuch durch!

Anfangsbestände:	EUR		EUR
Fuhrpark	430 000,00	Kasse	8 000,00
Betriebs- und Geschäftsausstattung	120 000,00	Eigenkapital	452 000,00
Forderungen a. LL.	146 000,00	Darlehensschuld	300 000,00
Bank	205 000,00	Verbindlichkeiten a. LL	157 000,00

Geschäftsfälle:	EUR
1. **Ausgangsrechnung:** Zielverkauf eines gebrauchten Pkw	5 000,00
2. **Vertrag:** Umwandlung einer Liefererverbindlichkeit in ein Darlehen	50 000,00
3. **Bankauszug:** Kauf von zwei Personal-Computern für das Lager gegen Bankscheck	4 800,00
4. **Bankauszug:** Banküberweisung an Lieferer für fällige Eingangsrechnung	17 000,00
5. **Kassenbeleg:** Kunde bezahlt fällige Ausgangsrechnung bar	500,00
6. **Kassenbeleg:** Bareinzahlung auf das Bankkonto	5 000,00
7. **Eingangsrechnung:** Zielkauf eines Pkw	35 000,00
8. **Bankauszug:** Banküberweisung vom Kunden für fällige Ausgangsrechnung........	26 500,00
9. **Bankauszug:** Banküberweisung der Tilgungsrate für das Darlehen .	25 000,00
10. **Kassenbeleg:** Barverkauf eines gebrauchten Regals	800,00

2 Stellen Sie die Eröffnungsbilanz auf. Tragen Sie die Eröffnungsbuchungen und die laufenden Buchungen im Grundbuch ein. Buchen Sie die Geschäftsfälle auf den Konten im Hauptbuch! Führen Sie den Abschluss der Konten im Grund- und Hauptbuch durch!

Anfangsbestände	EUR		EUR
Grundstücke mit Gebäuden	730 000,00	Postbank.............	41 500,00
Fuhrpark	885 000,00	Kasse................	5 100,00
Betriebs- und Geschäftsausstattung	175 000,00	Eigenkapital	1 325 500,00
Forderungen a. LL	122 600,00	Darlehensschulden......	600 000,00
Bank	216 300,00	Verbindlichkeiten a. LL ..	250 000,00

Geschäftsfälle:	EUR
1. **Bankauszug, Vertrag:** Aufnahme eines Darlehens bei der Bank	75 000,00
2. **Bankauszug, Vertrag:** Verkauf eines Grundstücks gegen Bankscheck........	100 000,00
3. **Postbankauszug:** Überweisung vom Bankkonto auf das Postbankkonto	36 000,00
4. **Kassenbeleg:** Kunde bezahlte fällige Ausgangsrechnung bar	600,00
5. **Bankauszug:** Banküberweisung zur Tilgung eines Darlehens........	80 000,00
6. **Postbankauszug:** Postüberweisung an Lieferer für fällige ER	32 100,00
7. **Ausgangsrechnung:** Zielverkauf eines gebrauchten Lkw	10 700,00
8. **Kassenbeleg:** Bareinkauf eines Schreibtisches	950,00
9. **Ausgangsrechnung:** Verkauf einer gebrauchten Lagertransportanlage auf Ziel (30 Tage)........	14 000,00
10. **Eingangsrechnung:** Kauf eines Lkw auf Ziel	45 800,00
11. **Bankauszug:** Zahlung vom Kunden für fällige AR	19 100,00
12. **Vertrag:** Lieferer stundete fällige Eingangsrechnungen auf drei Jahre	30 000,00

		EUR	EUR
13.	**Eingangsrechnung, Bankauszug:** Kauf von fünf Personalcomputern für die Verwaltung gegen		
	a) Bankscheck (Anzahlung beim Kauf)	5 000,00	
	b) Zielgewährung von 90 Tagen	8 000,00	13 000,00

3 Buchen Sie die aus folgendem Kontoauszug der Primus GmbH hervorgehenden Geschäftsfälle:

Konto	Kontoauszug		Auszug	Blatt
360058796	STADTSPARKASSE DUISBURG	BLZ 350 500 00	127	1

Buch.-Tag	Wert	PN	Erläuterung/Verwendungszweck	Umsätze
14.06.	14.06.	0954	BUERODESIGN GMBH KD-NR 20344, RG-NR 2386 V. ..-06-01	23 320,00 S
14.06.	14.06.	0960	HERSTADT WARENHAUS GMBH KD-NR 8155, RG-NR 13205 V. ..-05-30	10 264,06 H

KREDITZUSAGE EUR 80 000

IHR AKTUELLER KONTOSTAND UM 16:00 UHR EUR 364 582,26 H

BS	Letzter Auszug	Auszugsdatum	EUR Alter Kontostand	EUR Neuer Kontostand
44	..-06-14	..-06-15	377 638,20 H	364 582,26 H

PRIMUS GMBH, KOLONIESTRASSE 2-4, 47057 DUISBURG

4 Welche der folgenden Aussagen treffen
(1) nur auf die Aktivkonten, (2) nur auf die Passivkonten,
(3) auf alle Bestandskonten, (4) weder auf Aktiv- noch auf Passivkonten zu?

Aussagen:

a) Der Anfangsbestand steht im Soll.
b) Die Minderungen stehen im Soll.
c) Die Mehrungen stehen unter dem Anfangsbestand.
d) Der Anfangsbestand steht im Haben, die Zugänge stehen im Soll.
e) Der Saldo steht auf der wertmäßig kleineren Seite.
f) Sie stellen Art, Ursache und Höhe der Vermögensänderungen dar.
g) Sie stehen im Hauptbuch.

5 Untersuchen Sie, ob mit untenstehenden Buchungssätzen
(1) ein Aktiv-Tausch, (2) ein Passiv-Tausch,
(3) eine Aktiv-Passiv-Mehrung, (4) eine Aktiv-Passiv-Minderung
erfasst wird.

Buchungssätze:		EUR
a) Verbindlichkeiten a. LL	an Bank	4 000,00
b) Bank	an Kasse	2 000,00
c) Bank	an Forderungen a. LL	5 000,00
d) Geschäftsausstattung	an Verbindlichkeiten a. LL	8 000,00
e) Verbindlichkeiten a. LL	an Darlehen	6 000,00
f) Forderungen a. LL	an Fuhrpark	3 000,00

6 Unten stehende Satzteile sind zu einer richtigen Aussage zu ergänzen, indem Sie einsetzen

a) das Inventar b) die Schlussbilanz c) das Schlussbilanzkonto!

Satzteile:

1. (?) nimmt die Salden der Bestandskonten beim Jahresabschluss auf.
2. (?) ist eine Gegenüberstellung von Vermögen und Kapital lt. Inventur.
3. (?) enthält neben Mengen- auch Wertangaben.
4. (?) ist eine Auflistung aller Vermögensteile und Schulden sowie eine Gegenüberstellung von Vermögen und Schulden.
5. (?) steht im Hauptbuch.
6. (?) wird aus dem Inventar abgeleitet.

7 Welche der folgenden Aussagen treffen

(1) nur auf Aktivkonten, (2) nur auf Passivkonten,

(3) auf alle Bestandskonten zu?

Begründen Sie jeweils Ihre Entscheidung!

Aussagen:

a) Der Anfangsbestand steht im Haben.
b) Sie erteilen Auskunft über die Veränderungen des Kapitals der Unternehmung.
c) Ihr Endbestand steht auf der rechten Seite des Schlussbilanzkontos.
d) Sie erteilen Auskunft über Art, Ursache und Höhe der Veränderung einer Bilanzposition.
e) Abgänge stehen im Soll.
f) Ihr Endbestand ist ein Sollsaldo, der im Haben steht.
g) Zugänge stehen im Haben.
h) Sie geben Auskunft über die Anlage des Kapitals.
i) Ihr Saldo steht auf der wertmäßig kleineren Seite.
j) Ihr Anfangsbestand ist gleich dem Endbestand lt. Inventur des Vorjahres.

2.3 Erfolgskonten

Nicole Höver und Frau Lapp, Finanzbuchhalterin der Primus GmbH, führen folgende Unterhaltung: „Tag für Tag kommen Lkw mit Waren wie Faxgeräten, Schreibtischen, Druckbleistiften, usw., die sofort in das Lager gebracht werden, täglich verkaufen wir eine Vielzahl dieser Bürobedarfsartikel. Solche Fälle habe ich bisher aber noch nicht gebucht. Überhaupt – ich würde mal gerne wissen, ob sich das Ganze auch lohnt", sagt Nicole.

Frau Lapp: „Das ist richtig, Nicole, aber ich denke, dass das Buchen auf Bestandskonten dafür die Voraussetzung ist."

Arbeitsauftrag

- ❑ Erläutern Sie, welche Ziele die Primus GmbH mit dem Kauf und Verkauf von Artikeln des Bürobedarfs verfolgt!
- ❑ Erläutern Sie die Auswirkungen des Wareneinkaufs, der Lohn-, Gehalts- und Mietzahlungen einerseits und des Verkaufs von Waren andererseits auf die Bilanz!
- ❑ Zeigen Sie Buchungsmöglichkeiten dieser Vorgänge auf!
- ❑ Machen Sie einen Vorschlag, wie der Erfolg einer Unternehmung ermittelt werden kann!

Veränderungen des Eigenkapitals durch Aufwendungen und Erträge

Die bisher gebuchten Geschäftsfälle veränderten Bestände der Bilanz. Eine Bilanzposition wurde nicht berührt, das **Eigenkapital.** Dieses wird jedoch durch die eigentliche Unternehmenstätigkeit (Kauf und Verkauf von Waren) laufend verändert. Mit dieser Tätigkeit will das Unternehmen das eingesetzte Kapital vermehren, also Gewinn erzielen. Das Unternehmen setzt sich aber dadurch auch dem Risiko aus durch Verluste das Eigenkapital zu verlieren.

▶ **Minderungen des Eigenkapitals durch Aufwendungen:** Um Waren verkaufen zu können muss das Unternehmen eingekaufte **Waren,** menschliche **Arbeitsleistung** und **Betriebsmittel** einsetzen **(= Verzehr von Produktionsfaktoren).** Alle Ausgaben für die eingesetzten Produktionsfaktoren, wie

- **Ausgaben für Waren** (Wareneinkäufe)
- **Mietzahlungen für Betriebsmittel**
- **Lohn- und Gehaltszahlungen für die Arbeitsleistungen**

mindern letztlich das Vermögen und zugleich das Eigenkapital. Solche **Werteverzehre an Produktionsfaktoren** werden als **Aufwendungen** bezeichnet.

Aufwendungen mindern das Eigenkapital. Sie könnten somit direkt auf der Sollseite des Eigenkapitalkontos erfasst werden. Um jedoch eine Übersicht über einzelne Aufwandsarten zu ermöglichen werden für die einzelnen Aufwandsarten Unterkonten des Eigenkapitalkontos eingerichtet, die stellvertretend für das Eigenkapitalkonto den Aufwand aufnehmen.

Beim Eingang der Waren wird unterstellt, dass sie sofort verkauft werden und somit eingesetzt werden, also das Lager nicht berühren. Sie werden daher sofort beim Eingang als Aufwand für Waren erfasst.

▶ **Mehrungen des Eigenkapitals durch Erträge:** Die Unternehmung versucht die Aufwendungen, die mit dem Verkauf von Waren und Dienstleistungen verbunden sind, auf die Kunden abzuwälzen und somit über die Umsatzerlöse eine Erstattung des Aufwands zu erreichen und darüber hinaus dem Unternehmen einen **Gewinn** zu bringen. Damit dieses Ziel erreicht wird, müssen die Umsatzerlöse größer als der gesamte Einsatz an Produktionsfaktoren sein:

Beispiel Einkauf und Verkauf von 4000 Bürodrehstühlen Modell 1640:

Bewerteter Verzehr (in EUR) von Produktionsfaktoren	Personaleinsatz → Löhne, Gehälter 280 000,00 EUR Nutzung von Anlagen → Mieten 38 000,00 EUR Wareneinsatz → Aufwand für Waren 390 000,00 EUR	
	Gesamteinsatz der Rechnungsperiode = Aufwand	708 000,00 EUR
Bewerteter Zuwachs (in EUR) an Vermögen	Verkauf der Waren → Umsatzerlöse 858 000,00 EUR	
	Gesamtzuwachs der Rechnungsperiode = Ertrag	858 000,00 EUR
Differenz von Wertezuwachs und Werteverzehr in EUR	**Aufwand < Ertrag = Gewinn**	150 000,00 EUR

Durch die Umsatzerlöse des Großhandelsbetriebs wird ein Wertezuwachs des Vermögens (liquide Mittel, Forderungen) erzielt, der gleichzeitig eine Mehrung des Eigenkapitals darstellt. Diese Eigenkapitalmehrungen werden als **Erträge** bezeichnet. Erträge mehren das Eigenkapital. Sie könnten daher im Haben des Eigenkapitalkontos gebucht werden.

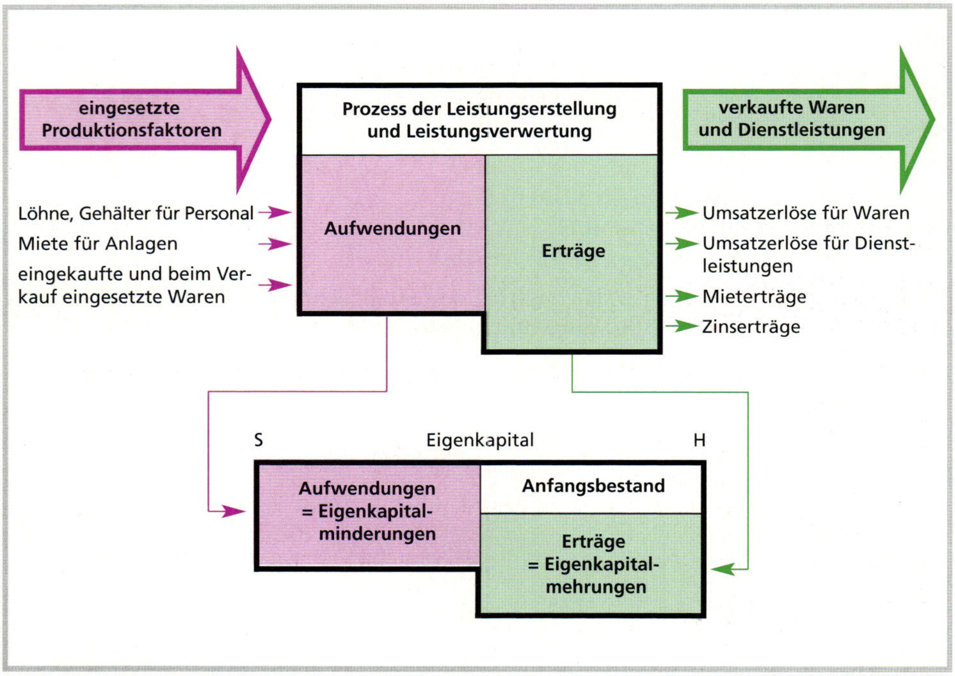

Buchungen der Aufwendungen und Erträge auf Unterkonten des Eigenkapitals

▶ **Buchungen der Aufwendungen und Erträge:** Eine **unmittelbare Buchung** der Aufwendungen und Erträge **auf dem Eigenkapitalkonto** hat **Nachteile:**

- Das Eigenkapitalkonto wird **unübersichtlich.**
- Aus den Buchungen geht nicht hervor, **wodurch** das **Eigenkapital verändert** wurde.
- Die **Höhe einzelner Aufwendungen und Erträge** ist nur mit zusätzlichem Arbeitsaufwand zu ermitteln.

Daher werden die Aufwendungen und Erträge auf **Unterkonten des Eigenkapitalkontos** gebucht, den **Aufwands- und Ertragskonten.** Weil die Aufwendungen und Erträge den Erfolg eines Unternehmens bestimmen, werden die Aufwands- und Ertragskonten als **Erfolgskonten** bezeichnet. Durch die getrennte Erfassung der einzelnen Erfolgsarten werden dem Unternehmer Ursachen und Höhe der Eigenkapitalveränderungen verdeutlicht.

Beispiele Durch die Einrichtung je eines Aufwandskontos „Aufwendungen für Waren", „Löhne", „Fremdinstandsetzungen" verschafft sich der Unternehmer einen genauen Überblick über die genannten Aufwandsarten und deren Höhe. Durch Vergleich von Jahr zu Jahr stellt er so die Entwicklung dieser Aufwandsarten fest.

Die Erfolgskonten sind also ein bedeutendes Informations- und Kontrollinstrument über die einzelnen Aufwands- und Ertragsarten. Daher empfiehlt sich für jede Aufwands- und Ertragsart ein besonderes Unterkonto.

Soll	**Eigenkapital**	Haben
Eigenkapitalminderungen		Anfangsbestand Eigenkapitalmehrungen

Werteverzehr durch den Einsatz von Produktionsfaktoren

Aufwandsarten

- Aufwendungen für Waren/Wareneinsatz
- Energie (Strom, Heizung, Benzin)
- Instandhaltung (Reparatur an Maschinen, Fahrzeugen, Gebäuden)
- Löhne (Lagerarbeiter, Lkw-Fahrer)
- Gehälter (Büroangestellte, Reisende)
- Allgemeine Verwaltungskosten (Büromaterial, Postwertzeichen, Telefon)
- Werbe- und Reisekosten
- Versicherungsbeiträge
- Betriebliche Steuern (Gewerbesteuer)
- Zinsaufwendungen

Wertezuwachs durch erbrachte Leistungen für den Absatzmarkt

Ertragsarten

- Umsatzerlöse für Waren/Warenverkauf
- Umsatzerlöse für Dienstleistungen
- Mieterträge
- Zinserträge
- Provisionserträge (z. B. für vermittelte Verkäufe)

▶ **Buchungsregeln für Aufwands- und Ertragskonten:** Für die Buchungen

- der Aufwendungen als Eigenkapitalminderungen auf den Aufwandskonten und
- für die Buchungen der Erträge als Eigenkapitalmehrungen auf den Ertragskonten gelten die **Buchungsregeln für passive Bestandskonten:**

Soll	Eigenkapital	Haben
Eigenkapitalminderung		Anfangsbestand Eigenkapitalmehrung

Buchung der Eigenkapitalveränderungen

S	Aufwandskonten	H
Eigenkapitalminderung		

S	Ertragskonten	H
		Eigenkapitalmehrung

Aufwendungen sind auf Aufwandskonten als Eigenkapitalminderungen **im Soll, Erträge** auf Ertragskonten als Mehrungen des Eigenkapitals **im Haben** zu buchen.

Beispiele

1. Banküberweisung der Löhne für Lagerarbeiter .... 280 000,00 EUR
2. Verkauf von Waren auf Ziel .... 600 600,00 EUR

Aufwandskonto

S	Löhne		H
1. Ba	280 000,00		

↓ **Minderung des Eigenkapitals**

Ertragskonto

S	Umsatzerlöse		H
		2. Ford.	600 600,00

↓ **Mehrung des Eigenkapitals**

Abschluss der Erfolgskonten über das Gewinn- und Verlustkonto

Am Ende des Geschäftsjahres werden die Konten abgeschlossen. Aufwendungen und Erträge werden gesammelt und gegenübergestellt, um den **Erfolg** (Gewinn oder Verlust) festzustellen.

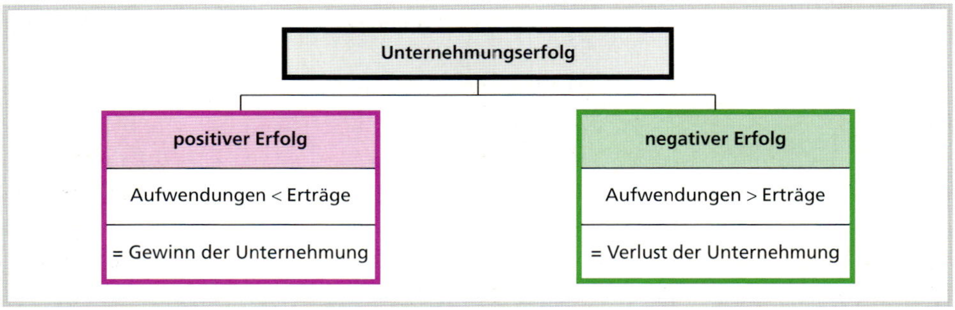

Aufwendungen und Erträge werden auf dem **Gewinn- und Verlustkonto** (GuV) gegenübergestellt (§ 242 HGB).

Abschlussbuchungen: GuV an Aufwandskonten
Ertragskonten an GuV

Der Gewinn oder der Verlust wird als endgültige Eigenkapitalveränderung auf das Eigenkapitalkonto übertragen.

	Beispiel 1	Beispiel 2
Eigenkapital Anfangsbestand	500 000,00	700 000,00
Aufwendungen des Geschäftsjahres	500 000,00	720 000,00
Erträge des Geschäftsjahres	600 000,00	670 000,00

Beispiel 1

S	GuV (bei Gewinn)	H
Aufwendungen 708 000,00	Erträge 858 000,00	
Gewinn 150 000,00		

Eigenkapitalmehrung

S	Eigenkapital	H
	Anfangsbestand 600 000,00	
	GuV (Gewinn) 150 000,00	

Abschlussbuchungssatz:
GuV an Eigenkapital 150 000,00

Beispiel 2

S	GuV (bei Verlust)	H
Aufwendungen 720 000,00	Erträge 670 000,00	
	Verlust 50 000,00	

Eigenkapitalminderung

S	Eigenkapital	H
GuV (Verlust) 50 000,00	Anfangsbestand 700 000,00	

Abschlussbuchungssatz:
Eigenkapital an GuV 50 000,00

Beispiel

Aktiva — Bilanz der Primus GmbH zum 31.12. — Passiva

Aktiva		Passiva	
I. Anlagevermögen		**I. Eigenkapital**	600 000,00
Geschäftsausstattung	200 000,00	**II. Schulden**	
II. Umlaufvermögen		Verbindlichkeiten a. LL	150 000,00
Forderungen a. LL	50 000,00		
Bank	500 000,00		
	750 000,00		750 000,00

Die Primus GmbH kaufte und verkaufte in der Rechnungsperiode 2 000 Bürodrehstühle Modell 1640.

	EUR
1. **BA:** Banküberweisung der Löhne und Gehälter	280 000,00
2. **BA:** Banküberweisung der Miete für gemietete Anlagen	38 000,00
3. **ER:** Einkauf von 3 200 Bürodrehstühlen à 97,50 EUR auf Ziel	312 000,00
4. **AR:** Verkauf von 2 800 Bürodrehstühlen à 214,50 EUR auf Ziel	600 600,00
5. **ER, BA:** Einkauf von 800 Bürodrehstühlen à 97,50 EUR, gegen Bankscheck	78 000,00
6. **AR, BA:** Verkauf von 1 200 Bürodrehstühlen à 214,50 EUR gegen Bankscheck	257 400,00

Buchung der Fälle 1 bis 3 und 5 auf Aufwandskonten:

	EUR
1. Löhne und Gehälter an Bank	280 000,00
2. Miete an Bank	38 000,00
3. Wareneingang (Aufwand für Waren) an Verbindlichkeiten a. LL	312 000,00
5. Wareneingang (Aufwand für Waren) an Bank	78 000,00

Buchung der Fälle 4 und 6 auf dem Ertragskonto:

	EUR
4. Forderungen a. LL an Warenverkauf (Umsatzerlöse)	600 600,00
6. Bank an Warenverkauf (Umsatzerlöse)	257 400,00

Abschlussbuchungen für die Aufwandskonten:

	EUR
GuV an Löhne und Gehälter	280 000,00
GuV an Mieten	45 000,00
GuV an Wareneingang	390 000,00
GuV an Eigenkapital (Gewinn)	150 000,00

Abschlussbuchung für das Ertragskonto:

	EUR
Warenverkauf an GuV	858 000,00

Abschlussbuchungen aktive Bestandskonten:

	EUR
SBK an Geschäftsausstattung	200 000,00
SBK an Forderungen a. LL	650 600,00
SBK an Bank	361 400,00

Abschlussbuchungen passive Bestandskonten:

	EUR
Eigenkapital an SBK	750 000,00
Verbindlichkeiten a. LL an SBK	462 000,00

Die **Buchung** der Aufwendungen und Erträge **auf** den **Erfolgskonten** hat **Vorteile:**

- Aufwendungen und Erträge werden getrennt nach Aufwands- und Ertragsarten gebucht.
- Es wird ersichtlich, **welche Aufwendungen** und **Erträge den Erfolg** des Unternehmens besonders **bestimmen** (Aufwands- und Ertragskonten).

Beispiel

S Gewinn und Verlust H

	EUR	%		EUR	%
Löhne und Gehälter	280000,00	32,6	Umsatzerlöse	858000,00	100,0
Mieten	38000,00	4,4			
Wareneingang	390000,00	45,5			
Gewinn	150000,00	17,5			
	858000,00	100,0		858000,00	100,0

- Der Unternehmer kann die Entwicklung der Aufwendungen und Erträge feststellen, indem er die Werte der **Erfolgskonten mehrere Jahre** miteinander vergleicht (Zeitvergleich).
- Durch **Vergleich** der betrieblichen **Aufwendungen mit denen anderer Betriebe** können die Ursachen zu hoher Aufwendungen entdeckt werden (Betriebsvergleich).
- Aufgrund der gewonnenen Erkenntnisse können **Maßnahmen zur Kostensenkung oder Ertragssteigerung** getroffen werden (Rationalisierung, Planung).

Darstellung des Beispiels von S. 61 f. in Konten mit Abschluss:

S Eröffnungsbilanzkonto H

S		H	
Eigenkapital	600000,00	Geschäftsausstattung	200000,00
Verbindlichkeiten a. LL	150000,00	Forderungen a. LL	50000,00
		Bank	500000,00
	750000,00		750000,00

Bestandskonten

Aktive Bestandskonten

S	Geschäftsausstattung		H
EBK	200 000,00	SBK	200 000,00

S	Forderungen a. LL		H
EBK	50 000,00	SBK	650 600,00
WV	600 600,00		
	650 600,00		650 600,00

S	Bank		H
EBK	500 000,00	Lö, Geh	280 000,00
WV	257 400,00	Miete	38 000,00
		WE	78 000,00
		SBK	361 400,00
	757 400,00		757 400,00

Passive Bestandskonten

S	Eigenkapital		H
SBK	750 000,00	EBK	600 000,00
		GuV	150 000,00
	750 000,00		750 000,00

S	Verbindlichkeiten a. LL		H
SBK	462 000,00	EBK	150 000,00
		WE	312 000,00
	462 000,00		462 000,00

Erfolgskonten

Aufwandskonten

S	Löhne u. Gehälter		H
Ba	280 000,00	GuV	280 000,00

S	Miete		H
Ba	38 000,00	GuV	38 000,00

S	Wareneingang		H
Verb	312 000,00	GuV	390 000,00
Ba	78 000,00		
	390 000,00		390 000,00

Ertragskonto

S	Umsatzerlöse (WV)		H
GuV	858 000,00	Fo	600 600,00
		Ba	257 400,00
	858 000,00		858 000,00

Soll	Gewinn- und Verlust		Haben
Löhne u. Gehälter	280 000,00	Umsatzerlöse/WV	858 000,00
Miete	38 000,00		
Wareneingang	390 000,00		
Eigenkapital	150 000,00		
	858 000,00		858 000,00

Aktiva	Bilanz der Primus GmbH zum 31. Dezember		Passiva
I. Anlagevermögen		**I. Eigenkapital**	750 000,00
Geschäftsausstattung	200 000,00	**II. Schulden**	
II. Umlaufvermögen		Verbindlichkeiten a. LL	462 000,00
Forderungen a. LL	650 600,00		
Bank	361 400,00		
	1 212 000,00		1 212 000,00

Bruttoabschluss der Warenkonten

Wird der Abschluss in der vorstehenden Form durchgeführt, spricht man vom **Bruttoabschluss der Warenkonten.**

Auf dem GuV-Konto werden die Erträge (Warenverkäufe, Warenumsatz) und sämtliche dafür entstandene Aufwendungen (Wareneinsatz, Handlungskosten) gegenübergestellt, um den Erfolg zu ermitteln.

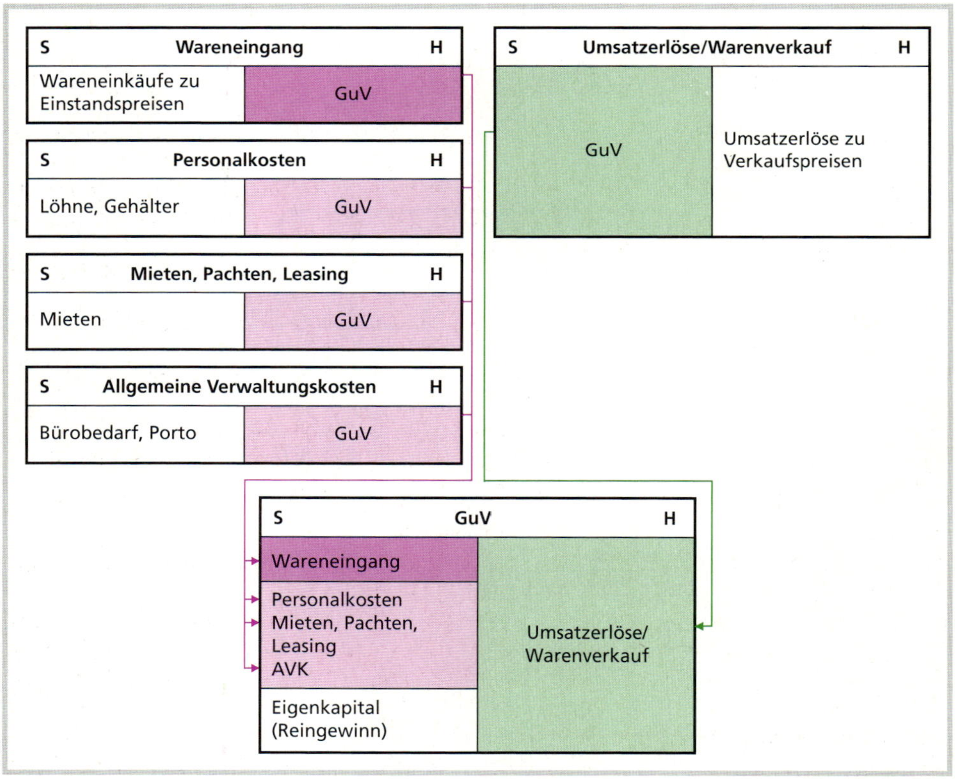

Beim Bruttoabschluss der Warenkonten zeigt das GuV-Konto

- den Wareneinsatz (Umsatz zu Einstandspreisen),
- die Handlungskosten (Personalkosten, Mieten u.Ä., AVK),
- den Umsatz zu Verkaufspreisen,
- den Gewinn.

Außenstehende erhalten dadurch einen Einblick in die durchschnittliche Kalkulation (vgl. S. 153 ff.), aus der insbesondere das prozentuale Verhältnis

- der Handlungskosten zu dem Wareneinsatz und
- des Gewinnes zu den Selbstkosten

hervorgehen.

Außerdem können Schlüsse auf die Marktstellung gezogen werden.

Durch Gegenüberstellung von Warenumsatz und Wareneinsatz wird **der Erfolg aus dem Wareneinkauf und -verkauf** dargestellt. Er wird als **Rohgewinn** bezeichnet (vgl. S. 159 ff.). Er beinhaltet die Handlungskosten und den Reingewinn.

Zieht man also die Handlungskosten vom Rohgewinn ab, erhält man den **Reingewinn.** Das prozentuale Verhältnis des Rohgewinns zum Wareneinsatz (= Kalkulationszuschlag) ist eine bedeutende Vergleichsgröße (siehe S. 163 f):

$$\text{Kalkulationszuschlag} = \frac{\text{Rohgewinn} \cdot 100}{\text{Wareneinsatz}}$$

Erfolgskonten

- Jedes Großhandelsunternehmen verkauft Waren.
- Der dabei eingesetzte Werteverzehr wird als Aufwand bezeichnet, der das Eigenkapital der Unternehmung mindert.
- Über die Umsatzerlöse versucht die Großhandelsunternehmung diesen Werteverzehr und einen Gewinn hereinzuholen und das eingesetzte Eigenkapital zu vermehren.
- Damit die Unternehmungsleitung die Ursachen der Eigenkapitalveränderungen erkennt, werden Aufwendungen und Erträge artmäßig getrennt auf Unterkonten des Eigenkapitalkontos gebucht (Erfolgskonten).
- Aufwandskonten erfassen die Eigenkapitalminderungen, Ertragskonten die Eigenkapitalmehrungen durch die Unternehmenstätigkeit.
- Zur Ermittlung des Erfolges (Gewinn oder Verlust) werden die Aufwands- und Ertragskonten über das GuV-Konto abgeschlossen.
- Der **Saldo** (Gewinn oder Verlust) wird **auf** das **Eigenkapitalkonto** übertragen.
- Die Bezeichnung **„Gewinn- und Verlustkonto"** erklärt sich, weil ein Habensaldo **(Gewinn)** zum Ausgleich **im Soll** und ein Sollsaldo **(Verlust) im Haben** eingetragen wird.
- Die **Gewinn- und Verlustrechnung** bildet **zusammen mit** der **Bilanz** den **Jahresabschluss,** der vom Kaufmann unter Angabe des Datums zu unterzeichnen ist (§ 245 HGB).

1 Eine Schulmöbelgroßhandlung kaufte und verkaufte im Geschäftsjahr 20 000 Schultische. Die dabei angefallenen Geschäftsfälle sind zu buchen.

Konten der Schulmöbelgroßhandlung: EBK, Fuhrpark, Geschäftsausstattung, Forderungen a. LL, Bank, Kasse, Eigenkapital, Darlehensschulden, Verbindlichkeiten a. LL, Umsatzerlöse, Aufwendungen für Waren/Wareneingang, Aufwendungen für Energie, Löhne/Gehälter, Mieten, Werbung, Gewerbesteuer, GuV, SBK

Anfangsbestände:	EUR		EUR
Fuhrpark	650 000,00	Kasse	4 100,00
Geschäftsausstattung	162 000,00	Eigenkapital	1 054 100,00
Forderungen a. LL	184 000,00	Darlehensschulden	420 000,00
Bank	740 000,00	Verbindlichkeiten a. LL	266 000,00

Geschäftsfälle:	EUR	EUR
1. **BA:** Banküberweisungen		
a) Lohn- und Gehaltszahlungen	175 000,00	
b) Gewerbesteuer an die Stadtkasse	28 400,00	
c) Mieten für gemietete Betriebsgebäude	25 000,00	
d) Tilgungsrate einer Darlehensschuld	30 000,00	258 400,00

	EUR	EUR
2. **ER:** Zielkauf eines Lkw		60 000,00
3. **ER:** Zieleinkauf von 1 450 Schultischen à 175,00 EUR		253 750,00
4. **AR, KB, BA:** Verkäufe von 1 400 Schultischen à 385,00 EUR		
a) bar: zwei Stück	770,00	
b) gegen Bankscheck: 565 Stück	217 525,00	
c) auf Ziel (30 Tage): 833 Stück	320 705,00	539 000,00
5. **ER, BA:**		
a) Einkauf von 550 Schultischen gegen Scheckzahlung	96 250,00	
b) Banküberweisung an Lieferer für fällige ER	85 100,00	181 350,00
6. **AR, KB, BA:** Verkauf von 600 Schultischen		
a) bar: 1 Stück	385,00	
b) gegen Bankscheck: 229 Stück	88 165,00	
c) auf Ziel: 370 Stück	142 450,00	231 000,00
7. **BA:** Banküberweisungen		
a) Strom- und Gasverbrauch	36 200,00	
b) Werbemaßnahmen „Aktion Schultische"	47 000,00	83 200,00

Eröffnen Sie die Konten, buchen Sie die Geschäftsfälle und führen Sie den Abschluss durch! Alle Buchungen sind im Grundbuch und im Hauptbuch zu erfassen.

2
3 Eine Großhandelsunternehmung ermittelte vor dem Abschluss der Konten folgende Salden:

Konten	Aufgabe 2 Soll EUR	Aufgabe 2 Haben EUR	Aufgabe 3 Soll EUR	Aufgabe 3 Haben EUR
Fuhrpark	230 000,00		980 000,00	
Geschäftsausstattung	25 000,00		340 000,00	
Forderungen a. LL	35 000,00		180 000,00	
Bank	146 000,00		457 200,00	
Kasse	6 400,00		12 000,00	
Eigenkapital		105 000,00		1 248 000,00
Darlehensschuld		240 000,00		409 000,00
Verbindlichkeiten a. LL		76 400,00		125 000,00
Wareneingang	64 400,00		331 400,00	
Aufwand für Energie	7 000,00		43 200,00	
Löhne	49 000,00		252 000,00	
Gehälter	7 000,00		36 000,00	
Steuern	1 400,00		7 200,00	
Büromaterial	11 200,00		50 400,00	
Umsatzerlöse		161 000,00		907 200,00

Ermitteln Sie

a) die gesamten Aufwendungen des Geschäftsjahres,

b) den Unternehmungsgewinn,

c) den Endbestand des Eigenkapitals!

4 **Konten:** EBK, Fuhrpark, Forderungen, Bank, Postbank, Kasse, Eigenkapital, Verbindlichkeiten, Umsatzerlöse, Aufwendungen für Waren/Wareneingang, Aufwendungen für Energie, Löhne, Gehälter, Mieten, Gewerbesteuer, GuV, SBK

Anfangsbestände:	EUR		EUR
Fuhrpark	650 000,00	Kasse	4 600,00
Forderungen a. LL	150 000,00	Eigenkapital	979 600,00
Bank	300 000,00	Verbindlichkeiten a. LL.	235 000,00
Postbank	110 000,00		

Geschäftsfälle:	EUR
1. **ER:** Zieleinkauf von Waren	86 000,00
2. **PBA:** Postüberweisung von Kunden für fällige AR	35 000,00
3. **BA:** Banküberweisung der Löhne an Lagerarbeiter	164 000,00
4. **AR:** Zielverkäufe von Waren	336 000,00
5. **BA:** Banküberweisung von Kunden für fällige AR	280 000,00
6. **BA:** Gehaltszahlungen an Angestellte durch Banküberweisung	172 000,00
7. **BA:** Banküberweisung der Miete für gemietete Gebäude	60 000,00
8. **PBA:** Verkäufe von Waren gegen Bankscheck	325 000,00
9. **PBA:** Postüberweisung der Gewerbesteuer	40 000,00
10. **AR, KB:** Verkäufe von Waren gegen Barzahlung	600,00
11. **BA:** Banküberweisung für den Strom- und Gasverbrauch	19 000,00
12. **PBA:** Postüberweisung an Lieferer für fällige ER	94 000,00

Eröffnen Sie die Konten, buchen Sie die Geschäftsfälle und führen Sie den Abschluss durch! Alle Buchungen sind im Grundbuch und im Hauptbuch zu erfassen.

5 Durch welche der untenstehenden Geschäftsfälle wird

a) ein Aktiv-Tausch
b) ein Passiv-Tausch
c) eine Aktiv-Passiv-Mehrung
d) eine Aktiv-Passiv-Minderung

hervorgerufen?

1. Wareneinkauf auf Ziel
2. Zahlung von Gehältern durch Banküberweisung
3. Banküberweisung an einen Lieferer zum Ausgleich einer fälligen Rechnung
4. Banküberweisung eines Kunden zum Ausgleich einer fälligen Rechnung
5. Unsere Hausbank belastet uns mit Darlehenszinsen
6. Wareneinkauf bar
7. Verkauf von Waren auf Ziel
8. Bareinkauf von Büromaterial
9. Kauf von Heizöl für die Heizungsanlage gegen Bankscheck
10. Zinsgutschrift der Bank
11. Mieter überwies fällige Miete auf Bankkonto

6 Welche der folgenden Aussagen treffen zu

a) nur auf Aktivkonten
b) nur auf Passivkonten
c) auf alle Bestandskonten
d) nur auf Aufwandskonten
e) nur auf Ertragskonten
f) auf alle Erfolgskonten?

Aussagen:

1. Sie haben keinen Anfangsbestand.
2. Der Saldo steht im Haben und wird auf das GuV-Konto übertragen.
3. Auf diesen Konten werden Eigenkapitalmehrungen gebucht.
4. Der Anfangsbestand steht im Haben.
5. Es sind Unterkonten des Eigenkapitals.
6. Auf diesen Konten werden Eigenkapitalminderungen gebucht.
7. Der Saldo wird auf der Sollseite des SBK eingetragen.
8. Sie erteilen Auskunft über die Vermögensänderungen.
9. Sie haben einen Endbestand.
10. Ihre Salden werden im Haben des GuV-Kontos gesammelt.

7 Eine Beschläge- und Schlössergroßhandlung führt in ihrem Sortiment Graphitspray. Zur Wirtschaftlichkeitskontrolle dieses Artikels führt sie die Konten Aufwendungen für Waren und Umsatzerlöse für Waren, auf denen folgende Vorgänge zu erfassen sind:

Geschäftsfälle:

a) Einkauf auf Ziel:	5 500 Dosen zu je 3,00 EUR
b) Verkäufe auf Ziel:	4 250 Dosen zu je 4,50 EUR
c) Verkauf bar:	50 Dosen zu je 4,50 EUR
d) Verkäufe gegen Bankscheck:	1 200 Dosen zu je 4,50 EUR

Stellen Sie im GuV-Konto gegenüber
1. den Aufwand für Waren,
2. den Umsatz für Waren!

8 a) Tragen Sie nachstehende Werte in die Konten ein!
b) Schließen Sie die Konten ab!

	EUR
Geschäftsausstattung	112 000,00
Grundstück mit Gebäuden	839 000,00
Forderungen a. LL	126 500,00
Bank	362 000,00
Eigenkapital	840 800,00
Verbindlichkeiten a. LL	227 700,00
Aufwendungen für Waren	2 007 000,00
Aufwendungen für Energie	284 000,00
Löhne/Gehälter	1 540 000,00
Steuern	275 000,00
Büromaterial	88 000,00
Mieten	127 000,00
Umsatzerlöse für Waren	4 692 000,00

9 **Konten:**
EBK, Grundstück mit Gebäude, Geschäftsausstattung, Forderungen a. LL, Bank, Kasse, Eigenkapital, Verbindlichkeiten a. LL, Umsatzerlöse für Waren/Warenverkauf, Mieterträge, Aufwendungen für Waren/Wareneingang, Löhne, Büromaterial. Versicherungsbeiträge, GuV, SBK

Anfangsbestände:	EUR		EUR
Grundstücke mit Gebäude	300 000,00	Kasse	10 000,00
Geschäftsausstattung	140 000,00	Eigenkapital	600 000,00
Forderungen a. LL	60 000,00	Verbindlichkeiten a. LL	60 000,00
Bank	150 000,00		

Geschäftsfälle:	EUR	EUR
1. **BA, KB:** Kunden bezahlten fällige Ausgangsrechnung		
a) mit Banküberweisung	41 000,00	
b) in bar	200,00	41 200,00
2. **BA, KB, ER:** Einkäufe von Waren gegen		
a) Bankscheck	48 000,00	
b) Barzahlung	200,00	
c) Zielgewährung von 50 Tagen	15 000,00	63 200,00
3. **BA:** Banküberweisung der Miete für ein vermietetes Lagergebäude		2 500,00
4. **BA:** Banküberweisung an		
a) Arbeiter wegen Lohnzahlung	40 000,00	
b) Schreibwarenhandlung wegen Büromaterialien	3 500,00	
c) Computerhandel GmbH wegen PC-Kauf für das Verkaufsbüro	4 500,00	
d) Versicherungs-AG wegen Gebäudefeuerversicherung	1 300,00	49 300,00
5. **AR, BA:** Verkäufe von Waren gegen		
a) Zielgewährung von 30 Tagen	120 000,00	
b) Bankscheck	12 500,00	132 500,00

Aufgabe:
Führen Sie die Finanzbuchhaltung von der Eröffnung bis zum Abschluss der Konten im Grundbuch und im Hauptbuch!

2.4 Abschreibungen auf Sachanlagen

Die Primus GmbH hatte am 26. Januar des Geschäftsjahres einen Lkw angeschafft und hierfür folgende Eingangsrechnung erhalten:

Lkw-Handel

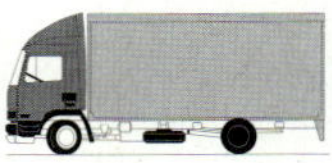

Lkw-Handel, A. Joost e. K., Falkstraße 82, 47058 Duisburg

Primus GmbH
Koloniestraße 2–4

47057 Duisburg

Lkw-Handel
Andreas JOOST e. K.
Falkstraße 82
47058 Duisburg
Telefon 0203 2983-72
Telefax 0203 2983-72

Betriebs-Nr.: 13246833
Auftrags-Nr.: 00507
Datum: ..-01-26

Kunden-Nr.: 32788

Rechnung

Amtl. Kennzeichen	Typ/Modell	Fahrzeug.Ident-Nr.	Zulassungstag	Annahmetag	km-Stand	KD-Meister
DU-PR 111	443 PH 5	44FA053238	..-01-26	..-01-15	0	

Für Ihre Bestellung danken wir Ihnen. Wir werden Sie zu den Verkaufsbedingungen, die wir Ihnen mit der Bestellung aushändigten, und zu den besonderen Vereinbarungen ausführen.

443 PH 5	Lkw Condor GKAT 3000	119 662,50 EUR
	+ Zulassungsgebühren	337,50 EUR
		120 000,00 EUR

Bankverbindung: Raiffeisenbank Duisburg · BLZ 320 604 45 · Kto-Nr.: 1 352 831

Bitte geben Sie bei Zahlung Ihre Kunden- und Rechnungsnummer an. Vielen Dank!

Nicole Höver hat damals die Rechnung vorkontiert.

Bei Durchsicht der Bücher zur Vorbereitung des Jahresabschlusses ist Nicole Höver erstaunt darüber, dass der Lkw noch mit dem Anschaffungswert von 120 000,00 EUR auf dem Konto Fuhrpark steht, obwohl der Lkw bereits 45 000 km gefahren wurde. „Das ist wohl nicht mehr mit dem Grundsatz der Bilanzwahrheit zu vereinbaren", denkt sie.

Arbeitsauftrag

- Erläutern Sie, auf welche Posten der Bilanz sich dieser Kauf auswirkt!
- Bilden Sie den Buchungssatz!
- Begründen Sie, warum der Lkw keine 120 000,00 EUR mehr wert ist!
- Suchen Sie nach Möglichkeiten den wirklichen Wert des Lkw festzustellen!
- Bilden Sie den Buchungssatz für die Abschreibung!

Anschaffung von Sachanlagen

Sachanlagen gehören zum Anlagevermögen, das dazu bestimmt ist, dem Unternehmen **dauernd,** d. h. langfristig oder mehrmals, zu dienen.

Beispiele Grundstücke, Gebäude, Lkw, Pkw, Computer.

Bei der Anschaffung sind diese Anlagegüter auf dem jeweiligen aktiven Bestandskonto mit ihrem Anschaffungswert zu erfassen.

Buchung:

Fuhrpark	120 000,00 an	Verbindlichkeiten a. LL	120 000,00

Notwendigkeit der Abschreibungen

Gegenstände des Anlagevermögens sind dazu bestimmt dem Unternehmen **dauernd** zu dienen. Die Nutzung der meisten Anlagegüter ist jedoch zeitlich begrenzt, da sie abgenutzt werden **(abnutzbares Anlagevermögen).**

Sie unterliegen einem ständigen Werteverfall und müssen von Zeit zu Zeit durch neue Anlagegüter ersetzt werden. Die häufigsten Ursachen des Werteverfalls sind:

- **technischer Verschleiß** durch den Gebrauch des Anlagegutes
- **ruhender Verschleiß,** der durch Umwelteinflüsse entsteht, wie Verwitterung, Zersetzung, Rostschäden usw.
- **wirtschaftliche Abnutzung,** die eine Wertminderung aufgrund des vermuteten technischen Fortschritts berücksichtigt.

HBL

Dieser **Werteverfall** mindert das Anlagevermögen. Weil er **Aufwand** für das Unternehmen darstellt, mindert er auch das Eigenkapital. Der Werteverfall ist jährlich mittels **Abschreibungen** zu erfassen.

- Die **buchmäßige Erfassung der Wertminderung** des Anlagevermögens wird als **Abschreibung** bezeichnet. Das **Steuerrecht** nennt diese Abschreibung **Absetzung für Abnutzung (AfA).**
- Über die Buchung der Abschreibung werden die **Anschaffungskosten** nach und nach als **Aufwand** auf die Jahre der Nutzung **verteilt.** Das **Handelsrecht** nennt diesen Aufwand **planmäßige Abschreibung**.

§ 253 Abs. 2 HGB: Bei Vermögensgegenständen des Anlagevermögens, deren Nutzung zeitlich begrenzt ist, sind die Anschaffungs- oder Herstellungskosten um planmäßige Abschreibungen zu vermindern. Der Plan muss die Anschaffungs- oder Herstellungskosten auf die Geschäftsjahre verteilen, in denen der Vermögensgegenstand voraussichtlich genutzt werden kann.

Abschreibungsplan

Für jeden Gegenstand des abnutzbaren Anlagevermögens sollte ein Abschreibungsplan aufgestellt werden, der alle Daten über das Anlagegut enthält.

Daten des Abschreibungsplanes	
Bezeichnung des Anlagegutes:	Lkw Condor GKAT 3000-443 PH 5
Tag der Anschaffung des Anlagegutes:	26. Januar ..
Höhe der Anschaffungskosten:	120 000,00 EUR
voraussichtliche Nutzungsdauer:	zehn Jahre
Abschreibungsmethode:	lineare Abschreibung

Bereits im Jahre der Anschaffung des Anlagegutes ist die Zeit der betrieblichen Nutzung des Anlagegutes (**Nutzungsdauer**) zu schätzen. Der Bundesfinanzminister hat im Einvernehmen mit den Finanzverwaltungen der Bundesländer **AfA-Tabellen** für abnutzbare Anlagegüter der einzelnen Wirtschaftszweige herausgegeben, die bei der Festlegung der Nutzungsdauer durch das Unternehmen berücksichtigt werden sollten.

Auszug aus der allgemeinen AfA-Tabelle

Anlagegüter	Nutzungsdauer in Jahren
Gebäude	33
Maschinen zur Be- und Verarbeitung	16
Büromaschinen und Organisationsmittel	5
Personalcomputer Workstations, Notebooks, und deren Perepheriegeräte (Drucker, Scanner, Bildschirme)	3
Lastkraftwagen	9
Personenkraftwagen	6

Alle wesentlichen Daten über das Anlagegut für den Abschreibungsplan ergeben sich in der Regel aus der **Anlagendatei** der Anlagenbuchhaltung, die eine Nebenbuchhaltung (vgl. S. 104 ff.) darstellt.

Anlagendatei				**Primus GmbH**
Gegenstand: Lkw Condor		Fahrzeug-Nr. 45 KN 84 300		
Fabrikat: GKAT 3000		Lieferer: Lkw-Handel Andreas Joost, Duisburg		
Nutzungsdauer: zehn Jahre		Anschaffungskosten: 120 000,00 EUR		
Konto-Nr. 0340		AfA-Satz: 10 %	AfA-Methode: linear	
Datum	Vorgang	Zugang in EUR	Abgang/AfA in EUR	Bestand in EUR
..-01-26	ER 12	120 000,00		
..-12-31	UmBu 23: AfA		12 000,00	108 000,00

Ermittlung der Abschreibungsbeträge bei linearer Abschreibung

Bei der linearen Abschreibung werden die Anschaffungskosten gleichmäßig auf die Jahre der Nutzung verteilt.

Beispiel **Lineare Abschreibung**

Anschaffungskosten: 120 000,00 EUR Nutzungsdauer: zehn Jahre

Formel	**Berechnung**
$\frac{\text{Anschaffungskosten}}{\text{Nutzungsdauer}}$ = **Jahresabschreibungsbetrag**[1]	$\frac{120\,000}{10}$ = 12 000,00 EUR
$\frac{100}{\text{Nutzungsdauer}}$ = **Abschreibungssatz**	$\frac{100}{10}$ = 10 %
Berechnung der AfA mit AfA-Satz: Anschaffungskosten $\cdot \frac{\text{Abschreibungssatz}}{100}$	$120\,000 \cdot \frac{10}{100}$ = 12 000,00 EUR

[1] Der Koalitionsvertrag sieht bei Anschaffungen oder Anlagenverkäufen im Laufe des Geschäftsjahres eine zeitanteilige Abschreibung vor.

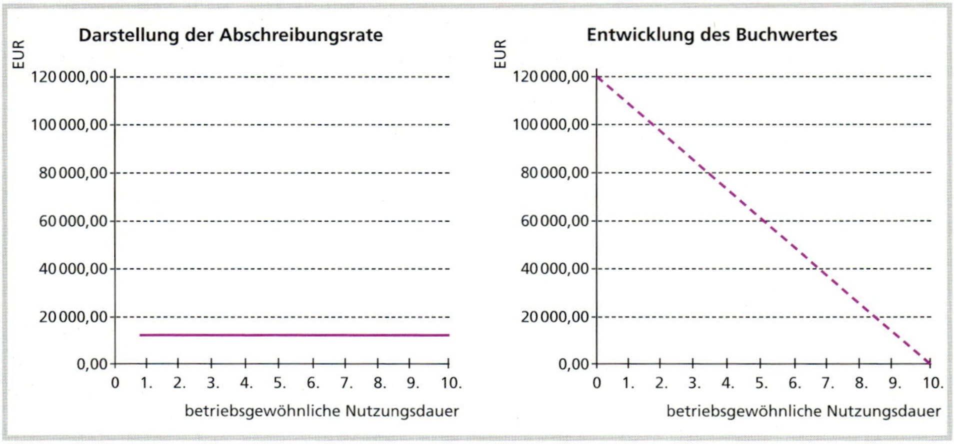

▶ **Buchwert und Erinnerungswert:** Durch die jährliche Abschreibung wird der Wert der Anlage, der in der Bilanz ausgewiesen wird (**Buch-** oder **Restwert**), vermindert. Am Ende der Nutzungsdauer wird der **Nullwert** erreicht. Befindet sich das Anlagegut nach Ablauf der geschätzten Nutzungsdauer noch im Betriebsvermögen, wird es mit einem Erinnerungswert von zur Zeit 1,00 EUR im Vermögensverzeichnis geführt.

Ermittlung des Buch- und Erinnerungswertes bei linearer Abschreibung gleich bleibende Abschreibung vom Anschaffungswert in EUR			
Anschaffungswert Abschreibungsbetrag 1	120 000,00 12 000,00	Buchwert 5 Abschreibungsbetrag 6	60 000,00 12 000,00
Buchwert 1 Abschreibungsbetrag 2	108 000,00 12 000,00	Buchwert 6 Abschreibungsbetrag 7	48 000,00 12 000,00
Buchwert 2 Abschreibungsbetrag 3	96 000,00 12 000,00	Buchwert 7 Abschreibungsbetrag 8	36 000,00 12 000,00
Buchwert 3 Abschreibungsbetrag 4	84 000,00 12 000,00	Buchwert 8 Abschreibungsbetrag 9	24 000,00 12 000,00
Buchwert 4 Abschreibungsbetrag 5	72 000,00 12 000,00	Buchwert 9 Abschreibungsbetrag 10	12 000,00 11 999,00
		Erinnerungswert	1,00

● Buchung der Abschreibung

Abschreibungen auf das abnutzbare Anlagevermögen sind Aufwendungen, die im Soll des Aufwandskontos **„Abschreibungen auf Sachanlagen“** und im Haben des entsprechenden Anlagekontos als Minderung des Anlagevermögens gebucht werden.

Das Anlagekonto weist dann nach der durchgeführten Abschreibung am Jahresende den Buchwert aus.

Beispiel

Abschlussangaben: 10 % lineare Abschreibungen auf Fuhrpark

Buchung: Abschreibungen auf Sachanlagen 12 000,00 an Fuhrpark 12 000,00

S	Fuhrpark		H
Verb	120 000,00	Abs	12 000,00
		SBK	108 000,00
	120 000,00		120 000,00

S	Abschreibungen auf Sachanlagen		H
Fuhrp	12 000,00	GuV	12 000,00

S	SBK		H
Fuhrp	108 000,00		

S	Gewinn und Verlust		H
Abs/Sa	12 000,00		

Auswirkung der Abschreibung

In der **Bilanz** wird mithilfe der Abschreibung der Wert des Anlagegutes korrigiert. In der Gewinn- und Verlustrechnung mindert der Abschreibungsaufwand den Gewinn und damit die gewinnabhängigen Steuern der Unternehmung, z. B. die Körperschaftsteuer in Kapitalgesellschaften (AG und GmbH) oder die Einkommensteuer in Einzelunternehmen und Personengesellschaften (OHG, KG).

Abschreibungen

- Durch die Abschreibungen werden Wertminderungen der Sachanlagen erfasst.
- Bei der Buchung der Abschreibung erfolgt die Sollbuchung auf dem Aufwandskonto „Abschreibungen auf Sachanlagen", die Habenbuchung auf dem Anlagenkonto.
- Die Bilanz weist den berichtigten Wert, den Buch- oder Restwert, aus.
- Die Gewinn- und Verlustrechnung stellt die Abschreibung als Aufwand und Minderung des Gewinnes dar.
- Die lineare Abschreibung verteilt den Anschaffungswert gleichmäßig auf die Jahre der Nutzung und wird mit einem festen Prozentsatz vom Anschaffungswert folgendermaßen berechnet:

$$\textbf{Abschreibungsbetrag} = \frac{\text{Anschaffungswert}}{\text{betriebsgewöhnliche Nutzungsdauer}}$$

$$\textbf{Abschreibungsbetrag} = \frac{\text{Anschaffungswert} \cdot \text{Abschreibungssatz}}{100}$$

$$\textbf{Abschreibungssatz} = \frac{100}{\text{Nutzungsdauer}}$$

1 Berechnen Sie den Abschreibungsbetrag und den Abschreibungssatz einer Maschine für das zweite Jahr der Nutzungsdauer bei linearer Abschreibung und stellen Sie den verbleibenden Buchwert fest!
Anschaffungskosten 43 680,00 EUR, betriebsgewöhnliche Nutzungsdauer sieben Jahre.

2 Über eine Maschine liegen Informationen vor:
Anschaffungskosten . . . . 600 000,00 EUR
betriebsgewöhnliche Nutzungsdauer . . . . zwölf Jahre
Stellen Sie einen Abschreibungsplan für die ersten drei Nutzungsjahre nach der linearen Abschreibung auf!

3 Nach der Anlagendatei besitzt eine Möbelgroßhandlung folgende Anlagen:

Anlagegüter laut Anlagenkartei	Anschaffungsjahr	Anschaffungskosten in EUR	betriebsgewöhnliche Nutzungsdauer
1 Lastkraftwagen	Jan. 2000	180 000,00	neun Jahre
1 Elektrolastwagen	Jan. 1999	60 000,00	fünf Jahre
1 Bürocomputer	Jan. 2001	20 000,00	fünf Jahre
1 Panzerschrank	Jan. 1998	14 000,00	zehn Jahre

Berechnen Sie bei gleichmäßiger Abschreibung vom Anschaffungswert die Buchwerte dieser Anlagen zum Geschäftsjahresende 31. Dezember 2001!

4 Am Anfang des Geschäftsjahres wurde ein Lkw für 99 000,00 EUR eingekauft. Die betriebsgewöhnliche Nutzungsdauer wird auf neun Jahre geschätzt.

a) Ermitteln Sie bei linearer Abschreibung
   1. den Abschreibungssatz,
   2. den Abschreibungsbetrag,
   3. den Buchwert nach dem 1. Jahr!

b) Bilden Sie die Buchungssätze zum 31. Dezember
   1. zur Erfassung der Abschreibung,
   2. zum Abschluss des Kontos „Abschreibungen auf Sachanlagen",
   3. zum Abschluss des Kontos „Fuhrpark"!

5 Welche der folgenden Aussagen treffen auf die lineare Abschreibung zu?

a) Der Abschreibungsbetrag wird jährlich mithilfe eines festen Prozentsatzes vom Anschaffungswert berechnet.

b) Der Abschreibungsbetrag wird jährlich mithilfe eines festen Prozentsatzes vom Buchwert berechnet.

c) Am Ende der geschätzten Nutzungsdauer wird der Nullwert immer erreicht.

d) Es wird eine gleich bleibende Abnutzung unterstellt.

e) Die Wertminderung des Anlagegutes wird gleichmäßig auf die Jahre der Nutzung verteilt.

6 Die Buchwerte von vier Anlagegegenständen zeigen folgende Entwicklung im Laufe der Nutzungsjahre:

Anlagegut	Anschaffungswert in EUR	Buchwert nach dem 1. Jahr in EUR	Buchwert nach dem 2. Jahr in EUR
A	69 200,00	64 875,00	60 550,00
B	176 000,00	154 000,00	132 000,00
C	42 900,00	40 040,00	37 180,00
D	125 500,00	100 400,00	75 300,00

Ermitteln Sie für die vier Anlagegegenstände

a) die Abschreibungssätze,

b) die betriebsgewöhnliche Nutzungsdauer,

c) die Buchwerte zum Ende des 3. Nutzungsjahres!

7 Von zwei Anlagegütern gehen zu Beginn des 4. Nutzungsjahres aus der Anlagedatei folgende Werte hervor:

	Lkw	Lagersteuerungsanlage
Anschaffungswert in EUR	89 000,00	174 000,00
aufgelaufene (kumulierte) Abschreibung in EUR	53 400,00	43 500,00

Ermitteln Sie für beide Anlagen bei linearer Abschreibung

a) den jährlichen Abschreibungsbetrag,
b) die betriebsgewöhnliche Nutzungsdauer,
c) den Abschreibungssatz,
d) den Buchwert zum Ende des 3. Jahres,
e) wie viel Prozent von beiden Anlagen bereits abgeschrieben sind!

8 **Konten:**
Fuhrpark-Buchwert 60 000,00 EUR
12,5 % Abschreibung vom Anschaffungswert 80 000,00 EUR
Schließen Sie die Konten ab!

9 Berechnen Sie die Abschreibung und buchen Sie!

Fuhrpark:	Anschaffungskosten	80 000,00 EUR
	Buchwert	64 000,00 EUR
	Nutzungsdauer	10 Jahre
	Abschreibungsmethode	linear

10 Berechnen Sie den Abschreibungsbetrag einer Kühlanlage für das 2. Jahr der Nutzungsdauer bei linearer Abschreibung und stellen Sie den verbleibenden Buchwert fest! Anschaffungskosten 109 200,00 EUR, Nutzungsdauer 7 Jahre.

11 Vor Durchführung der Abschreibung weisen die Positionen des Sachanlagevermögens folgende Anschaffungskosten in EUR aus:

Gebäude	870 000,00 EUR	Geschäftsausstattung	120 000,00 EUR
Lager- und Transporteinrichtungen	270 000,00 EUR	Fuhrpark	420 000,00 EUR

Die Abschreibungssätze für die lineare Abschreibung betragen für

Gebäude	4 %	Geschäftsausstattung	10 %
Lager- und Transporteinrichtungen	$8^1/_3$ %	Fuhrpark	10 %

Bilden Sie die Buchungssätze mit Beträgen

a) zur Erfassung der Abschreibung,
b) zum Abschluss des Kontos Abschreibungen,
c) zum Abschluss der Anlagekonten!

12 **Konten:** EBK, Fuhrpark, Betriebs- und Geschäftsausstattung (BuG), Forderungen a. LL, Bank, Postbank, Kasse, Eigenkapital, Verbindlichkeiten gegenüber Banken, Verbindlichkeiten a. LL, Wareneingang, Miete, AVK, Abschreibungen, Warenverkauf, GuV, SBK.

Anfangsbestände:	EUR		EUR
Fuhrpark	150 000,00	Kasse	4 300,00
Betriebs- und Geschäftsausstattung	96 000,00	Eigenkapital	274 000,00
Forderungen a. LL	82 800,00	Verbindlichkeiten	
Bankguthaben	145 400,00	gegenüber Banken	150 000,00
Postbankguthaben	37 500,00	Verbindlichkeiten a. LL	92 000,00

Geschäftsfälle:

1. **ER 36:**	Wareneinkauf auf Ziel	178 000,00
2. **BA 24:**	a) Mietzahlungen für Geschäftsräume	24 000,00
	b) Telefongebühren	4 600,00
	c) Ausgleich der ER 14	18 400,00
3. **AR 82:**	Warenverkauf auf Ziel	298 000,00
4. **ER 37:**	Wareneinkauf auf Ziel	64 000,00
5. **BA 25:**	a) Banküberweisung eines Kunden zum Ausgleich von AR 29	39 000,00
	b) Teilrückzahlungen eines Darlehens der Bank	20 000,00
6. **AR 83:**	Warenverkauf auf Ziel	115 000,00
7. **AR 84/BA 26:**	Warenverkauf gegen Bankscheck	45 000,00
8. **KB 68:**	Barkauf von Postwertzeichen	150,00

Abschlussangaben:
Lineare Abschreibungen von den Anschaffungswerten:
Fuhrpark 12,5 % von 250 000,00 EUR; BuG 10% von 120 000,00 EUR

13 Berechnen Sie die Abschreibungssätze für die lineare Abschreibung bei einer betriebsgewöhnlichen Nutzungsdauer von 5, 6, 8, 10, 12, 15 und 20 Jahren.

2.5 Warenbestände und Warenbestandsveränderungen

Die Primus GmbH kaufte im Laufe des Geschäftsjahres 4500 Druckertische „Euratio" à 72,50 EUR ein. Die Auszubildende Nicole Höver erfasste diese Einkäufe auf dem Konto Wareneingang. Sie ging davon aus, dass die Druckertische auch im Abrechnungsjahr verkauft und somit zu Aufwand für Waren (Wareneinsatz) würden. „Da stimmt doch etwas mit unserem Bestandskonto nicht", stellt sie fest, als sie bei der Inventur zum 31. Dezember .. am Lager 420 Druckertische zählt. Auf dem Warenbestandskonto steht jedoch nur der Anfangsbestand von 240 Druckertischen à 72,50 EUR = 17400,00 EUR.

Arbeitsauftrag Geben Sie Gründe an, warum sich zum Jahresende mehr Druckertische auf Lager befanden als zu Beginn des Geschäftsjahres, und machen Sie Vorschläge für die Berichtigung des Lagerbestandes in der Buchhaltung!

Warenbestandsmehrungen

Bisher wurde bei der Buchung von Wareneinkäufen **unterstellt** (vgl. S. 56 ff.), dass alle eingekauften Waren in demselben Geschäftsjahr verkauft wurden. Daher erfolgte die Buchung der eingekauften Waren als Aufwand auf dem Konto „Aufwendungen für Waren (Wareneingang)". Es ist jedoch in der Praxis die Regel, dass nicht alle eingekauften Waren im selben Geschäftsjahr verkauft werden.

Dieser Sachverhalt ist eingetreten, wenn der Warenbestand lt. Inventur am Ende des Geschäftsjahres größer als am Anfang des Geschäftsjahres ist.

Der tatsächliche Wareneinsatz ist also kleiner als der gebuchte Aufwand für Waren. Es entstand zusätzliches Vermögen in Form eines Lagerbestandes an Waren. Der im Laufe des Geschäftsjahres beim Eingang gebuchte Aufwand für Waren muss daher vor dem Abschluss der Konten um diesen Lagerbestandszugang berichtigt werden.

Die **Bestandsmehrung** wird auf dem **Bestandskonto „Warenbestand"** zur Anpassung des Sollbestandes an den Istbestand als Zugang erfasst. Die Gegenbuchung nimmt das Konto „Aufwendungen für Waren" im Haben auf. Die hier zu hoch angesetzten Aufwendungen für Waren werden dadurch korrigiert.

Mit dieser Buchung wird der Abschluss des Bestandskontos „Warenbestand" und des Erfolgskontos „Aufwendungen für Waren" vorbereitet. Diese Buchung wird als **vorbereitende Abschlussbuchung** oder **Umbuchung** bezeichnet.

Durch folgende Gegenüberstellung wird der Unterschied von Umbuchung und Abschlussbuchung verdeutlicht.

Umbuchung	Abschlussbuchung
❑ Bei einer Bestandsmehrung werden die Eintragungen in den Konten – Warenbestand und – Aufwendungen für Waren berichtigt. ❑ Diese beiden Konten müssen also noch für den Abschluss vorbereitet werden.	❑ Nach der Erfassung der Bestandsmehrung werden die Konten Warenbestand und Aufwendungen für Waren abgeschlossen, d.h., die Salden werden auf ein Sammelkonto (GuV oder SBK) übertragen. ❑ Abschlussbuchungen müssen somit das GuV-Konto oder das SBK anrufen.

Beispiel Warenbestandsmehrung

1. Anfangsbestand	240 Druckertische à 72,50 =	17 400,00 EUR
2. Einkäufe auf Ziel	4 500 Druckertische à 72,50 =	326 250,00 EUR
3. Endbestand lt. Inventur	420 Druckertische à 72,50 =	30 450,00 EUR

Anfangsbestand		Endbestand		Bestandsmehrung
240 Stück zu 72,50 EUR	<	420 Stück zu 72,50 EUR	→	180 Stück zu 72,50 EUR
17 400,00 EUR		30 450,00 EUR		13 050,00 EUR

Umbuchung:

Warenbestand 13 050,00 an Aufwendungen für Waren/WE 13 050,00

S Warenbestand H

(1) EBK	17 400,00	SBK	30 450,00
(3) WE	13 050,00		
	30 450,00		30 450,00

S Aufwendungen für Waren/WE H

(2) Verb	326 250,00	Wbest	13 050,00
		GuV	313 200,00
	326 250,00		326 250,00

S SBK H

Wbest	30 450,00		

S GuV H

WE	313 200,00		

- Auf dem Konto Waren wird nach Erfassung der Bestandsmehrung der Bestand laut Inventur (Istbestand) ausgewiesen.
- Warenbestand = Sollbestand + Bestandsmehrung
- Auf dem Konto Aufwendungen für Waren ergibt sich der Aufwand für Waren (Wareneinsatz) erst nach Ausbuchung des Lagerzugangs.
- Aufwendungen für Waren (Wareneinsatz) = Wareneingänge – Bestandsmehrung

Warenbestandsminderungen

Neben den Wareneinkäufen einer Rechnungsperiode können Bestände aus dem Vorjahr während der laufenden Rechnungsperiode verkauft werden. Es ist also denkbar, dass der Wareneinsatz einer Rechnungsperiode größer ist als der Wert der Wareneinkäufe. Dieser Sachverhalt ist eingetreten, wenn der Warenbestand lt. Inventur am Ende des Geschäftsjahres kleiner ist als am Anfang des Geschäftsjahres. Die **Warenbestandsminderung** stellt eine Vermögens- und Eigenkapitalminderung dar, die als zusätzlicher Aufwand auf dem entsprechenden Aufwandskonto – Aufwand für Waren – erfasst wird. Warenbestand und Aufwand für Waren sind also zu berichtigen.

Beispiel **Warenbestandsminderung (Fortsetzung des Beispiels siehe oben)**

1. Anfangsbestand	420 Druckertische Euratio à 72,50 =	30 450,00 EUR
2. Einkäufe auf Ziel	4 500 Druckertische Euratio à 72,50 =	326 250,00 EUR
3. Endbestand lt. Inventur	160 Druckertische Euratio à 72,50 =	11 600,00 EUR

Anfangsbestand		Endbestand		Bestandsminderung
420 Stück zu 72,50 EUR	>	160 Stück zu 72,50 EUR	→	260 Stück zu 72,50 EUR
30 450,00 EUR		11 600,00 EUR		18 850,00 EUR

Umbuchung:

Aufwendungen für Waren 18 850,00 an Warenbestand 18 850,00

S	Warenbestand		H
(1) EBK	30 450,00	(3) WE	18 850,00
		SBK	11 600,00
	30 450,00		30 450,00

S	Aufwendungen für Waren/WE		H
(2) Vb	326 250,00	GuV	345 100,00
Wbest	18 850,00		
	345 100,00		345 100,00

S	SBK		H
Wbest	11 600,00		

S	GuV		H
WE	345 100,00		

- Auf dem Konto Warenbestand wird nach Erfassung der Bestandsminderung der Bestand lt. Inventur (Istbestand) ausgewiesen.
- Warenbestand = Sollbestand – Bestandsminderung
- Auf dem Konto Aufwendungen für Waren ergibt sich der Wareneinsatz erst nach Ausbuchung der Bestandsminderung.
- Aufwand für Waren (Wareneinsatz) = Wareneingänge + Bestandsminderung

Warenbestandsveränderungen

Mögliche Warenbestandsveränderungen			
AB = EB	keine Warenbestandsveränderungen	wertmäßiger Wareneinkauf = Wareneinsatz	keine Umbuchung
AB < EB	Warenbestandsmehrung	wertmäßiger Wareneinkauf > Wareneinsatz	Warenbestand an Aufw. f. Waren/WE
AB > EB	Warenbestandsminderung	wertmäßiger Wareneinkauf < Wareneinsatz	Aufw. f. Waren/WE an Warenbestand

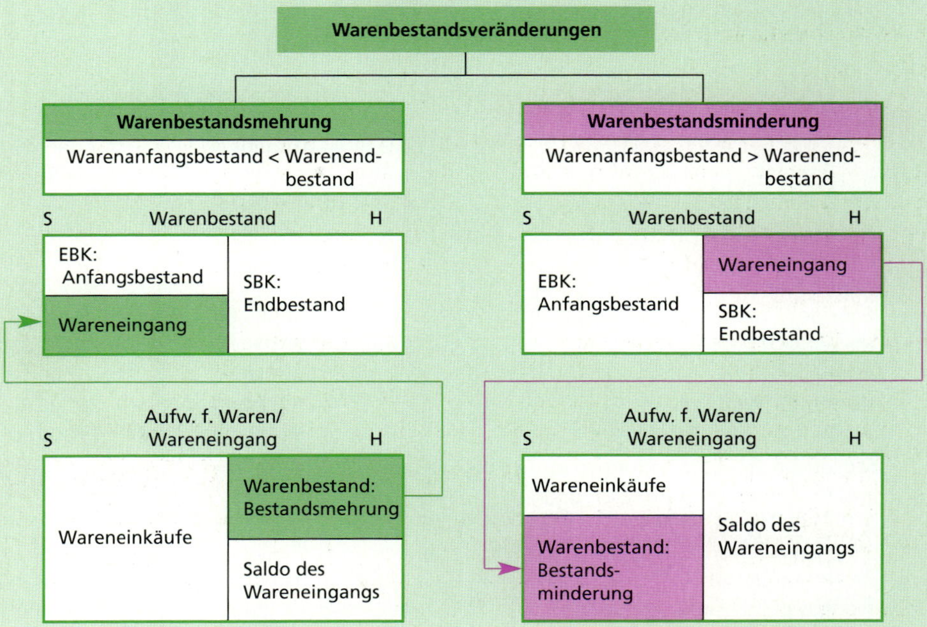

1 a) Buchen Sie folgende Geschäftsfälle einer Maschinengroßhandlung auf den Konten
2 Wareneingang, Warenverkauf und GuV!

b) Ermitteln Sie den Erfolg!

Geschäftsfälle:	**Aufgabe 1**	**Aufgabe 2**
1. Zieleinkäufe:	50 Maschinen à 7 200,00 EUR	140 Maschinen à 2 400,00 EUR
2. Zielverkäufe:	40 Maschinen à 12 600,00 EUR	120 Maschinen à 3 200,00 EUR
3. Einkäufe gegen Bankverrechnungsscheck:	20 Maschinen à 7 200,00 EUR	60 Maschinen à 2 400,00 EUR
4. Verkäufe gegen Bankverrechnungsscheck:	30 Maschinen à 12 600,00 EUR	80 Maschinen à 3 200,00 EUR

Dabei entstanden folgende Handlungskosten:

Personalkosten	175 000,00 EUR	52 000,00 EUR
Mieten	25 000,00 EUR	16 000,00 EUR
AVK	52 000,00 EUR	28 000,00 EUR

3 **Konten:** Warenbestand, Wareneingang, Warenverkauf, GuV, SBK

Anfangsbestand an Waren:
3 000 kg à 2,50 EUR/kg

Geschäftsfälle:

1. Verkauf auf Ziel	1 000 kg à 3,00 EUR/kg
2. Verkauf bar	50 kg à 3,00 EUR/kg
3. Zieleinkauf	1 500 kg à 2,50 EUR/kg
4. Zielverkauf	800 kg à 3,00 EUR/kg

Endbestand lt. Inventur 2 650 kg à 2,50 EUR/kg.
Schließen Sie die Warenkonten ab!

4 Ein Großhandelsbetrieb hatte im abgelaufenen Geschäftsjahr folgende Aufwendungen
5 und Erträge:

	Aufgabe 4 EUR	**Aufgabe 5** EUR
Wareneingang	380 000,00	540 000,00
Personalkosten	240 000,00	360 000,00
Zinserträge	20 000,00	40 000,00
Mietaufwendungen	–	90 000,00
Energie	8 000,00	8 200,00
Steuer	29 000,00	31 000,00
Warenverkäufe	760 000,00	1 080 000,00
Kosten für Werbung	44 000,00	38 000,00
AVK	51 000,00	79 000,00

Stellen Sie die Aufwendungen und Erträge in dem Konto „Gewinn und Verlust" gegenüber und ermitteln Sie den Erfolg unter Berücksichtigung folgender Warenbestandsveränderungen:

Bestandsmehrung	12 000,00	–
Bestandsminderung	–	3 800,00

6 Ein Maschinengroßhandelsbetrieb erfasste auf den Sachkonten folgende Werte:

Bezeichnung	Erläuterung	Soll EUR	Haben EUR
Warenbestand	AB: 20 Masch.	144 000,00	
Forderungen a. LL		2 574 920,00	2 154 240,00
Bank		7 878 556,00	3 160 320,00
Eigenkapital	Anfangsbestand		6 000 000,00
Verbindlichkeiten a. LL		2 572 000,00	2 980 516,00
Umsatzerl. f. Waren/WV			1 814 400,00
Aufw. f. Waren/WE	300 Maschinen	2 160 000,00	
versch. Aufwendungen		780 000,00	
Schlussbilanzkonto			
Gewinn und Verlust			
		16 109 476,00	16 109 476,00

Folgende Geschäftsfälle sind noch zu buchen: EUR

1. ER: Zieleinkäufe: 200 Maschinen zu je 7 200,00 EUR 1 440 000,00
2. AR: Zielverkäufe: 270 Maschinen zu je 10 080,00 EUR 2 721 600,00
3. ER, BA: Einkäufe gegen Bankscheck
   430 Maschinen zu je 7 200,00 EUR 3 096 000,00
4. AR, BA: Verkäufe gegen Bankscheck
   400 Maschinen zu je 10 080,00 EUR 4 032 000,00

Abschlussangabe:

Endbestand an Maschinen lt. Inventur: 100 Maschinen à 7 200,00 EUR 720 000,00

a) Richten Sie die angegebenen Konten ein, buchen Sie die Geschäftsfälle auf den Konten und schließen Sie die Konten unter Berücksichtigung der vorbereitenden Abschlussbuchungen ab!

b) Berechnen Sie den Wareneinsatz mengen- und wertmäßig! Der Einstandspreis der Maschinen betrug jeweils 7 200,00 EUR.

7 Ein Maschinengroßhandelsbetrieb erfasste auf den Sachkonten folgende Werte:

Bezeichnung	Erläuterung	Soll EUR	Haben EUR
Warenbestand	AB: 35 Masch.	14 000,00	
Forderungen a. LL		39 780,00	17 240,00
Bank		910 960,00	262 760,00
Eigenkapital	Anfangsbestand		672 000,00
Verbindlichkeiten a. LL		98 760,00	191 500,00
Umsatzerl. f. Waren/WV			120 000,00
Aufw. f. Waren/WE	200 Maschinen	80 000,00	
versch. Aufwendungen		120 000,00	
Schlussbilanzkonto			
Gewinn und Verlust			
		1 263 500,00	1 263 500,00

Folgende Geschäftsfälle sind noch zu buchen: EUR

1. ER: Zieleinkäufe, 500 Maschinen zu je 400,00 EUR 200 000,00
2. AR: Zielverkäufe, 450 Maschinen zu je 600,00 EUR............... 270 000,00
3. ER, BA: Einkäufe gegen Bankscheck
   300 Maschinen zu je 400,00 EUR 120 000,00

4. AR, BA: Verkäufe gegen Bankscheck
   370 Maschinen zu je 600,00 EUR 222 000,00

Abschlussangabe:

Endbestand an Maschinen lt. Inventur: 15 Maschinen à 400,00 EUR 6 000,00

a) Richten Sie die angegebenen Konten ein, buchen Sie die Geschäftsfälle auf den Konten und schließen Sie die Konten unter Berücksichtigung der vorbereitenden Abschlussbuchungen ab!

b) Berechnen Sie den Wareneinsatz mengen- und wertmäßig! Der Einstandspreis der Maschinen betrug jeweils 400,00 EUR.

8 + 9

Zusammenstellung der Summen auf den Sachkonten eines Großhandelsunternehmens	Aufgabe 8		Aufgabe 9	
	Soll EUR	Haben EUR	Soll EUR	Haben EUR
Warenbestand: AB	160 000,00		70 000,00	
Bank	1 133 125,00	843 125,00	1 136 950,00	658 950,00
Eigenkapital: AB		330 000,00		410 000,00
Umsatzerl. f. Waren/WV		837 500,00		693 000,00
Aufw. f. Waren/WE	432 000,00		355 000,00	
versch. Aufwendungen	285 500,00		200 000,00	
Schlussbilanzkonto				
Gewinn und Verlust				
Summe	2 010 625,00	2 010 625,00	1 761 950,00	1 761 950,00
Warenendbestand lt. Inventur	172 000,00		55 000,00	

Richten Sie die obigen Konten ein, schließen Sie die Bestands- und Erfolgskonten ab und erstellen Sie das GuV-Konto und das SBK!

10 Welche der folgenden Aussagen treffen zu

a) nur auf Warenbestandsmehrungen,

b) nur auf Warenbestandsminderungen,

c) sowohl auf Warenbestandsmehrungen als auch auf Warenbestandsminderungen?

Aussagen:

1. Der Warenendbestand ist größer als der Warenanfangsbestand.
2. Der Warenendbestand ist kleiner als der Warenanfangsbestand.
3. Sie stellen zusätzlich zum Wareneinkauf einen Aufwand dar.
4. Sie werden mit der Umbuchung „Wareneingang an Warenbestand“ erfasst.
5. Sie rufen eine Berichtigung der gebuchten „Aufwendungen für Waren/WE“ hervor.
6. Im Rahmen der Umbuchungen sind sie als betrieblicher Ertrag oder als Minderung der bisher gebuchten „Aufwendungen für Waren/WE“ zu erfassen.

11 Welche der folgenden Aussagen treffen auf die Buchung a) eines Mehrbestandes an Waren, b) eines Minderbestandes an Waren, c) eines Mehr- und eines Minderbestandes an Waren zu?

Aussagen:

1. Aufwendungen für Waren werden zu Beständen.
2. Aufwendungen werden vermehrt und das Umlaufvermögen wird vermindert.
3. Der Erfolg wird verändert.

4. Es handelt sich um eine Aktiv-Passiv-Mehrung.
5. Es wurde mehr eingekauft als verkauft.
6. Wareneingang und Wareneinsatz unterscheiden sich um den gebuchten Betrag.
7. Der Gewinn wird vergrößert.
8. Die Lagerbestände wurden teilweise abgebaut.

12 Zum Artikel Nr. 1548 „Modellautos Viererpack" einer Spielwarengroßhandlung wurden in den vier Quartalen des letzten Jahres folgende Daten festgestellt:

	1. Quartal	2. Quartal	3. Quartal	4. Quartal	Jahr
Anfangsbestand in Stück	660	?	?	?	?
Einkäufe in Stück	1 500	1 500	1 500	1 500	?
Endbestand in Stück	920	750	970	360	?
Absatzmenge	?	?	?	?	?

Ein „Viererpack" würde für 1,35 EUR eingekauft und für 3,88 EUR verkauft.

a) Vervollständigen Sie diese Tabelle, indem Sie ermitteln
   1. die Anfangsbestände der drei letzten Quartale,
   2. die Absatzmengen der vier Quartale und des Geschäftsjahres!

b) Erstellen Sie eine zweite Tabelle, aus der für die einzelnen Quartale hervorgehen
   1. der Umsatz,
   2. die Wareneinkäufe in EUR,
   3. die Bestandsveränderungen in EUR,
   4. der Wareneinsatz (Aufwendungen für Waren).

c) Ermitteln Sie
   1. den Jahresumsatz dieses Artikels,
   2. den Wareneinsatz dieses Artikels im Jahr!

d) Ermitteln Sie
   1. mit welcher Menge,
   2. mit welchem Wert

   der Artikel zum Jahresende zu inventarisieren ist!

2.6 Umsatzsteuersystem und Umsatzsteuerbuchungen

Nicole Höver soll folgende Rechnung buchen:

PRIMUS GmbH
Groß- und Außenhandel für Bürobedarf

Primus GmbH, Koloniestraße 2–4, 47057 Duisburg

Bürofachgeschäft
Herbert Blank
Cäcilienstraße 86

46147 Oberhausen

KOPIE

Anschrift: Koloniestraße 2–4, 47057 Duisburg
Telefon: 0203 44536-90
Telefax: 0203 44536-98
Banken: Stadtsparkasse Duisburg, BLZ 350 500 00 · Kto-Nr.: 360 058 796
Postbank Dortmund, BLZ 440 100 46 · Kto-Nr.: 286 778-431

Rechnung

Ihr Auftrag vom . . -05-15

Kunden-Nr.	Rechnungs-Nr.	Rechnungstag
8671	12396	. . -06-02
Bei Zahlung bitte angeben		

Pos.	Artikel-Nr.	Artikelbezeichnung	Menge	Einzelpreis EUR	Gesamtpreis EUR
1	312B561	Seminarmarker Primus 270	600	11,25	6 750,00
2	159B574	Schreibtisch „Primo"	20	212,50	4 250,00

Warenwert netto	Verpackung	Fracht	Entgelt netto	USt-%	USt-EUR	Gesamtbetrag
11 000,00			11 000,00	16	1 760,00	12 760,00

Zahlbar bis 2. Juli . . ohne Abzug

Giesen & Co. OHG
Herstellung von Kleingeräten für Schulungsbedarf

Giesen & Co. OHG, Quartzstraße 98, 51371 Leverkusen

Primus GmbH
Koloniestraße 2–4

47057 Duisburg

Rechnung

Kunden-Nr.	Rechnungs-Nr.	Datum	Blatt
53427	1742	. . -06-03	1

Pos.	Artikel-Nr.	Artikelbezeichnung	Menge	Einzelpreis EUR	Gesamtpreis EUR
1	420110	Seminarmarker „Primus 270"	960	6,25	6 000,00

Warenwert netto	Verpackung	Fracht	Entgelt netto	USt-%	USt-EUR	Gesamtbetrag
6 000,00			6 000,00	16	960,00	6 960,00

Giesen & Co. OHG, Quartzstraße 98, 51371 Leverkusen
Telefon 0214 7667-54, Telefax 0241 7667-34
Bank für Gemeinwirtschaft, BLZ 375 114 11, Kto-Nr.: 674 563 870
Erfüllungsort und Gerichtsstand: Leverkusen

Zahlung: 20 Tage Ziel, netto, oder innerhalb von 7 Tagen mit 2 % Skonto
Lieferung: ab Werk Leverkusen per Lkw

„Das ist aber komisch", brummt sie vor sich hin, „das Finanzamt verlangt sowohl auf Einkäufe als auch auf Verkäufe Umsatzsteuer. Das wird den Gewinn der Primus GmbH aber ganz schön schmälern.

Arbeitsauftrag

- Überprüfen Sie die Aussage von Nicole Höver auf ihre Richtigkeit!
- Bilden Sie die Buchungssätze für beide Belege!

Umsatz und Umsatzsteuer

Der Gesetzgeber erhebt auf die **Umsätze der Unternehmungen** Umsatzsteuer. **Umsätze im Sinne des Umsatzsteuergesetzes sind Lieferungen und sonstige Leistungen.**

Beispiele Verkauf von Bürobedarf, Verkauf von gebrauchten Maschinen, Verkauf von Plänen zur Bürogestaltung, Reparaturen an verkauften Büromöbeln, Vermittlung von Vertragsabschlüssen

Die Höhe des Umsatzes bemisst sich nach dem **vereinbarten Entgelt (= Bemessungsgrundlage).** Entgelt ist alles, was der Unternehmer als Gegenleistung für seine Lieferungen oder sonstigen Leistungen mit seinem Vertragspartner lt. Vertrag vereinbart hat.

Der Regelsteuersatz beträgt z. Z. 16 % des Umsatzes, also der Bemessungsgrundlage. Für verschiedene Umsätze an Endverbraucher, z. B. Grundnahrungsmittel (wie Milch, Milcherzeugnisse, Mehl, Brot u. a.), Bücher, Zeitungen, Blumen und Kunstgegenstände gilt der ermäßigte Satz von 7 %.

Beispiel Die Primus GmbH schuldet dem Finanzamt aufgrund der ausgeführten Lieferung an den Kunden Bürofachgeschäft Herbert Blank, Oberhausen, lt. AR 12396 1760,00 EUR Umsatzsteuer.

Die **Umsatzsteuer laut Ausgangsrechnung** ist somit eine **Verbindlichkeit gegenüber dem Finanzamt.** Jeder Unternehmer wälzt die abzuführende Umsatzsteuer auf den Kunden ab. Daher schreibt der Gesetzgeber vor, dass die **Umsatzsteuer** offen in der **Ausgangsrechnung** ausgewiesen werden muss.

Vorumsatz und Vorsteuer

Um den Umsatz erbringen zu können, muss eine Großhandelsunternehmung Lieferungen und Leistungen anderer Unternehmungen in Anspruch nehmen, die für den Lieferer Umsatz sind.

Beispiel Die Primus GmbH kauft Artikel der Bürotechnik, Büroeinrichtung und -organisation sowie des Verbrauchs ein oder nimmt Dienstleistungen anderer Unternehmungen in Anspruch (Fremdinstandsetzung, Strom, Transport durch Spediteure und Frachtführer, Geschäftsvermittlung durch Handelsvertreter). Lt. Eingangsrechnung von Seiten Giesen & Co. OHG kaufte die Primus GmbH Seminarmarker zum Warenwert von 6000,00 EUR ein.

Die Eingangsrechnungen weisen daher neben dem vereinbarten Entgelt für die Waren oder Dienstleistungen die Umsatzsteuer aus. Aus der Sicht der beschaffenden Unternehmung wird die **Umsatzsteuer auf Eingangsbelegen** als **Vorsteuer** bezeichnet.

Die Vorsteuer ist **eine Forderung gegenüber dem Finanzamt,** weil sie eine Vorleistung auf die zu zahlende Umsatzsteuer darstellt. Sie kann bei der Umsatzsteueranmeldung mit der geschuldeten Umsatzsteuer verrechnet werden.

Beispiel Aufgrund der ER 1742 der Giesen & Co. OHG hat die Primus GmbH eine Forderung von 960,00 EUR gegenüber dem Finanzamt, die sie mit der Umsatzsteuerschuld von 1760,00 EUR verrechnen kann.

Die **Erstattung der Vorsteuer** ist an **zwei Voraussetzungen** gebunden:

Die Unternehmung muss
- eine Lieferung oder sonstige Leistung empfangen,
- eine Rechnung mit gesondertem Ausweis der Umsatzsteuer erhalten haben.

Mehrwert und Steuer vom Mehrwert (Umsatzsteuer-Zahllast)

Der wertmäßige Unterschied zwischen dem Umsatz mit den Kunden und der Summe der Vorumsätze mit den Lieferern stellt den **Mehrwert** oder die **Wertschöpfung** dar, die die Großhandelsunternehmung zum Wert der verkauften Waren oder Dienstleistungen selbst beigetragen hat.

Umsatz	Ausgangsrechnung Nr. 12396: Bürobedarf	11000,00 EUR	Lieferung an einen Kunden
Vorumsatz	Eingangsrechnung Nr. 1742: Marker	6000,00 EUR	Lieferung von einem Lieferer
Mehrwert		5000,00 EUR	Wertschöpfung der Unternehmung

Die Unternehmungen der einzelnen Wirtschaftsstufen erzeugen einen Mehrwert, der mit 16 % besteuert wird. Dies wird dadurch erreicht, dass die einzelnen Unternehmen von der geschuldeten Umsatzsteuer die zu fordernde Vorsteuer abziehen.

Die zu zahlende Restschuld wird als **Umsatzsteuer-Zahllast** bezeichnet.

Wirtschafts-stufen	Umsatz (Entgelt)	Vor-umsatz	Mehrwert	Umsatz-steuer = Vb geg. FA	Vor-steuer = Fo an FA	Zahllast
I. Sägewerk	6 000,00	–	6 000,00	960,00	–	960,00
II. Möbelfabrik	11 000,00	6 000,00	5 000,00	1 760,00	960,00	800,00
III. Möbelgroßhandel	18 700,00	11 000,00	7 700,00	2 992,00	1 760,00	1 232,00
IV. Möbeleinzelhandel	28 000,00	18 700,00	9 300,00	4 480,00	2 992,00	1 488,00
Private Haushalte (Konsumenten)	28 000,00	←→	28 000,00	← 16% des privaten Verbrauchs	→	4 480,00

Wie die Tabelle zeigt, bekommt der Verbraucher vom letzten Unternehmen der Handelskette die Summe aller Mehrwerte und die gesamte Umsatzsteuer aller Wirtschaftsstufen in Rechnung gestellt. Er trägt also die gesamte Umsatzsteuer. Dies ist vom Gesetzgeber so gewollt, weil die Umsatzsteuer eine Verbrauchsteuer ist.

Beispiel

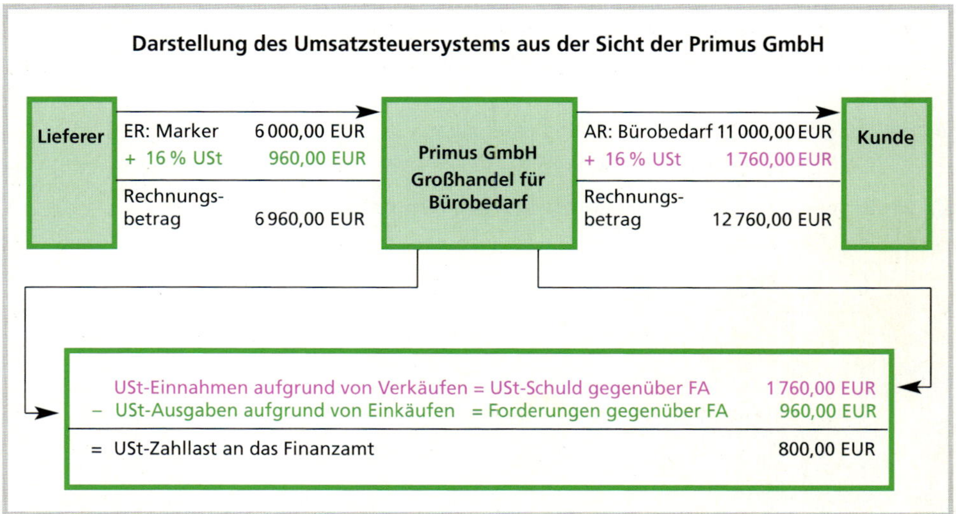

Diese Rechnung und die obige Darstellung zeigen, dass die Umsatzsteuer keinen Einfluss auf den Erfolg der Unternehmung hat. Vorsteuer und Umsatzsteuer sind **durchlaufende Posten**.

Umsatzsteuerbuchungen

▶ **Buchung der Umsatzsteuer:** Die Umsatzsteuer lt. Ausgangsrechnung stellt eine Verbindlichkeit gegenüber dem Finanzamt dar. Sie wird deshalb auf dem **passiven Bestandskonto „Umsatzsteuer“** gebucht.

Buchung der Ausgangsrechnung S. 84:

Forderungen a. LL	12 760,00	an	Umsatzerlöse für Waren/WV	11 000,00
		an	Umsatzsteuer	1 760,00

▶ **Buchung der Vorsteuer:** Die bei Beschaffungsvorgängen zu zahlende Vorsteuer laut Eingangsrechnung ist eine Forderung an das Finanzamt. Sie wird auf dem **aktiven Bestandskonto „Vorsteuer“** gebucht.

Buchung der Eingangsrechnung S. 84:

Aufwendungen für Waren/WE	6 000,00			
Vorsteuer	960,00	an	Verbindlichkeiten a. LL	6 960,00

Ermittlung und Zahlung der Umsatzsteuer-Zahllast

Um die **Umsatzsteuer-Zahllast** zu ermitteln muss der Saldo des Kontos „Vorsteuer“ mit der Umsatzsteuer verrechnet werden. Buchungstechnisch wird diese Verrechnung durch Übertragung **oder Umbuchung** der Vorsteuer auf das Konto **„Umsatzsteuer“** durchgeführt. Die für den vergangenen Monat ermittelte Umsatzsteuer-Zahllast ist jeweils bis zum 10. eines Monats an das Finanzamt zu überweisen.

Umbuchung der Vorsteuer zum Monatsende:

Umsatzsteuer	960,00	an	Vorsteuer	960,00

Buchung der Banküberweisung der USt-Zahllast am 10. d. f. Monats:

Umsatzsteuer	800,00	an	Bank	800,00

Darstellung auf Konten:

S Aufwendungen für Waren/WE H

S		H	
Verb	6 000,00		

S Umsatzerlöse für Waren/WV H

S		H	
		Fo	11 000,00

S Vorsteuer H

S		H	
Verb	960,00	USt	960,00 →

S Umsatzsteuer H

S		H	
VSt	960,00	Fo	1 760,00
Bank	800,00		

S Verbindlichkeiten a. LL H

S		H	
		WE, VSt	6 960,00

S Forderungen a. LL H

S		H	
WV, USt	12 760,00		

▶ **Passivierung der Umsatzsteuer-Zahllast:** Wird die Umsatzsteuer-Zahllast für den letzten Monat des Geschäftsjahres ermittelt, dann ist die ermittelte Zahllast über das „Schlussbilanzkonto“ abzuschließen **(Passivierung der Zahllast).**

Darstellung auf Konten:

S	Vorsteuer		H
Verb	960,00	USt	960,00

S	Umsatzsteuer		H
VSt	960,00	Fo	1 760,00
SBK	800,00		

S	SBK		H
		USt	800,00

Vorsteuerüberhang

Ein Vorsteuerüberhang entsteht, wenn die Vorsteuer eines Monats größer ist als die Umsatzsteuer. Ursachen für einen Vorsteuerüberhang können sein:

- große Vorratskäufe aufgrund von Sonderangeboten oder wegen erwarteter Preissteigerungen
- Geschäftseröffnung
- Investitionskäufe
- umsatzsteuerfreie Exporte

Im Falle eines Vorsteuerüberhanges besteht ein **Erstattungsanspruch** gegenüber dem Finanzamt. Dieser wird im Rahmen der Umsatzsteuererklärung geltend gemacht. Ergibt sich im letzten Monat des Geschäftsjahres der Vorsteuerüberhang, ist dieser über SBK abzuschließen (**Aktivierung des Vorsteuerüberhangs**).

Beispiel Stand der Konten VSt und USt zum 31. Dezember:

S	Vorsteuer		H
Su	290 000,00	Su	250 000,00
		USt	18 000,00
		SBK	22 000,00
	290 000,00		290 000,00

S	Umsatzsteuer		H
Su	462 000,00	Su	480 000,00
VSt	18 000,00		
	480 000,00		480 000,00

Umbuchung der Umsatzsteuer zur Ermittlung des Vorsteuerüberhangs

Umsatzsteuer	18 000,00	an	Vorsteuer	18 000,00

Abschlussbuchung: Aktivierung des Vorsteuerüberhangs

SBK	22 000,00	an	Vorsteuer	22 000,00

Eröffnung des Kontos Vorsteuer im folgenden Jahr:

Vorsteuer	22 000,00	an	EBK	22 000,00

Buchung der Banküberweisung des Vorsteuerüberhangs durch das Finanzamt:

Bank	22 000,00	an	Vorsteuer	22 000,00

Besonderheiten des Umsatzsteuerrechts

▶ **Steuerfreie Umsätze:** Der Gesetzgeber hat verschiedene steuerbare Umsätze aus **sozialen, kulturellen** oder **wirtschaftspolitischen Gründen** von der **Umsatzsteuer befreit.**

Beispiele für steuerfreie Umsätze

- Vermietung und Verpachtung von Grundstücken
- Bestimmte Umsätze im Geld- und Kreditverkehr (z. B. Zinsen für Kredite)
- Gewährung von Versicherungsschutz
- Umsätze der Ärzte, Zahnärzte, Heilpraktiker, Krankengymnasten

▶ **Kleinbetragsrechnungen:** Bei Rechnungen, deren Gesamtbetrag **100,00 Euro nicht übersteigt**, dürfen das Entgelt und der Umsatzsteuerbetrag in **einer Summe** angegeben sein. Es muss nur der **Umsatzsteuersatz** angegeben werden.

Beispiel

Rubitex GmbH
und die Sauberkeit stimmt
Reinigungsbedarf

Rubitex GmbH, Thornerstr. 75, 47055 Duisburg

Primus GmbH
Koloniestraße 2–4

47057 Duisburg

Thornerstr. 75 47055 Duisburg
Tel.: 0203 556710
Fax.: 0203 5567101
Bankverbindung:
Commerzbank Duisburg
BLZ 350 400 38 · Kto-Nr.: 435-746

Rechnung Nr. 94053 **Kundennummer:** 574683 **Datum:** ..-06-15

3 Besen à 12,00 EUR	36,00 EUR
3 Kehrschaufeln à 5,10 EUR	15,30 EUR
5 Aufnehmer à 0,90 EUR	4,50 EUR
1 Großflasche Fensterreiniger à 2,90 EUR	2,90 EUR
4 Großflaschen Bodenreiniger à 7,80 EUR	31,20 EUR
	89,90 EUR

Betrag dankend erhalten.
15. Juni 20..
RUBITEX GMBH

Im Rechnungsbetrag sind 16 % Umsatzsteuer enthalten.

Zum Zwecke der Buchung muss die Umsatzsteuer aus dem Bruttorechnungsbetrag herausgerechnet werden, welcher 116 % (= vermehrter Grundwert) entspricht.

Lösung

16 % (12,40 EUR) – Umsatzsteuer = 16 % (Prozentwert)
100 % (77,50 EUR) – Rechnungsbetrag netto (Grundwert) = 100 %
Bruttorechnungsbetrag (vermehrter Grundwert) 116 % = 89,90 EUR

Ermittlung des Rechnungsbetrages netto mithilfe des Dreisatzes und der Prozentrechnung

Rechenweg

① Bedingungssatz: 116 % = 89,90 EUR
② Fragesatz: 100 % = x

③ Bruchsatz:

$$x = \frac{89{,}90 \cdot 100}{116} \qquad x = \underline{\underline{77{,}50 \text{ DM}}}$$

$$\textbf{Umsatzsteuerbetrag} = \frac{\text{Bruttorechnungsbetrag} \cdot \text{Umsatzsteuersatz}}{100 + \text{Umsatzsteuersatz}} \; \frac{89{,}90 \cdot 16}{116} = 12{,}40 \text{ EUR}$$

Buchung:

Betriebskosten	77,50			
Vorsteuer	12,40	an	Kasse	89,90

▶ **Umsatzsteuer-Voranmeldung:** Nach dem Umsatzsteuergesetz müssen Unternehmungen grundsätzlich während des Geschäftsjahres monatlich Umsatzsteuer-Voranmeldungen abgeben und zwar jeweils bis zum 10. eines Monats für den Vormonat (Voranmeldungszeitraum).

Die Umsatzsteuer-Voranmeldung ist eine Steuererklärung beim Finanzamt auf amtlich vorgeschriebenem Vordruck. In dieser Steuererklärung hat jedes Unternehmen die zu zahlende Umsatzsteuer für den vorangegangenen Monat zu berechnen. Dabei sind die Nettoumsätze und die hierauf entfallende Umsatzsteuerschuld darzustellen. Der Umsatzsteuerschuld sind die auf den Voranmeldungszeitraum entfallenden Vorsteuerbeträge gegenüberzustellen. Die Differenz von Umsatzsteuerschuld und Vorsteuer ergibt die Zahllast oder den Vorsteuerüberhang. Die Zahllast ist an das Finanzamt als Vorauszahlung auf die Umsatzsteuer des Kalenderjahres zu entrichten.

Beispiel

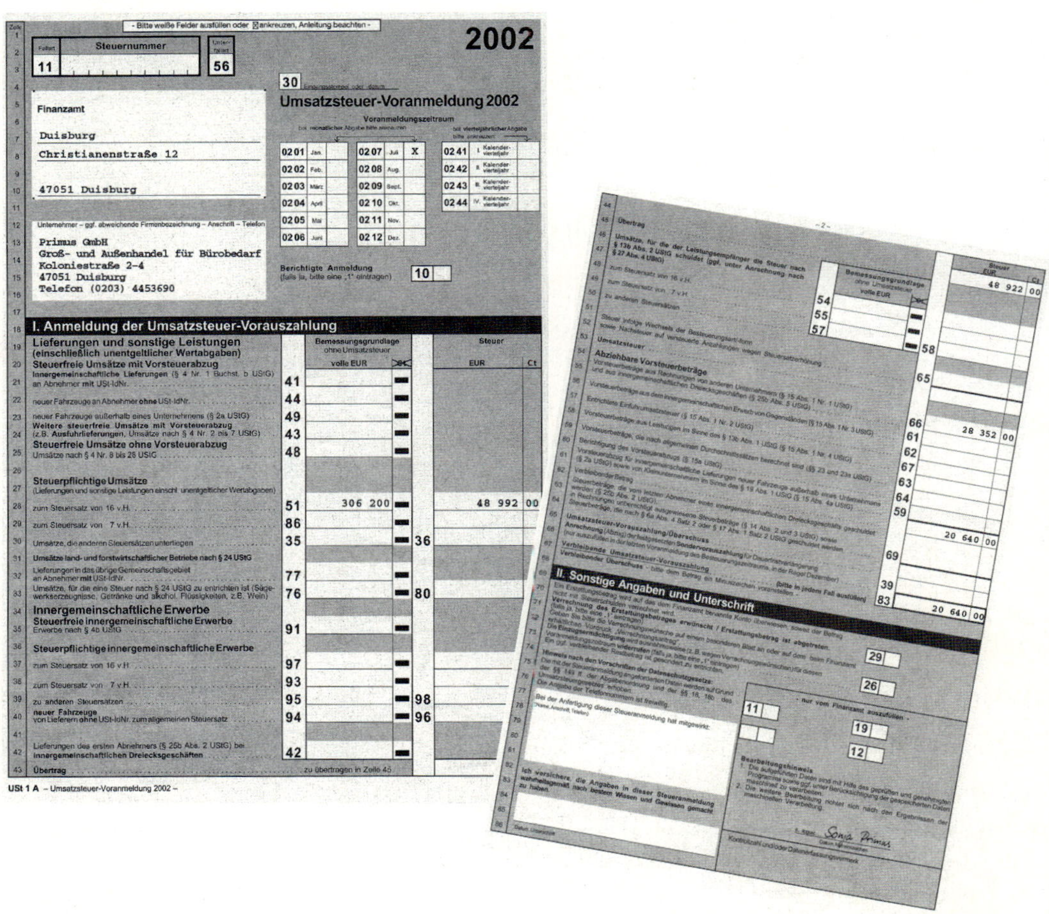
- Bitte weiße Felder ausfüllen oder ☒ ankreuzen, Anleitung beachten -

2002

Steuernummer 11 56

30

Umsatzsteuer-Voranmeldung 2002

Finanzamt
Duisburg
Christianenstraße 12
47051 Duisburg

Voranmeldungszeitraum: 02 07 Juli X

Primus GmbH
Groß- und Außenhandel für Bürobedarf
Koloniestraße 2-4
47051 Duisburg
Telefon (0203) 4453690

Berichtigte Anmeldung 10

I. Anmeldung der Umsatzsteuer-Vorauszahlung

Lieferungen und sonstige Leistungen	Kz	Bemessungsgrundlage ohne Umsatzsteuer volle EUR	Kz	Steuer EUR	Ct
zum Steuersatz von 16 v.H.	51	306 200		48 992	00

-2-

	Kz	Steuer EUR	Ct
Übertrag		48 922	00
Vorsteuerbeträge aus Rechnungen von anderen Unternehmern	66	28 352	00
Umsatzsteuer-Vorauszahlung/Überschuss		20 640	00
Verbleibende Umsatzsteuer-Vorauszahlung / Verbleibender Überschuss	83	20 640	00

II. Sonstige Angaben und Unterschrift

Ein verbleibender Vorsteuerüberhang ist mit Minuszeichen zu versehen.

Umsatzsteuersystem und Umsatzsteuerbuchungen

Umsatzsteuer	–	Vorsteuer	=	Umsatzsteuer-Zahllast
❑ Steuer vom Umsatz laut Ausgangsrechnungen ❑ **Verbindlichkeiten** gegenüber dem Finanzamt ❑ Buchung auf dem **passiven Bestandskonto** Umsatzsteuer		❑ Steuer vom Umsatz laut Eingangsrechnungen ❑ **Forderung** an das Finanzamt ❑ Buchung auf dem **aktiven Bestandskonto** Vorsteuer		❑ Steuer vom Mehrwert ❑ **Restschuld** gegenüber dem Finanzamt ❑ Ermittlung: Umsatzsteuer – Vorsteuer ❑ **Passivierung der USt-Zahllast**

- Ist die **Vorsteuer größer** als die **Umsatzsteuer**, entsteht ein **Vorsteuerüberhang**, der zu aktivieren ist.
- Bei Kleinbetragsrechnungen bis zu 100,00 EUR wird in der Praxis der Rechnungsbetrag brutto ausgewiesen. In diesen Fällen muss der Umsatzsteuersatz angegeben sein, damit der Umsatzsteueranteil herausgerechnet werden kann.
- Die Unternehmungen müssen bis zum 10. eines Monats für den Vormonat (Voranmeldungszeitraum) auf dem amtlich vorgeschriebenen Vordruck eine Umsatzsteuer-Voranmeldung abgeben.
- Wurde eine Zahllast ermittelt, ist diese gleichzeitig an das Finanzamt zu entrichten.

1 Entscheiden Sie bei den folgenden Geschäftsfällen einer Möbelgroßhandlung, ob es sich um Vorumsätze, Umsätze oder Elemente des Mehrwertes handelt!

1. **ER:** Einkauf von Tischen und Stühlen auf Ziel
2. **AR:** Verkauf von Büromöbeln auf Ziel
3. **BA:** Zahlung der Gehälter an die Angestellten
4. **ER:** Forderung des Spediteurs für Warenlieferungen an Kunden
5. **AR:** Rechnung über Arbeitsleistungen für die Aufstellung einer verkauften Küche
6. **PBA:** Postüberweisung der Gewerbesteuer an die Stadt
7. **ER:** Zieleinkauf eines Gabelstablers für das Lager
8. **ER:** Abrechnung des Handelsvertreters über Provisionsansprüche für abgeschlossene Kaufverträge
9. **BA:** Zahlung der Ausbildungsvergütung an die Auszubildenden
10. **ER, KB:** Barzahlung der Fracht an den Frachtführer für die Anlieferung von Möbeln

2 Bilden Sie zu den folgenden Geschäftsfällen eines Werkzeugmaschinengroßhändlers die Buchungssätze!

Kontenplan: Geschäftsausstattung, Forderung a. LL, Vorsteuer, Bank, Kasse, Verbindlichkeiten a. LL, Umsatzsteuer, Umsatzerlöse für Waren, Aufwendungen für Waren, Aufwendungen für Energie, Fremdinstandsetzung, Büromaterial

Geschäftsfälle:	EUR	EUR
1. **ER, BA:** Einkauf von Werkzeugmaschinen gegen Bankscheck, netto	60 000,00	
+ 16% Umsatzsteuer	9 600,00	69 600,00
2. **ER, KB:** Bareinkauf von Büromaterial einschl. 16% Umsatzsteuer		162,40

	EUR	EUR
3. **AR, BA:** Eine verkaufte Werkzeugmaschine wurde beim Kunden installiert. Der Kunde bezahlte die Anschlusskosten mit Bankscheck, netto	1 400,00	
+ 16 % Umsatzsteuer	224,00	1 624,00
4. **AR:** Zielverkauf einer Werkzeugmaschine, netto	34 000,00	
+ 16 % Umsatzsteuer	5 440,00	39 440,00
5. **ER, BA:** Lkw-Inspektion wird mit Bankscheck bezahlt, netto	1 400,00	
+ 16 % Umsatzsteuer	224,00	1 624,00
6. **ER, KB:** Ausgaben bar		
a) Diesel für Lkw, brutto einschl. 16 % Umsatzsteuer	208,80	
b) Bezahlung einer fälligen Liefererrechnung	1 856,00	
c) Kauf von Schreibtischen für die Verwaltung, netto	2 100,00	
+ 16 % Umsatzsteuer	336,00	4 500,80

3 Bilden Sie zu folgenden Geschäftsfällen einer Maschinengroßhandlung die Buchungssätze und ermitteln Sie

a) die Umsatzsteuer,
b) die Vorsteuer,
c) die Umsatzsteuerzahllast!

Geschäftsfälle:	EUR	EUR
1. **ER:** Zieleinkauf von Schlagbohrmaschinen netto	65 000,00	
+ 16 % Umsatzsteuer	10 400,00	75 400,00
2. **ER, BA:** Banküberweisung an eine Werbeagentur für die Durchführung einer Werbeaktion, netto	4 000,00	
+ 16 % Umsatzsteuer	640,00	4 640,00
3. **AR, KB:** Barverkauf einer Schlagbohrmaschine, netto	520,00	
+ 16 % Umsatzsteuer	83,20	603,20
4. **ER, KB:** Kauf von Diesel für den Lkw einschl. 16 % USt.		197,20
5. **AR:** Zielverkauf einer Werkzeugmaschine, netto	130 000,00	
+ 16 % Umsatzsteuer	20 800,00	150 800,00
6. **ER:** Einkauf von Ständerbohrmaschinen, netto	25 600,00	
+ 16 % Umsatzsteuer	4 096,00	29 696,00

4 Auf den Konten „Vorsteuer" und „Umsatzsteuer" wurden bis zum Jahresabschluss folgende Werte erfasst:

S	Vorsteuer	H	S	Umsatzsteuer	H
Summe 240 000,00		Summe 200 000,00	Summe 350 000,00		Summe 420 000,00

a) Erläutern Sie die betrieblichen Hintergründe für die Werte auf den beiden Konten!
b) Erläutern Sie, wie Sie einen Vorsteuerüberhang oder eine Zahllast vor Abschluss der Konten feststellen können!
c) Schließen Sie die Konten unter Angabe der erforderlichen Buchungssätze ab!

5 Auf den Konten „Vorsteuer" und „Umsatzsteuer" wurden bis einschließlich Dezember folgende Werte erfasst:

S	Vorsteuer	H	S	Umsatzsteuer	H
Summe 320 000,00		Summe 220 000,00	Summe 560 000,00		Summe 600 000,00

a) Schließen Sie die Konten unter Angabe der erforderlichen Buchungssätze ab!
b) Erläutern Sie zwei betriebliche Gründe, die den Saldo im Dezember verursacht haben!

6 Bilden Sie zu den folgenden Geschäftsvorfällen einer Großhandlung die Buchungssätze. **Konten:** Geschäftsausstattung, Forderung a. LL, Vorsteuer, Bank, Kasse, Eigenkapital, Verbindlichkeiten a. LL, Umsatzsteuer, Umsatzerlöse für Waren, Aufwendungen für Waren/WE, Aufwendungen für Energie, Löhne, Gehälter, Mieten, Büromaterial, Steuern, EBK, GuV, SBK

Anfangsbestände:	EUR		EUR
Geschäftsaustattung	600 000,00	Eigenkapital	1 039 900,00
Forderungen a. LL	66 700,00	Verbindlichkeiten a. LL	71 300,00
Bank	460 000,00	Umsatzsteuer	18 700,00
Kasse	3 200,00		

Geschäftsfälle:	EUR	EUR
1. **ER vom 01.12.:** Zieleinkäufe von Waren, netto	220 000,00	
+ 16 % Umsatzsteuer	35 200,00	255 200,00
2. **BA vom 10.12.:** Banküberweisungen für		
a) Umsatzsteuer an das Finanzamt	18 700,00	
b) Miete für gemietete Gebäude	24 000,00	
c) Ausgleich einer Liefererrechnung für Waren	62 100,00	104 800,00
3. **AR vom 23.12.:** Zielverkauf von Waren, netto	560 000,00	
+ 16 % Umsatzsteuer	89 600,00	649 600,00
4. **ER, BA vom 15.12.:** Einkauf von Waren gegen Bankscheck, netto	42 800,00	
+ 16 % Umsatzsteuer	6 848,00	49 648,00
5. **AR, BA vom 17.12.:** Verkauf von Waren gegen Bankscheck, netto	360 000,00	
+ 16 % Umsatzsteuer	57 600,00	417 600,00
6. **BA vom 21.12.:** Banklastschriften		
a) Lohnzahlung an die Lagerarbeiter	147 000,00	
b) Gehaltszahlung an die Angestellten	101 000,00	
c) Gewerbesteuer an die Stadt	18 000,00	266 000,00
7. **ER, KB vom 22.12.:** Barkauf von Büromaterial, brutto einschl. 16 % Umsatzsteuer		208,80
8. **AR, KB vom 12.12.:** Barverkauf von Waren netto	1 200,00	
+ 16 % Umsatzsteuer	192,00	1 392,00
9. **BA vom 29.12.:**		
Lastschriften		
a) Abbuchung durch das Energiewerk für Stromverbrauch, netto	18 600,00	
+ 16 % Umsatzsteuer	2 976,00	
b) Kauf von Gabelstaplern für das Lager, netto	84 000,00	
+ 16 % Umsatzsteuer	13 440,00	
c) Ausgleich einer fälligen Liefererrechnung	53 360,00	172 376,00
Gutschrift		
Banküberweisungen von Kunden	440 800,00	

Führen Sie die Buchungen von der Eröffnung bis zum Abschluss im Grundbuch und im Hauptbuch durch!

7 Auf den Konten „Vorsteuer“ und „Umsatzsteuer“ wurden folgende Werte erfasst:

S	Vorsteuer	H
Summe 275 000,00		Summe 232 000,00

S	Umsatzsteuer	H
Summe 437 000,00		Summe 560 000,00

Führen Sie die Buchungen durch
a) bei Ermittlung der Umsatzsteuerzahllast,
b) bei der Banküberweisung der Umsatzsteuerzahllast an das Finanzamt!

8 Entscheiden Sie, ob folgende Aussagen zutreffen auf
a) die Vorsteuer b) die Umsatzsteuer c) die Zahllast

Aussagen:

1. Sie wird auf Eingangsrechnungen ausgewiesen.
2. Sie erhöht die Zahllast.
3. Sie vermindert die Zahllast.
4. Sie stellt eine Forderung gegenüber dem Finanzamt dar.
5. Sie wird auf Ausgangsrechnungen ausgewiesen und ist eine Verbindlichkeit gegenüber dem Finanzamt.
6. Sie ist bis zum 10. des folgenden Monats an das Finanzamt abzuführen.
7. Bei einem Überhang ist sie zu aktivieren.

9

PRIMUS GmbH
Groß- und Außenhandel für Bürobedarf

Primus GmbH, Koloniestraße 2–4, 47057 Duisburg

Stadtverwaltung Duisburg
Am Buchenbaum 18 - 22

47051 Duisburg

Beleg-Nr. 284

Anschrift: Koloniestraße 2–4, 47057 Duisburg
Telefon: 0203 44536-90
Telefax: 0203 44536-98
Banken: Stadtsparkasse Duisburg, BLZ 350 500 00 · Kto-Nr.: 360 058 796
Postbank Dortmund, BLZ 440 100 46 · Kto-Nr.: 286 778-431

Rechnung

Ihr Auftrag vom ..-05-15

KOPIE

Kunden-Nr.	Rechnungs-Nr.	Rechnungstag
8135	12396	..-05-25
	Bei Zahlung bitte angeben	

Pos.	Artikel-Nr.	Artikelbezeichnung	Menge	Einzelpreis EUR	Gesamtpreis EUR
1	150B391	Tischkopierer Primus Z-52	3	699,50	2 098,50
2	159B574	Schreibtisch Primo	2	212,50	425,00
3	235B614	Faxgerät Primus FAX T 30	5	299,50	1 497,50

Warenwert netto	Verpackung	Fracht	Entgelt netto	USt-%	USt-EUR	Gesamtbetrag
4 021,00			4 021,00	16	643,36	4 664,36

Zahlbar bis 25. Juni .. ohne Abzug.

PRIMUS GmbH
Groß- und Außenhandel für Bürobedarf

Primus GmbH, Koloniestraße 2–4, 47057 Duisburg

Stadtverwaltung Duisburg
Am Buchenbaum 18 – 22

47051 Duisburg

Beleg-Nr. 285

Anschrift: Koloniestraße 2–4, 47057 Duisburg
Telefon: 0203 44536-90
Telefax: 0203 44536-98
Banken: Stadtsparkasse Duisburg, BLZ 350 500 00 · Kto-Nr.: 360 058 796
Postbank Dortmund, BLZ 440 100 46 · Kto-Nr.: 286 778-431

Ihr Auftrag vom ..-05-15

KOPIE

Rechnung

Kunden-Nr.	Rechnungs-Nr.	Rechnungstag
8135	12397	..-05-28
	Bei Zahlung bitte angeben	

Pos.	Artikel-Nr.	Artikelbezeichnung	Menge	Einzelpreis EUR	Gesamtpreis EUR
1		Aufbau, Anschluss und Beratung für die am 25. Mai .. gelieferten Geräte			85,00

Warenwert netto	Verpackung	Fracht	Entgelt netto	USt-%	USt-EUR	Gesamtbetrag
85,00			85,00	16	13,60	98,60

Zahlbar bis 28. Juni .. ohne Abzug.

Bürotec GmbH

— Bürobedarf aller Art —

Bürotec GmbH, Fabrikstraße 24–30, 04129 Leipzig

Primus GmbH
Koloniestraße 2–4

47057 Duisburg

Beleg-Nr. 286

Bürotec GmbH
Bürobedarf aller Art
Fabrikstraße 24–30
04129 Leipzig

Telefon: 03141 556-45
Telefax: 03141 556-47

Bank: Deutsche Bank Leipzig
BLZ 870 700 00 · Kto-Nr.: 91 111 723

RECHNUNG/AUFTRAGSBESTÄTIGUNG

Bei Zahlung/Rücksendung/Gutschrift unbedingt angeben

Rechnungs-Nr.	Datum	Kunden-Nr.
26321	..-05-26	6352

Pos.	Artikel-Nr.	Artikelbezeichnung	Menge	Einzelpreis EUR	Gesamtpreis EUR
1	289967	Druckertisch „Euratio“	120	72,50	8 700,00
2	289905	Registraturlocher	100	4,49	449,00
					9 149,00
		Warenwert einschl. Verpackung und Fracht			9 149,00
		16% Umsatzsteuer			1 463,84
		Rechnungsbetrag			10 612,84

Zahlbar bis 26. Juni .. ohne Abzug.

Lkw-Handel

Lkw-Handel, A. Joost e. K., Falkstraße 82, 47058 Duisburg

Primus GmbH
Koloniestraße 2–4

47057 Duisburg

Beleg-Nr. 287

Lkw-Handel
Andreas JOOST e. K.
Falkstraße 82
47058 Duisburg
Telefon: 0203 2983-72
Telefax: 0203 2983-72

Betriebs-Nr.: 13246833
Auftrags-Nr.: 47326
Datum: ..-05-27

Kunden-Nr.: 32788

Rechnung

Amtl. Kennzeichen	Typ/Modell	Fahrzeug.Ident-Nr.	Zulassungstag	Annahmetag	km-Stand	KD-Meister
DU-PR 111	443 PH 5	44FA053238	..-01-26	..-05-26	30 000	

443 PH 5

	EUR
Lkw-Inspektion	
Material lt. Anlage	420,00
Arbeit	540,00

Betrag per Bankscheck dankend erhalten

Arbeitspreis	Material/Fahrzeug	Nettoentgelt	Umsatzsteuer	Rechnungsbetrag
540,00	420,00	960,00	153,60	1 113,60

Bankverbindung: Raiffeisenbank Duisburg · BLZ 320 604 45 · Kto-Nr: 1 352 831
Bitte geben Sie bei Zahlung Ihre Kunden- und Rechnungsnummer an. Vielen Dank!

a) Die Belege 284 bis 287 sind vorzukontieren!
b) Errechnen Sie aus den vier Belegen
1. die Umsatzsteuerschuld,
2. die absetzbare Vorsteuer,
3. die Umsatzsteuerzahllast/den Vorsteuerüberhang!

10

Computec GmbH & Co. KG

Hard- und Softwarevertrieb

Computec GmbH & Co. KG, Volksparkstraße 12–20, 22525 Hamburg

Primus GmbH
Koloniestraße 2–4

47057 Duisburg

Computec GmbH & Co. KG
Volksparkstraße 12–20, 22525 Hamburg
Telefon: 040 22446-69
Telefax: 040 22446-64

Bei Zahlung bitte Rechnungs-Nr. und Kunden-Nr. angeben!

Bank: Hamburger Handelsbank
BLZ 200 205 00
Kto-Nr.: 671 190 870

Beleg-Nr. 279

Rechnung

Ihre Bestellung vom	Kunden-Nr.	Rechnungs-Nr.	Rechnungstag
	05839	19230	..-05-17

Pos.	Artikel-Nr.	Artikelbezeichnung	Menge	Einzelpreis EUR	Gesamtpreis EUR
1	237064	Drehsäule für Aktenordner (3 Etagen)	50	192,25	9 612,50

Warenwert netto	Verpackung	Fracht	Entgelt netto	USt-%	USt-EUR	Gesamtbetrag
9 612,50			9 612,50	16	1 538,00	11 150,50

Lieferung: Ab Werk
Zahlung: binnen 10 Tagen ohne Abzug

PRIMUS GmbH

Groß- und Außenhandel für Bürobedarf

Primus GmbH, Koloniestraße 2–4, 47057 Duisburg

Bürofachgeschäft
Herbert Blank
Cäcilienstraße 86

46147 Oberhausen

Anschrift: Koloniestraße 2–4
47057 Duisburg
Telefon: 0203 44536-90
Telefax: 0203 44536-98
Banken: Stadtsparkasse Duisburg
BLZ 350 500 00 · Kto-Nr.: 360 058 796
Postbank Dortmund
BLZ 440 100 46 · Kto-Nr.: 286 778-431

Beleg-Nr. 280

KOPIE

Rechnung

Ihr Auftrag vom

Kunden-Nr.	Rechnungs-Nr.	Rechnungstag
8671	13498	..-05-18
Bei Zahlung bitte angeben		

Pos.	Artikel-Nr.	Artikelbezeichnung	Menge	Einzelpreis EUR	Gesamtpreis EUR
1	335 B 927	Faxgerät T A Inkjet-Fax FX 640TI	10	499,50	4 995,00

Warenwert netto	Verpackung	Fracht	Entgelt netto	USt-%	USt-EUR	Gesamtbetrag
4 995,00			4 995,00	16	799,20	5 794,20

Zahlbar binnen 10 Tagen ohne Abzug.

Konto 360058796 — Kontoauszug STADTSPARKASSE DUISBURG — BLZ 350 500 00 — Auszug 80 — Blatt 1

Buch.-Tag	Wert	PN	Erläuterung/Verwendungszweck	Umsätze
27.05.	27.05.	0940	COMPUTEC GMBH & CO KG, HAMBURG KD-NR 05839, RG-NR 29854 V. ..-05-17	11 150,50 S
27.05.	27.05.	0853	HERBERT BLANK, OBERHAUSEN KD-NR 8671, RG-NR 13498 V. ..-05-18	5 794,20 H

Beleg-Nr. 281

KREDITZUSAGE EUR 80 000

IHR AKTUELLER KONTOSTAND UM 11:30 UHR EUR 232 767,95 H

44 BS ..-05-27 Letzter Auszug ..-05-29 — EUR 238 124,25 H Alter Kontostand — EUR 232 767,95 H Neuer Kontostand

...7 DUISBURG

Beleg-Nr. 282

J. F. CASPERS
GmbH & Co. KG
Am Deichtor 1, 47059 Duisburg

seit über 135 Jahren

Fachgeschäft für Büroausstattung, Buch- und Offsetdruckerei, Adressbuch- und Telefonbuchverlag

Primus GmbH
Koloniestr. 2–4, 47057 Duisburg

	Datum ..-05-24	EUR	EUR	Cent
10	Ordner	2,00	20	00
12	Alleskleber	2,88	34	56
30	Register	1,40	42	00
			96	56

Betrag dankend erhalten
Duisburg, den 24. Mai ..
J. F. CASPERS

Vielen Dank für Ihren Einkauf. Bitte kommen Sie bald wieder!

Verk. 3 — 4557-8 — Bei Irrtümern oder Umtausch bitte diesen Zettel vorlegen.

Betrag einschl. 16 % Mehrwertsteuer

CITY-TANKSTELLE
Inh. Britte Huber e. K.
Bahnhofstraße 34
47138 Duisburg
Tel.: 0203 543464

Beleg-Nr. 283

SUPER BLEIFREI 57,53 EUR
ZP 5 72,00 LTR
MWST-BRUTTOUMS 57,53 EUR
IM BETRAG SIND
16 % UST ENTHALTEN
TOTAL 57,53 EUR
69022 ..-05-24 13:53
VIELEN DANK UND GUTE FAHRT

a) Bilden Sie die Buchungssätze zur Erfassung der Belege Nr. 279 bis 283!

b) Errechnen Sie

1. den Umsatzsteueranteil aus dem Beleg Nr. 282,
2. den Umsatzsteueranteil aus dem Beleg Nr. 283,
3. aus den Belegen 279 bis 283
   - die Umsatzsteuerschuld,
   - die absetzbare Vorsteuer,
   - die Umsatzsteuerzahllast/den Vorsteuerüberhang!

11 Der Rechnungsbetrag für einen Büromaterialeinkauf beträgt einschließlich 7 % Umsatzsteuer 192,60 EUR. Ermitteln Sie den Nettowarenwert und die Umsatzsteuer in EUR und bilden Sie den Buchungssatz!

12 Ermitteln Sie den Nettowert folgender Ausgangsrechnungen und die Umsatzsteuer in EUR und bilden Sie die Buchungssätze!

	Bruttorechnungsbetrag	Umsatzsteuer
a)	25 520,00 EUR	16%
b)	103,24 EUR	16%
c)	9 142,08 EUR	7%
d)	70,62 EUR	7%

13 In einem Einzelhandelsbetrieb erhält ein Kunde einen Kassenzettel über 168,20 EUR mit dem Vermerk: „In diesem Betrag sind 16 % USt enthalten." Der Kunde bittet darum, dass die im Rechnungsbetrag enthaltene Umsatzsteuer gesondert ausgewiesen wird. Berechnen Sie den Nettobetrag und die Umsatzsteuer in EUR!

14 In einem Großhandelsbetrieb beträgt die Summe der Ausgangsbeträge eines Tages 20 880,00 EUR. Der Umsatzsteuersatz beträgt 16 %. Ermitteln Sie die anteilige Umsatzsteuer und den Umsatz!

15 In einem Großhandelsbetrieb sind die allgemeinen Geschäftskosten um 8 % auf 68 040,00 EUR gestiegen. Wie hoch waren die Geschäftskosten vorher?

16 Die Buchhaltungsabteilung hat einen Beleg über den Kauf von Fachbüchern zum Gesamtpreis von 215,00 EUR einschließlich 7 % Umsatzsteuer zu buchen. Wie viel EUR beträgt die Umsatzsteuer?

17 Bei einem Artikel betrug die während eines Monats beim Verkauf angelaufene Umsatzsteuer 16 % = 12 000,00 EUR.

a) Wie viel Tausend EUR (TEUR) betrug der Nettoumsatz dieses Artikels?
b) Wie viel TEUR betrug der Bruttoumsatz?

18 Nach einer 4%igen Gehaltserhöhung beträgt das Bruttogehalt einer Angestellten 3 328,00 EUR. Hiervon werden 902,40 EUR an Abzügen einbehalten.

a) Wie viel EUR betrug das Bruttogehalt vor der Erhöhung?
b) Wie viel Prozent des Bruttogehaltes werden einbehalten?

2.7 Organisation der Buchführung

HBL

2.7.1 Kontenrahmen und Kontenplan

Die Geschäftsführung der Primus GmbH will ihren Betrieb von Zeit zu Zeit mit anderen Betrieben vergleichen. Hierzu erhält sie vom Landesverband der Großhändler für Bürobedarf Vergleichszahlen über den Anteil einzelner Aufwandsarten am Gesamtaufwand, einzelner Ertragsarten am Gesamtertrag, über den Anteil einzelner Vermögenspositionen am Gesamtvermögen und einzelner Kapitalpositionen am Gesamtkapital.

Vergleiche dieser Art setzen aber voraus, dass die Buchhaltung der Primus GmbH die Konteninhalte so festlegt wie die Vergleichsbetriebe.

Arbeitsauftrag Stellen Sie Anforderungen an die Buchführung der Primus GmbH für eine Vergleichbarkeit mit anderen Betrieben der Branche zusammen!

Kontenrahmen

Ein wichtiges Ordnungsmittel zur Herbeiführung der **Ordnungsmäßigkeit der Buchführung** ist der Kontenrahmen mit der **Gliederung der Konten und der Abgrenzung der Konteninhalte.** Er gibt den Unternehmen eine **Übersicht sämtlicher Konten**, die in der Finanzbuchhaltung dieser Unternehmen notwendig sein könnten.

Eine solche gemeinsame Organisationsgrundlage ist Voraussetzung dafür, dass die Großhandelsunternehmen jeder Branche, Betriebsgröße und Rechtsform ihre Ergebnisse von Jahr zu Jahr **(Zeitvergleich)** und von Betrieb zu Betrieb **(Betriebsvergleich)** zur Beurteilung ihrer Wirtschaftlichkeit miteinander vergleichen können. Umgekehrt setzen solche Vergleiche voraus, dass die Kontenbezeichnungen und Buchungsinhalte der Konten von Jahr zu Jahr und von Betrieb zu Betrieb übereinstimmen.

▶ **Aufbau des Kontenrahmens:** Der Kontenrahmen ist nach dem **Zehnersystem** (Dezimalklassensystem, dekadisches System) aufgebaut. Jedes Konto (z. B. Bürobedarf) ist durch eine Ziffernfolge (z. B. 481) gekennzeichnet. Aufgrund der zehn Ziffern von 0 bis 9 wurden zehn **Kontenklassen** eingerichtet. Jede Kontenklasse wird in zehn **Kontengruppen** eingeteilt. Jede Kontengruppe kann wiederum zehn **Kontenarten** aufnehmen. Im Bedarfsfalle können die Kontenarten jeweils in zehn **Kontenunterarten** aufgeteilt werden.

Beispiel

Kontennummer			Stellenwert	Bedeutung	Konteninhalt
4			**ein**stellig	Konten**klasse**	Konten der Kostenarten
4	8		**zwei**stellig	Konten**gruppe**	Allgemeine Verwaltung
4 4	8 8	1 2	**drei**stellig	Konten**art**	Bürobedarf Porto, Telefon, Telefax

Für EDV-Zwecke übliche Kontenrahmen sehen eine gleich bleibende Länge der Kontennummern vor. Durch Auffüllen der leeren Stellen mit Nullen wird die konstante Länge der Kontennummern erreicht.

Der Kerngedanke, der sich hinter der Reihenfolge und Bezeichnung der Kontenklassen verbirgt, ist das **Prozessgliederungsprinzip.** Es kennzeichnet den für den Großhandelsbetrieb typischen betrieblichen Ablauf und Wertefluss.

Aufbau des Kontenrahmens für den Großhandel

Kontenklassen und -bezeichnungen	Betrieblicher Hintergrund	Wertefluss im Betrieb	
0 Anlage- und Kapitalkonten (ruhende Konten)	Im Wesentlichen die Grundlagen der Betriebsbereitschaft (Anlagevermögen) und ihre Finanzierung (langfristiges Kapital).	Anlagen, Eigenkapital, langfristige Kredite	Beschaffung
1 Finanzkonten	Liquide Mittel und kurzfristige Verbindlichkeiten. Sie werden zur Finanzierung der Warenkäufe und Dienstleistungen (z.B. Personalkosten) eingesetzt.	Finanzmittel, kurzfristige Kredite	
2 Abgrenzungskonten	Sie erfassen den Werteverzehr und den Wertezuwachs, der nicht in unmittelbarem Zusammenhang mit den sachzielbezogenen Funktionen des Großhandelsbetriebes, wie Einkauf, Lagerung und Verkauf, steht, und den für kostenrechnerische Zwecke nicht geeigneten Aufwand.		
3 Warenbestandskonten und Wareneinkaufskonten	Warenbestände am Anfang und am Ende des Geschäftsjahres	Warenvorräte	
	Eingekaufte Waren werden hier als Wareneinsatz erfasst, ggf. getrennt nach Warengruppen (siehe Kontenklasse 8).	Wareneinsatz	Leistungserstellung des Großhandels durch Erledigung seiner typischen Aufgaben
4 Konten der Kostenarten	Der gesamte Werteverkehr, soweit er durch die Verwirklichung des eigentlichen Sachzieles verursacht wird und in der Kalkulation zu berücksichtigen ist, wird hier erfasst und nach Kostenarten gegliedert.	Kosten	
5 Konten der Kostenstellen und 6 für Umsatzkosten- 7 verfahren frei	Diese Kontenklassen können der Kostenkontrolle und -verrechnung auf Betriebsbereiche, Filialen oder Nebenbetriebe (Kostenstellen) und Artikel (Kostenträger) dienen.		
8 Warenverkaufskonten	Erlöse aus Warenverkäufen und Nebengeschäften werden hier erfasst, ggf. getrennt nach Warengruppen (siehe Kontenklasse 3).	Umsatzerlöse	Absatz
9 Eröffnungs- und Abschlusskonten	Konten, die der Eröffnung (9100 EBK) und dem Abschluss der Bestandskonten (9400 SBK) und der Erfolgskonten (9300 GuV) dienen.	Darstellung der Vermögens-, Finanz- und Ertragslage	

Kontenplan

Jedes Unternehmen stellt sich bei Beachtung der Besonderheiten seiner **Branche**, seiner **Rechtsform**, seiner **Informationsbedürfnisse** sowie der Größe und Struktur des Unternehmens seinen individuellen Kontenplan auf. Er wird in Anlehnung an den Kontenrahmen, dessen Anwendung nicht verbindlich vorgeschrieben wird, erstellt. Der Kontenplan enthält nur die **Konten, die in der Finanzbuchhaltung** dieser Unternehmung tatsächlich **erforderlich** sind. Andererseits kann aufgrund des dekadischen Gliederungssystems eine tiefere Gliederung einzelner Kontengruppen vorgenommen werden, wenn ein entsprechendes Informationsbedürfnis gegeben ist.

Beispiel Bei entsprechendem Informationsbedarf kann die Kontenart „482 Porto, Telefon, Telefax" im Kontenplan aufgeteilt werden in die Konten

4821 Porto, 4822 Telefon, 4823 Telefax

Mithilfe eines solchen betriebsindividuell gestalteten Kontenplans werden in der Buchhaltung die täglich anfallenden Geschäftsfälle anhand von Belegen vorkontiert.

Kontenrahmen und Kontenplan

- Der **Kontenrahmen** gliedert die möglichen Konten der Betriebe eines Wirtschaftszweiges nach dem Dezimalklassifikationssystem in Kontenklassen.
- Die Anordnung der Kontenklassen orientiert sich am **Prozessgliederungsprinzip.**
- Mithilfe des Kontenrahmens wird eine Vereinheitlichung der Buchführungsorganisation und über die eindeutige Bezeichnung der Konten und die klare Abgrenzung der Konteninhalte eine **einheitliche Darstellung des wirtschaftlichen Geschehens** der Großhandelsunternehmen angestrebt.
- Damit werden brauchbare **Unterlagen für Zeit- und Betriebsvergleiche** geschaffen, mit deren Hilfe Marktstellung und Schwachstellen erkannt werden können.
- Der **Kontenplan** enthält die Konten, die das Großhandelsunternehmen aufgrund seiner Rechtsform, seines besonderen Informationsbedürfnisses, seiner Branche, seiner Größe und seiner Struktur benötigt.
- Grundlage für die Aufstellung des Kontenplans ist der Kontenrahmen.

1 Erstellen Sie folgendes Kontenplanschema und ordnen Sie unten stehende Kontenbezeichnungen den Kontenklassen mit Kontennummern zu:

Klasse 0 Anlage- und Kapitalkonten	Klasse 1 Finanzkonten	Klasse 2 Abgrenzungskonten	Klasse 3 Wareneinkaufs- und Warenbestandskonten	Klasse 4 Konten der Kostenarten	Klasse 8 Warenverkaufskonten (Umsatzerlöse)	Klasse 9 Abschlusskonten

Konten: Warenverkauf, EBK, Grundstücke, Energie/Betriebsstoffe, Postbank, Fuhrpark, Wareneingang, Forderungen a. LL, Verbindlichkeiten a. LL, SBK, Technische Anlagen und Maschinen, GuV-Konto, Eigenkapital, Betriebs- und Geschäftsausstattung, Löhne, Gehälter, Bauten auf eigenen Grundstücken, Bürobedarf, Verbindlichkeiten gegenüber Kreditinstituten, Sonstige Ausleihungen (Darlehen), Kasse, Kreditinstitute, Werbe- und Reisekosten, Porto/Telefon/Telefax, Warenbestand, Abschreibungen auf Sachanlagen.

2 Ein Großhandelsunternehmen benötigt zur Eröffnung der Konten, zur Erfassung aller Geschäftsfälle und zum Abschluss folgende Konten:
Maschinen, Löhne, Gehälter, Warenverkauf I, Warenverkauf II, Vertreterprovision, Hauptkasse, Eigenkapital, Verbindlichkeiten a. LL, Mieten, Energie/Betriebsstoffe, EBK, Verwaltungsgebäude, Werbe- und Reisekosten, Fuhrpark, Forderungen a. LL., Warenbestand I, Warenbestand II, Wareneingang I, Wareneingang II, Betriebs- und Geschäftsausstattung, Kosten der Warenabgabe, Bankdarlehensschulden über 5 Jahre Laufzeit, Postbankguthaben, Abschreibungen, SBK, Lagerhalle I, Lagerhalle II, Steuern/Beiträge/Versicherungen, GuV, Bankguthaben, AVK, Ausstellungshalle, Betriebskosten/Instandhaltung.

a) Ordnen Sie diese Konten den Kontenklassen zu!

b) Stellen Sie die Konten mit Kontennummern zu einem Kontenplan zusammen!

3 Bilden Sie unter Verwendung der Kontennummern die Buchungssätze zu den nachstehenden Geschäftsfällen eines Großhandelsunternehmens:

	EUR
1. **ER, BA:** Einkauf von Waren gegen Zahlung mit Bankscheck, netto	24 000,00
+ 16 % USt	3 840,00
2. **AR, BA:** Verkauf von Waren gegen Zahlung mit Bankscheck, netto	30 000,00
+ 16 % USt	4 800,00
3. **BA:** Banküberweisung der Gehälter an die Angestellten	80 000,00
4. **KB:** Barzahlung des Beitrages zur Industrie- und Handelskammer	500,00
5. **PBA:** Postüberweisung der Tilgungsrate für ein Bankdarlehen	10 000,00
6. **AR, KB:** Barverkauf von Waren, netto	500,00
+ 16 % USt	80,00
7. **BA:** Banküberweisung der Gewerbesteuer an die Stadt	4 000,00
8. **PBA:** Abbuchung der Kfz-Versicherung für den betrieblichen Pkw	600,00
9. **Abschlussbuchungen:**	
a) Abschluss des Kontos Forderungen a. LL	95 000,00
b) Abschluss des Kontos Aufwendungen für Waren	310 000,00
c) Abschluss des Kontos Umsatzerlöse für Waren	650 000,00
d) Verlust des Geschäftsjahres	75 000,00
e) Abschluss des Kontos Eigenkapital	420 000,00

4 a) Geben Sie mithilfe des Kontenrahmens zu folgenden Buchungssätzen die Kontenbezeichnung an!

b) Formulieren Sie den Geschäftsfall, der dem einzelnen Buchungssatz zugrunde liegt!

1. 131		an 151	6 000,00
2. 171		an 132	8 050,00
3. 421		an 131	5 000,00
4. 426		an 131	1 200,00
5. 402		an 131	11 000,00
6. 131		an 101	2 070,00
7. 301	32 000,00		
140	5 120,00	an 171	37 120,00
8. 470	900,00		
140	144,00	an 171	1 044,00
9. 481	1 100,00		
140	176,00	an 171	1 276,00
10. 430	3 800,00		
140	608,00	an 131	4 408,00

5 Nennen Sie die Geschäftsfälle und Buchungssätze, die den Buchungen auf folgendem Konto zugrunde liegen!

S	131 Kreditinstitute		H
1. 91	69 000,00	3. 171	14 720,00
2. 101	30 360,00	4. 41	3 910,00
6. 151	19 665,00	5. 033,14	1 438,40
9. 801,18	48 720,00	7. 481,14	278,40
10. 034,18	4 060,00	8. 402	14 200,00
		11. 94	137 258,20
	171 805,00		171 805,00

6 **Kontenplan einer Großhandelsunternehmung:** 021, 033, 046, 06, 082, 101, 131, 132, 14, 151, 171, 18, 21, 242, 26, 301, 39, 401, 41, 421, 427, 43, 44, 47, 481, 491, 91, 93, 94.

Anfangsbestände:	EUR		EUR
Grundstücke mit Gebäude	870 000,00	Betriebs- und Geschäftsausstattung	220 000,00
Darlehensforderung	50 000,00	Bank	315 000,00
Forderungen a. LL	89 600,00	Kasse	5 100,00
Postbank	75 000,00	Darlehensschulden	320 000,00
Eigenkapital	1 340 700,00	Verbindlichkeiten a. LL	101 000,00
Warenbestand	137 000,00		

Geschäftsfälle:	EUR	EUR
1. **BA vom 01.12.:** Lastschriften		
a) Abbuchung durch das Energiewerk: Strom- und Gasverbrauch einschl. 16 % USt	18 792,00	
b) Überweisung für Dachreparaturen am Gebäude einschl. 16 % USt	49 648,00	68 440,00
2. **PBA vom 02.12.:** Verkäufe von Waren mit Postscheck, netto	85 200,00	
+ 16 % USt	13 632,00	98 832,00
3. **ER vom 03.12.:** Zieleinkauf von Waren netto	382 000,00	
+ 16 % USt	61 120,00	443 120,00
4. **KB vom 10.12.:**		
a) Barkauf von Büromaterialien einschl. 16 % USt	435,00	
b) Beitrag zur Industrie- und Handelskammer	400,00	835,00
5. **AR vom 11.12.:** Verkäufe von Waren		
a) gegen Bankscheck, netto	270 000,00	
+ 16 % USt	43 200,00	313 200,00
b) auf Ziel, netto	680 000,00	
+ 16 % USt	108 800,00	788 800,00
6. **PBA vom 14.12.:** Gutschriften		
a) Mieter zahlten Mieten durch Postüberweisungen	24 700,00	
b) Kunden bezahlten fällige AR durch Postüberweisungen	498 100,00	522 800,00
7. **BA vom 15.12.:** Banküberweisungen		
a) Zinsen für das aufgenommene Darlehen	25 600,00	
b) Gewerbesteuer an die Stadtkasse	32 000,00	57 600,00
8. **PBA vom 24.12.:** Lastschriften		
a) Lohnzahlungen	203 000,00	
b) Leasingzahlungen für gemietete Maschinen und Lkw	28 000,00	
c) Postüberweisung an die Werbeagentur, netto	18 000,00	
+ 16 % USt	2 880,00	251 880,00
9. **BA vom 29.12.:** Gutschriften		
a) Darlehensnehmer zahlte 8 % Jahreszinsen	4 000,00	
b) Darlehensnehmer überwies Tilgungsrate	10 000,00	
c) Verkauf eines Grundstücks gegen Bankscheck	222 000,00	236 000,00
10. **BA vom 30.12.:** Lastschriften		
a) Banküberweisung an Lieferer für fällige ER	402 000,00	
b) Kauf eines Personalcomputers gegen Scheckzahlung, netto	16 700,00	
+ 16 % USt	2 672,00	421 372,00

Abschlussangaben:

1.	Abschreibungen, linear, von den Anschaffungswerten:		EUR
	Gebäude	4 % von	500 000,00
	Betriebs- und Geschäftsausstattung:	10 % von	275 000,00
2.	Warenendbestand lt. Inventur		175 600,00
3.	Die übrigen Buchbestände stimmen mit den Inventurbeständen überein.		

Führen Sie die Buchungen des Geschäftsganges im Grund- und Hauptbuch durch!
Um die Bearbeitung der Aufgabe mit einer computerunterstützten Finanzbuchhaltung durchzuführen wurde zu jedem Geschäftsfall jeweils das Datum angegeben.

2.7.2 Bücher der Buchführung

Aufgrund größerer Aufträge der Kunden Herstadt Warenhaus GmbH, Gelsenkirchen, und Bürofachgeschäft Herbert Blank, Oberhausen, bittet der Geschäftsführer Herr Müller Frau Lapp um eine Aufstellung über bisherige Umsätze, Zahlungen und offene Posten dieser Kunden. Ebenfalls möchte er eine Übersicht über Umsätze einzelner Artikel (vgl. S. 253) haben.

Frau Lapp bittet Nicole Höver, Grundbuch und Hauptbuch hierfür auszuwerten. Nicole Höver ist sehr enttäuscht über den Informationswert der beiden Bücher.

Arbeitsauftrag Sammeln Sie Gründe, warum Nicole enttäuscht über die Aussagekraft der beiden Bücher ist!

Buchführungsbücher sind Geschäftsbücher, in denen die Geschäftsfälle erfasst werden. Gebundene Bücher können durch eine fortlaufend nummerierte **Loseblattsammlung** oder die **geordnete Ablage von Belegen** ersetzt werden. Die Bücher und die sonst erforderlichen Aufzeichnungen können auf Datenträgern geführt werden, sofern sichergestellt ist, dass die Daten während der Dauer der Aufbewahrungsfrist verfügbar sind und jederzeit innerhalb angemessener Frist lesbar gemacht werden können.

Grundbuch

In **Grundbüchern,** auch Journale oder Primanota genannt, werden alle **Geschäftsfälle** anhand der Belege in **zeitlicher Reihenfolge** (siehe S. 43) eingetragen.

Grundbücher können nach Sachgebieten oder Abteilungen gegliedert und somit arbeitsteilig geführt werden: Kassenbuch, Eingangsrechnungen, Ausgangsrechnungen, Bank- und Postbankauszüge. Grundbücher erfassen anhand der Belege **alle Geschäftsfälle in zeitlicher** Reihenfolge.

Hauptbuch

Im Hauptbuch werden die **Geschäftsfälle** nach ihrer **Auswirkung** auf einzelne Vermögens- oder Kapitalposten (= sachliche Gliederung) **gegliedert** und auf den entsprechenden Sachkonten gebucht (siehe S. 43 ff.). Im **Hauptbuch** werden für die Bilanzposten **Bestandskonten** und für die Erfolgsquellen **Erfolgskonten** eingerichtet.

Auf diesen **Sachkonten** werden anhand von Belegen alle Wertveränderungen ordnungsgemäß festgehalten.

Nebenbücher

Die Übersicht, die das Hauptbuch über die Vermögens- und Kapitalveränderungen vermittelt, genügt bei einigen Posten nicht.

Aus den Konten des Hauptbuches ist nicht ersichtlich, wie hoch die Schulden gegenüber einzelnen Lieferern oder die Forderungen gegenüber einzelnen Kunden sind. Aus dem Konto Umsatzerlöse für Waren geht nicht hervor, mit welchen Artikeln die Umsätze erreicht wurden.

Daher werden verschiedene **Nebenbücher** – meistens in Dateiform – geführt, in denen die **Buchungen einzelner Hauptbuchkonten** näher **erläutert** werden:

- Kunden- oder Debitorenbuchhaltung
- Lieferer- oder Kreditorenbuchhaltung
- Lagerbuchhaltung

In den Nebenbüchern werden **keine Buchungen mit Gegenbuchungen** vorgenommen, sondern lediglich Übertragungen. Der Inhalt der Eintragungen in den Nebenbüchern muss jedoch mit dem Inhalt der Buchungen auf den entsprechenden Sachkonten übereinstimmen.

▶ **Kontokorrentbuch: Kundenforderungen** und **Liefererschulden** werden im **Hauptbuch** auf den **Sachkonten „101 Forderungen a. LL“** und **„171 Verbindlichkeiten a. LL“** mit den entsprechenden Gegenbuchungen erfasst.

Aus dem Konto „101 Forderungen a. LL“ kann der Unternehmer nicht ersehen, wie hoch seine Forderungen gegenüber einzelnen Kunden sind.

Aus dem Konto „171 Verbindlichkeiten a. LL“ geht nicht hervor, wie hoch die Schulden gegenüber einzelnen Lieferern sind.

HBL Daher wird für jeden einzelnen Kunden und Lieferer im **Kontokorrentbuch** ein eigenes Konto (Datei) geführt.

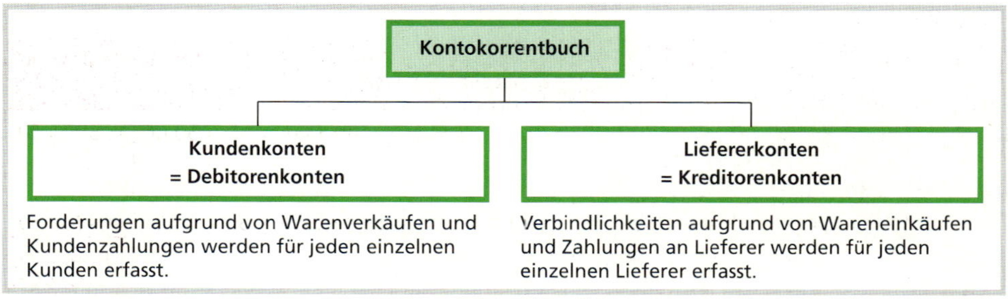

Beispiel Buchungen auf dem Hauptbuchkonto (Sachkonto) „101 Forderungen a. LL“

Soll	101 Forderungen a. LL		H
02.01. 9100	58116,00	10.01. 131	26100,00
16.03. 801,18	27260,00	14.01. 131	32016,00
18.04. 801,18	53360,00	30.03. 131	27260,00
02.06. 801,18	14674,00	18.05. 131	53360,00
18.12. 801,18	80040,00	01.07. 131	14674,00
27.12. 801,18	106720,00	31.12. 9400	186760,00
	340170,00		340170,00

Eintragungen auf den Kundenkonten (Personenkonten) „D10130 Herstadt Warenhaus GmbH" und „D10170 Bürofachgeschäft Herbert Blank e. K."

D10130 Herstadt Warenhaus GmbH, Brunostr. 45, 45889 Gelsenkirchen, Kdn.-Nr. 8135				
Datum	**Beleg**	**Text**	**Soll**	**Haben**
02.01.		Saldovortrag: AR 7352	32016,00	
14.01.	BA 012	Überweisung AR 7352		32016,00
18.04.	AR 9893	Zielverkauf	53360,00	
18.05.	BA 115	Überweisung AR 9893		53360,00
02.06.	AR 12396	Zielverkauf	14674,00	
01.07.	BA 125	Überweisung AR 12396		14674,00
27.12.	AR 39893	Zielverkauf	106720,00	
31.12.		Saldo: AR 39893		106720,00
			206770,00	206770,00
02.01.		Saldovortrag: AR 39893	106720,00	

D10170 Bürofachgeschäft Herbert Blank e. K., Cäcilienstr. 86, 46147 Oberhausen, Kdn.-Nr. 8671				
Datum	**Beleg**	**Text**	**Soll**	**Haben**
02.01.		Saldovortrag: AR 7531	26100,00	
10.01.	BA 009	Überweisung AR 7531		26100,00
16.03.	AR 8428	Zielverkauf	27260,00	
30.03.	BA 92	Überweisung AR 8428		27260,00
18.12.	AR 32375	Zielverkauf	80040,00	
31.12.		Saldo: AR 32375		80040,00
			133400,00	133400,00
02.01.		Saldovortrag: AR 32375	80040,00	

Beim monatlichen, vierteljährlichen oder jährlichen Abschluss der Kontokorrentkonten werden alle Salden in einer **Saldenliste** gesammelt.

Beispiel einer Saldenliste

Konto	**Bezeichnung**	**Saldovortrag**	**Jahressoll**	**Jahreshaben**	**Saldo**
D10130	Herstadt Warenhaus GmbH, Brunostr. 45, 45889 Gelsenkirchen	32016,00	174754,00	100050,00	106720,00
D10170	Bürofachgeschäft Herbert Blank e. K. Cäcilienstr. 86, 46147 Oberhausen	26100,00	107300,00	53360,00	80040,00
					186760,00

▶ **Lagerbuchhaltung:** Die Lagerdatei enthält für **jeden Artikel** ein **Konto.** Die Lagerdatei dient insbesondere der **mengenmäßigen Kontrolle** der Lagerbestände und wird daher zumeist nur zur Erfassung mengenmäßiger Bestandsveränderungen geführt. Im Rahmen einer **permanenten Inventur** (vgl. S. 14f.) wird durch körperliche Inventur mindestens einmal während des Geschäftsjahres der laut Lagerdatei ausgewiesene **Sollbestand** überprüft. Der dann durch Inventur festgestellte **Istbestand** wird in die Lagerdatei als Bestand übernommen. Dieser Bestand wird dann unter Berücksichtigung der weiteren **Zugänge** und **Abgänge** bis zum Jahresabschluss fortgeschrieben. In das Inventar kann dann der zu diesem Stichtag ausgewiesene Bestand als Istbestand laut permanenter Inventur übernommen werden (vgl. S. 14f.).

HBL

Bücher der Buchführung

Bücher der Buchführung

- **Grundbuch**
  Erfassung aller Geschäftsfälle in **zeitlicher Reihenfolge**
- **Hauptbuch**
  Sachliche Gliederung der Geschäftsfälle auf **Sachkonten**
- **Nebenbücher**
  Erläuterung einzelner Sachkonten durch **dateimäßige Aufgliederung der Inhalte**
  - **Kontokorrentkonten**
    - Debitorenkonten
    - Kreditorenkonten
  - **Lagerdatei, Lagerbuchhaltung**

1 Ordnen Sie folgende Begriffe 1 bis 6 nebenstehenden Erklärungen a) bis f) zu!

Begriffe

1 Hauptbuch

2 Journal (Grundbuch)

3 Kontenrahmen

4 Kontenplan

5 Buchungssatz

6 Geschäftsfall

Erklärungen

a) Wertbewegung in einer Unternehmung, die buchhalterisch erfasst wird.

b) Kürzeste Anweisung für die Durchführung einer Buchung aufgrund eines Beleges.

c) Erfassung der Geschäftsfälle in zeitlicher Reihenfolge.

d) Teil der Buchhaltung, in dem die Geschäftsfälle sachlich geordnet erfasst werden.

e) Systematische Gliederung der Konten, die in der Buchhaltung einer bestimmten Unternehmung geführt werden.

f) Systematische Ordnung aller Konten, die in den Betrieben eines bestimmten Wirtschaftszweiges möglich sind.

2 Die vierten Buchstaben der 21 Wörter, deren Definitionen oder Synonyme unten angegeben sind, ergeben in der Reihenfolge von oben nach unten einen Grundsatz der ordnungsmäßigen Buchführung:

1. Eintragung des Buchungssatzes im Buchungsstempel
2. Verzeichnis aller Vermögensteile und Schulden
3. Passiva
4. Betriebsvermögen des Unternehmers
5. Bestandsaufnahme
6. Verpflichtungen aus Zielkäufen
7. Vorbereitungsbuchung zum Abschluss
8. Bestandsaufnahme an einem bestimmten Tag
9. Entwertungsstrich
10. Fremdkapital
11. Journal
12. Beleg für Verkäufe
13. Unterkonten des Eigenkapitalkontos
14. kürzeste Form einer Buchungsanweisung
15. dekadisches System
16. Mittelverwendung
17. Saldo der Bestandskonten
18. Buchungsunterlage
19. Differenz zwischen Aufwand und Ertrag
20. Gründer und Leiter eines Betriebes
21. Abfluss von Geldmitteln bei Anschaffungen

3 Führen Sie das Konto des Kunden J. Pauls e. K., Eggstr. 36, 79117 Freiburg:

	EUR
14.07.: Saldovortrag	14 135,00
29.07.: AR 293	31 470,00
12.08.: AR 327	41 525,00
20.08.: Bankauszug 175: Scheck	75 000,00
26.08.: AR 352	38 917,00
29.08.: Bankauszug 176: Überweisung	40 000,00

Ermitteln Sie den Saldo zum 31.08.!

4 Führen Sie das Konto des Kunden Werner Bange e. K., Am Wingert 32, 50999 Köln:

	EUR
25.09.: Saldovortrag	47 140,00
30.09.: Bankauszug 189: Überweisung	47 140,00
14.10.: AR 407	38 290,00
27.10.: AR 462	41 225,00
03.11.: Bankauszug 190: Scheck	79 515,00
12.11.: AR 481	21 114,00
24.11.: AR 579	51 945,00
27.11.: Bankauszug 191: Überweisung	70 000,00

Ermitteln Sie den Saldo zum 30.11.!

5 Führen Sie das Konto des Lieferers RaWa AG, Hafenstr. 2, 59067 Hamm:

	EUR
15.03.: Saldovortrag	124 150,00
29.03.: BA 609: Überweisung	110 000,00
15.04.: ER 407	72 315,00
23.04.: BA 610: Scheck	86 465,00
02.05.: ER 502	68 320,00
09.06.: ER 711	46 730,00
27.06.: BA 611: Überweisung	100 000,00

Ermitteln Sie den Saldo zum 30.06.!

6 Führen Sie das Konto des Lieferers Udo Lingen e. K., Am Hang 4, 42289 Essen:

	EUR
01.10.: Saldovortrag	14 110,00
15.10.: ER 2111	56 870,00
18.10.: Rücksendung (Falschlieferung), R 2	12 430,00
30.10.: Überweisung durch Bank, BA 730	57 000,00
17.11.: ER 2888	49 840,00
20.11.: BA 731: Scheck	49 840,00
20.12.: ER 2989	86 810,00
29.12.: Gutschrift aufgrund einer Mängelrüge, G 25	8 490,00

Ermitteln Sie den Saldo zum 31. 12.!

7 Die dritten Buchstaben der zwölf Wörter, deren Definition oder Synonyme unten angegeben sind, ergeben in der Reihenfolge von oben nach unten den Titel eines Romans von Gustav Freytag:

1. Abbau des Lagerbestandes
2. Rückbuchung
3. Mehrung der Bilanzsumme durch einen Geschäftsfall
4. Grundlage der Betriebsbereitschaft
5. Zweiseitige Rechnung in der Buchführung
6. Buch der Konten einer Unternehmung
7. Saldo der Bestandskonten
8. wichtiger Grundsatz einer ordnungsmäßigen Buchführung
9. Form des Inventars
10. Kundenkonten
11. der Unternehmung befristet überlassenes Kapital
12. Kontenzusammenstellung für die Buchhaltung eines Unternehmens

8 **Kontenplan (Sachkonten):** 033, 06, 101, 131, 14, 151, 171, 18, 301, 39, 40, 41, 48, 49, 801, 91, 93, 94.

Anfangsbestände:

		EUR
033	Betriebs- und Geschäftsausstattung	120 000,00
39	Warenbestände	354 000,00
101	Forderungen a. LL.	68 400,00
	10101 (D 10101) Alois Berts, Duisburg	16 400,00
	10102 (D 10102) Michael Kolb, Dortmund	22 000,00
	10103 (D 10103) Erwin Eultgem, Essen	30 000,00
131	Kreditinstitute	42 000,00
151	Kasse	16 200,00
06	Eigenkapital	520 800,00
171	Verbindlichkeiten a. LL.	79 800,00
	17101 (K 70001) Friedrich Vogel, Berlin	44 700,00
	17102 (K 70002) Ferdinand Kahl, Kassel	35 100,00

Geschäftsfälle im Monat Mai:

Datum	Beleg-Nr.	Buchungstext	EUR
01.05.	BA 25	Mietzahlung für gemieteten Lagerraum	5 000,00
03.05.	AR 1239	Zielverkauf an Alois Berts	16 800,00
		+ 16 % Umsatzsteuer	2 688,00
05.05.	BA 26	Überweisung an Friedrich Vogel	14 000,00
10.05.	BA 27	Überweisung von Erwin Eultgem	8 100,00
12.05.	AR 1240	Zielverkauf an Erwin Eultgem	21 500,00
		+ 16 % Umsatzsteuer	3 440,00
15.05.	ER 0863	Zieleinkauf von Ferdinand Kahl	14 800,00
		+ 16 % Umsatzsteuer	2 368,00
18.05.	KB 142	Einkauf von Briefmarken	140,00
19.05.	AR 1241	Zielverkauf an Michael Kolb	26 500,00
		+ 16 % Umsatzsteuer	4 240,00
21.05.	ER 1241	Zieleinkauf von Friedrich Vogel	28 200,00
		+ 16 % Umsatzsteuer	4 512,00
23.05.	BA 28	Überweisung von Michael Kolb	28 500,00
25.05.	BA 29	Bezahlung der Telekomrechnung	1 467,40
		Umsatzsteueranteil	202,40
27.05.	BA 30	Überweisung an Friedrich Vogel	13 000,00
29.05.	AR 1242	Zielverkauf an Alois Berts	17 900,00
		+ 16 % Umsatzsteuer	2 864,00
	BA 31	Überweisung von Alois Berts	15 000,00
30.05.	BA 32	Gehaltszahlung per Überweisung	48 000,00

Abschlussangaben:

31.05.	SB 2	Warenendbestand lt. Inventur (Bruttoabschluss)	372 000,00
31.05.	SB 3	1 % Abschreibung auf Geschäftsausstattung vom Anschaffungswert	150 000,00

2.7.3 Buchhaltungsvorschriften und Grundsätze ordnungsmäßiger Buchführung

Die Primus GmbH plant die Vergrößerung der Ausstellungshalle und des Lagers. Sie benötigt dazu zusätzliche Finanzmittel. Deshalb bittet Frau Primus die Stadtsparkasse Duisburg um einen Kredit. Die Bank verlangt zu ihrer Sicherheit eine Aufstellung des Vermögens und der Schulden der Primus GmbH, um deren Kreditwürdigkeit zu überprüfen.

Damit alle Unternehmungen nach einheitlichen Gesichtspunkten besteuert werden, fordert die Finanzverwaltung ein Rechnungswesen, durch das die Vermögens- und Gewinnermittlung nachgewiesen werden können.

Arbeitsauftrag Begründen Sie in diesem Zusammenhang, warum der Gesetzgeber Vorschriften zur Buchführung geschaffen hat!

Interessenten an einer ordnungsmäßigen Buchführung

An einer ordnungsmäßigen Buchführung sind der **Unternehmer** selbst, **Gläubiger** und der **Staat** interessiert.

- Dem **Unternehmer** liefert sie Informationen über das Ergebnis seiner Entscheidungen in der Vergangenheit und Grundlagen für künftige Entscheidungen.
- Die Buchführung dient dem **Gläubigerschutz.** Nach einheitlichen Grundsätzen festgestellte Ergebnisse sind vergleichbar.
- Gewinn, Umsatz und Vermögen sind wichtige Besteuerungsgegenstände. Im Sinne gerechter **Steuererhebung** ist der **Staat** somit an einer einheitlichen Feststellung dieser Besteuerungsgrößen interessiert.

Buchführungspflicht nach Handels- und Steuerrecht

▶ **nach Handelsrecht:** Nach Handelsrecht ist ein Kaufmann zur Buchführung verpflichtet. Kaufmann ist, wer ein Handelsgewerbe betreibt (§ 1 Abs. 1 und 2 HGB).

§ 238 Abs. 1 Satz 1 HGB: Jeder Kaufmann ist verpflichtet Bücher zu führen und in diesen seine Handelsgeschäfte und die Lage des Vermögens nach den Grundsätzen ordnungsmäßiger Buchführung ersichtlich zu machen.

Der Kaufmann ist verpflichtet seine Vermögenslage jeweils **zum Ende eines Geschäftsjahres darzustellen.** Dafür muss er einen Jahresabschluss erstellen.

§ 242 Abs. 1 (1) Der Kaufmann hat zu Beginn seines Handelsgewerbes und für den Schluss eines jeden Geschäftsjahres einen das Verhältnis seines Vermögens und seiner Schulden darstellenden Abschluss (Eröffnungsbilanz, Bilanz) aufzustellen. Auf die Eröffnungsbilanz sind die für den Jahresabschluss geltenden Vorschriften entsprechend anzuwenden, soweit sie sich auf die Bilanz beziehen.

Abs. 2 (2) Er hat für den Schluss eines jeden Geschäftsjahrs eine Gegenüberstellung der Aufwendungen und Erträge des Geschäftsjahrs (Gewinn- und Verlustrechnung) aufzustellen.

Abs. 3 (3) Die Bilanz und die Gewinn- und Verlustrechnung bilden den Jahresabschluss.

Das **Geschäftsjahr** darf gem. § 240 Abs. 2 Satz 2 HGB zwölf Monate nicht überschreiten. Es muss jedoch nicht mit dem Kalenderjahr übereinstimmen, wenn wichtige Gründe vorliegen.
Die Vorschriften für die Buchführung und den Jahresabschluss befinden sich im dritten Buch des Handelsgesetzbuches (HGB), **Handelsbücher** genannt.

AWL

Kleingewerbetreibende, wie Blumengeschäfte, Kioske, Lottoannahmestellen, sind von der Buchführungspflicht nach Handelsrecht ausgenommen, soweit ihr Gewerbe keinen in kaufmännischer Weise eingerichteten Geschäftsbetrieb benötigt (vgl. § 1 Abs. 2 HGB). Sie gelten als **Nichtkaufleute**. Gleiches gilt auch für freie Berufe (Ärzte, Rechtsanwälte, Steuerberater u. a.).

▶ **nach Steuerrecht:** Die **Finanzverwaltung will als Bemessungsgrundlage für die Steuern** die Geschäftserfolge des Kaufmanns erkennen können. Daher fordert das Steuerrecht im § 140 Abgabenordnung (AO) auch die vom Handelsrecht (HGB) auferlegten Buchführungspflichten.
Darüber hinaus verpflichtet § 141 AO **Kleingewerbetreibende**, Handwerker, kleinere land- und forstwirtschaftliche Betriebe zu einer vereinfachten Buchführung und Aufzeichnung, wenn eines der folgenden Merkmale erreicht wurde:

Jahresumsatz	mehr als	260 000,00 EUR
Jahresgewinn	mehr als	25 000,00 EUR

Für einzelne Steuerarten sind neben den grundsätzlichen Vorschriften der Abgabenordnung (AO) Spezialgesetze zu beachten, so z. B. das Einkommensteuergesetz (EStG), das Körperschaftsteuergesetz (KStG), das Umsatzsteuergesetz (UStG).

Grundsätze ordnungsmäßiger Buchführung

▶ **Oberster Grundsatz:** Die **Grundsätze ordnungsmäßiger Buchführung** sind eine **Zusammenfassung von Kriterien** zur Beurteilung der Frage, ob die Buchführung nach Form und Inhalt den Anforderungen entspricht, die ein **gewissenhafter Kaufmann** im Allgemeinen als ordnungsgemäß bezeichnen würde. Einige Gesetzesvorschriften, die zu den Grundsätzen ordnungsmäßiger Buchführung rechnen, sind im HGB enthalten. Andere Grundsätze ergeben sich aufgrund der Erfahrungen der kaufmännischen Praxis und der Entscheidungen der Gerichte. Sie sind jedoch **nicht zusammengefasst gesetzlich festgelegt** worden.
Für die Ordnungsmäßigkeit der Buchführung gilt folgender **grundlegender Beurteilungsmaßstab:** Die Buchführung muss so gestaltet und geordnet sein, dass **sowohl** der **Unternehmer** als auch ein **sachverständiger Dritter** sich ohne große Schwierigkeiten und in angemessener Zeit einen Überblick über die Geschäftsfälle und über die Vermögenslage des Unternehmens verschaffen können (vgl. § 238 Abs. I HGB).

Dazu sind die in § 257 Abs. I HGB genannten Unterlagen aufzubewahren und bei Anforderung der Finanzverwaltung vorzulegen:

§ 257 Abs. I HGB: Jeder Kaufmann ist verpflichtet die folgenden Unterlagen geordnet aufzubewahren:
1. Handelsbücher, Inventare, Eröffnungsbilanzen, Jahresabschlüsse [...],
2. die empfangenen Handelsbriefe,
3. Wiedergaben der abgesandten Handelsbriefe,
4. Belege für die Buchungen in den von ihm nach § 238 Abs. 1 HGB zu führenden Büchern (Buchungsbelege).

Abs. IV: Die im Absatz I Nr. 1 und Nr. 4 aufgeführten Unterlagen sind zehn Jahre und die sonstigen in Absatz I aufgeführten Unterlagen sechs Jahre aufzubewahren.

Die Aufbewahrungsfristen beginnen mit dem Schluss des Kalenderjahres (vgl. § 257 Abs. 5 AGB) der letzten Eintragung

▶ **Weitere Grundsätze:** Weitere **wichtige Grundsätze,** die bei der Führung der Handelsbücher und bei der Aufstellung des Jahresabschlusses beachtet werden müssen, zeigt die folgende Übersicht:

Grundsätze	Erklärung
❑ Die Buchführung muss **wahr** und **vollständig** sein.	Alle Geschäftsfälle müssen erfasst werden. Die Beleginhalte und Buchungen müssen die tatsächlichen Vorgänge widerspiegeln.
❑ Buchungen müssen **zeitnah** durchgeführt werden	Kasseneinnahmen und -ausgaben sollen täglich aufgeschrieben werden. Kreditgeschäfte eines Monats sollten bis zum Ablauf des folgenden Monats grundbuchmäßig erfasst werden. Die dazu vorliegenden Belege sollten fortlaufend nummeriert werden.
❑ **Sprache** und **Schriftzeichen**	Die Bücher können in jeder lebenden Sprache, die ins Deutsche übertragen werden kann, geführt werden. Die Verwendung von Abkürzungen, Ziffern, Buchstaben oder Symbolen ist statthaft, wenn deren Bedeutung festgelegt worden ist.
❑ **Änderungen, Berichtigungen**	Änderungen und Berichtigungen sind so durchzuführen, dass der ursprüngliche Inhalt und die späteren Änderungen erkennbar bleiben. Das gilt auch für die computerunterstützte Buchführung. Das Radieren geschriebener bzw. das Löschen oder Überschreiben aufgezeichneter Daten ist daher nicht zulässig.
❑ **Aufbewahrung** von Buchungsbelegen und Handelsbüchern	**Zehn Jahre:** Handelsbücher (z. B. Grund- und Hauptbuch), Jahresabschlüsse (Bilanz, Gewinn- und Verlustrechnung, Anhang), Arbeits- und Organisationsunterlagen zur Buchführung (Programme, Ablaufpläne) und Buchungsbelege (ER, AR-Kopien, Zahlungsbelege). **Sechs Jahre:** Unterlagen, soweit sie für die Nachvollziehbarkeit von Belegen und für die Besteuerung von Bedeutung sind, wie empfangene Geschäftsbriefe und Wiedergaben abgesandter Geschäftsbriefe und Verträge. Die Aufbewahrungsfristen beginnen mit dem Schluss des Kalenderjahres der letzten Eintragung.

Weist eine Buchhaltung **schwerwiegende Mängel** auf, kann vom Finanzamt eine Schätzung des Ergebnisses vorgenommen werden.

Buchhaltungsvorschriften und Grundsätze ordnungsmäßiger Buchführung

- Die Buchführung muss so gestaltet und geordnet sein, dass sich ein sachverständiger Dritter in angemessener Zeit einen Einblick in die **tatsächliche** Vermögenslage verschaffen kann. Deshalb gelten folgende **Grundsätze:**
  - ❑ Wahrheit und Vollständigkeit
  - ❑ Zeitnähe
  - ❑ lebende Sprache
  - ❑ Erklärung von
    - Symbolen
    - Abkürzungen
  - ❑ Änderungen und Berichtigungen müssen erkennbar bleiben
  - ❑ Aufbewahrung
    - der Handelsbücher und Buchungsbelege: zehn Jahre
    - empfangene Geschäftsbriefe, Wiedergaben abgesandter Geschäftsbriefe, Verträge: sechs Jahre

Rechtsgrundlagen der Buchführung

Handelsrecht	Steuerrecht
❑ Buchführungspflicht für alle Kaufleute gem. § 238 HGB ❑ Verpflichtung zum Jahresabschluss gem. §§ 240, 242 HGB für jedes Geschäftsjahr ❑ Geschäftsjahr – grundsätzlich zwölf Monate – muss nicht mit dem Kalenderjahr übereinstimmen – Rumpfgeschäftsjahr möglich bei Gründung, Erwerb, Aufgabe, Geschäftsveräußerung	❑ Buchführungspflicht nach Handelsrecht gilt auch für Zwecke der Besteuerung ❑ Kleingewerbetreibende (Minderkaufleute) sind steuerrechtlich zur Buchführung verpflichtet, wenn: – Jahresumsatz > 260 000,00 EUR – Jahresgewinn > 25 000,00 EUR ❑ Freiberufler sind nicht zur Buchführung verpflichtet

1 Nennen Sie fünf Aufgaben der Finanzbuchhaltung!

2 Nennen Sie maßgebliche Rechtsquellen der Buchführung für Kaufleute!

3 Begründen Sie das Interesse
a) des Unternehmers,
b) der Gläubiger,
c) der Finanzverwaltung
an einer ordnungsmäßigen Buchführung!

4 Prüfen Sie mit entsprechenden Erläuterungen die Buchungspflicht der Firma Adalbert Klar, Mineralwasserbrunnen. Sie ist im Handelsregister eingetragen und erzielt mit 20 Arbeitnehmern einen Jahresumsatz von 1 227 100,00 EUR.

5 Prüfen Sie mit entsprechenden Erläuterungen die Buchführungspflicht des selbstständigen Schlossermeisters Albert Adams, der bei der letzten Steuerveranlagung bei einem Jahresumsatz von 245 420,00 EUR einen Jahresgewinn aus seinem Handwerksbetrieb von 38 346,00 EUR erzielte!

6 In der Warengroßhandlung Ulrich Hofstetter fällt am Ende des Jahres wegen des Weihnachtsgeschäftes mehr Arbeit an als im Juli. Deswegen möchte Herr Hofstetter sein Geschäftsjahr, das bisher mit dem Kalenderjahr übereinstimmte, umstellen. Prüfen Sie mit entsprechender Begründung, ob das möglich ist!

7 Erläutern Sie die folgenden Grundsätze einer ordnungsmäßigen Buchführung:
a) Wahrheit
b) Vollständigkeit
c) Zeitnähe
d) Belegzwang
e) Aufbewahrungspflicht
f) Klarheit

8 Begründen Sie die Verpflichtung zur ordnungsmäßigen Buchführung aus der Sicht
a) des Unternehmers,
b) des Gläubigers,
c) des Staates!

9 Stellen Sie einen Katalog von Forderungen zusammen, die Sie an eine ordnungsmäßige Buchführung stellen!

2.7.4 Buchungen von Belegen und Leistungen eines Finanzbuchhaltungsprogramms

HBL

Frau Lapp legt Nicole Höver etwa 100 Belege mit der Bitte vor, sie möge sie
- ordnen und
- für die Buchführung vorbereiten.

Als Nicole den Berg von Belegen vor sich sieht, stellt sie sich die Frage, wie sie diese Arbeit am besten bewältigen kann.

Arbeitsauftrag Machen Sie mithilfe des nachfolgenden Textes Vorschläge für die Schritte der Belegbearbeitung und erläutern Sie die einzelnen Schritte!

Keine Buchung ohne Beleg

Ein Kriterium für die Ordnungsmäßigkeit der Buchführung besteht darin, dass sich Geschäftsfälle in ihrer Entstehung und Abwicklung verfolgen lassen. Die **Unterlage, aus der sich** die **Übereinstimmung der Daten** des eingetretenen Geschäftsfalls **mit den Buchungsergebnissen ableiten lässt,** wird als **Beleg** bezeichnet. Daher gilt der **Grundsatz:** „Keine Buchung ohne Beleg“ **(Belegzwang).**

§ 238 Abs. 2 HGB: Der Kaufmann ist verpflichtet, eine mit der Urschrift übereinstimmende Wiedergabe der abgesandten Handelsbriefe (Kopie, Abdruck, Abschrift oder sonstige Wiedergabe des Wortlautes auf einem Schrift-, Bild- oder anderen Datenträger) zurückzubehalten.

Anforderungen an Belege

Damit der Beleg die oben genannte Funktion erfüllen kann, muss er
- einen **Belegtext** aufweisen, **der den Geschäftsfall** hinreichend **verdeutlicht,**
- **fortlaufend nummeriert** und **vollständig aufbewahrt** werden,
- **Verweise** zur Erkennbarkeit der Zusammengehörigkeit von Buchung und Beleg (z. B. Kontierungsstempel mit Eintragung) aufweisen.

Belegarten

Die folgende Übersicht zeigt eine Möglichkeit der **Gliederung der Belege:**

Belegarten	Erläuterungen
natürliche Belege	entstehen durch den Geschäftsablauf
❑ **externe Belege**	entstehen aus dem Geschäftsverkehr des Unternehmens mit Außenstehenden, wie Lieferern, Kunden, Banken, Post, Versicherungen, Finanzamt usw.
	Beispiele – Eingangsrechnungen für Waren oder Dienstleistungen – Durchschriften von Ausgangsrechnungen für Waren und Dienstleistungen – Bankauszüge der Kreditinstitute
❑ **interne Belege**	entstehen aus innerbetrieblichen Vorgängen **Beispiele** – Lohn- und Gehaltslisten – Quittung des Unternehmers über Barentnahme
künstliche Belege	Da nicht automatisch ein Beleg anfällt, werden sie als Buchungsgrundlage erstellt.
	Beispiele – Anweisungen für eine Rückbuchung (Stornierung) – Anweisung für eine vorbereitende Abschlussbuchung

Belegbearbeitung

Die Belege werden in drei Schritten bearbeitet:

(1) Belegvorbereitung (2) Belegbuchung (3) Belegablage und -aufbewahrung

(1) Belegvorbereitung: Die Belege müssen zuerst für die Buchung aufbereitet werden.

▶ **Prüfung der sachlichen und rechnerischen Richtigkeit:** Diese Überprüfung erfolgt in der Praxis vielfach in den Abteilungen, die die Belege durchlaufen haben, bevor sie in die Buchhaltung gelangen.

Eingangsrechnungen von Warenlieferern werden bereits im Rahmen der Eingangskontrolle der Waren sachlich und rechnerisch geprüft.

▶ **Sortieren der Belege:** Die Belege werden nach Belegarten sortiert. Dadurch wird es möglich, mehrere Belege in einer Buchung zu erfassen **(Sammelbuchungen).**

Beispiel Ausgangsrechnungen 448–482

▶ **Nummerieren der Belege:** Innerhalb jeder Belegart werden die Belege nummeriert.

▶ **Vorkontierung der Belege** (vgl. S. 39f., 115): Unter Vorkontierung ist die Buchungsanweisung in Form des Buchungssatzes gemeint. Noch häufig wird die Vorkontierung in einen **Buchungsstempel auf dem Beleg** (vgl. S. 39f., 115), aber zunehmend auf einen besonderen Vordruck (Kontierungsbeleg) von dem fachkompetenten Hauptbuchhalter vorgenommen.

(2) Belegbuchung

Aufgrund der Vorkontierung werden die Buchungen im Grund- und Hauptbuch vorgenommen (vgl. S. 43 ff. unten). Dabei werden bei jeder Buchung Belegart und -nummer vermerkt. So kann jederzeit von der Buchung auf den Beleg geschlossen werden.

Umgekehrt wird im Buchungsstempel auf dem Beleg oder im Kontierungsbeleg ein Buchungsvermerk (vgl. ER unten) mit Seite des Grundbuchs, Zeile (Buchungsnummer) und Buchungsdatum gemacht.

(3) Belegablage und -aufbewahrung

▶ **Aufbewahrungsfristen:** Buchungsbelege, wie Rechnungen, Quittungen und Bankbelege, sind **zehn Jahre**, empfangene Handelsbriefe sowie Durchschriften abgesandter Handelsbriefe, Debitoren- und Kreditorenlisten, Auftragsbücher, Verträge usw., sind **sechs Jahre** aufzubewahren.

▶ **Beginn des Aufbewahrungszeitraums:** Der Aufbewahrungszeitraum beginnt mit dem **Schluss des Kalenderjahres,** in dem der Beleg anfiel (vgl. auch S. 43 f.).

Beispiel ER mit Buchungsstempel

Latex AG

Herstellung von Büroverbrauchsgütern

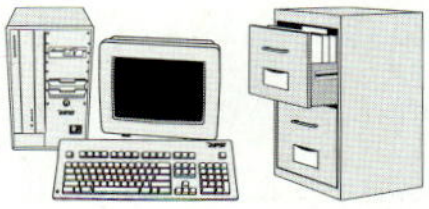

Latex AG, Neckarstraße 89–121, 12053 Berlin

Primus GmbH
Koloniestraße 2–4

47057 Duisburg

Latex AG
Neckarstraße 89–121, 12053 Berlin
Telefon 030 4455-46
Telefax 030 4455-48

Bank: Citibank Berlin
BLZ 100 109 00
Kto-Nr.: 98 453 223

Konto	Soll	Haben
3010	3 580,00	
1410	572,80	4 152,80
1710		

Gebucht: S. 475 / 15 · 17 Lapp

Vorkontierung → ; Buchungsvermerk → ; Journalseite ; Journalzeile ; Finanzbuchhalterin Lapp

Bei Zahlung bitte Rechnungs-Nr. und Kunden-Nr. angeben!

Kunden-Nr.	Rechnungs-Nr.	Datum
17396	449	. . - 03 - 13

Rechnung

Pos.	Artikel-Nr.	Artikelbezeichnung	Menge	Einzelpreis EUR	Gesamtpreis EUR
1	281001	Kopierpapier X-Offit	1000	3,58	3 580,00

Warenwert netto	Verpackung	Fracht	Entgelt netto	USt-%	USt-EUR	**Gesamtbetrag**
3 580,00			3 580,00	16	572,80	4 152,80

Lieferung: Ab Werk
Zahlung: 60 Tage Ziel, netto, oder innerhalb von 14 Tagen mit 3 % Skonto

▶ **Belegablage:** Die Belegablage muss nach einheitlichen Kriterien in der Unternehmung durchgeführt werden, sodass eine **übersichtliche Belegregistratur** entsteht. Mit Ausnahme der Eröffnungsbilanz und der Jahresabschlüsse können alle Buchführungsunterlagen auf einem **Bildträger** (z. B. Mikrofilm) oder auf **anderen Datenträgern** (maschinenlesbare Belege) gespeichert werden. Innerhalb angemessener Frist muss jedoch die Reproduktion oder der Ausdruck der Buchungsunterlagen möglich sein.

Computergestützte Belegverarbeitung – EDV-Buchhaltung

▶ **Merkmale und Arbeitsweise der EDV-Buchführung:** Jede **manuell durchgeführte Buchführung** weist u. a. folgende **Nachteile** auf:

- zeitaufwendige Buchung der Geschäftsfälle,
- zahlreiche Fehlerquellen wegen menschlicher Unzulänglichkeiten,
- mangelhafte bzw. langsame Auswertbarkeit, da die Ergebnisse nur durch zeitraubende Abschlüsse tagfertig gemacht werden können.

Die EDV-Buchführung ist dagegen eine Form der maschinellen Buchführung, bei der bestimmte Schreib- und Rechenarbeiten von der EDV-Anlage durchgeführt werden.

Merkmale der EDV-gestützten Buchführung sind die

- automatische Verarbeitung wiederkehrender Vorgänge,
- Speicherung aller Vorgänge,
- Auswertungs- und Abrufungsmöglichkeit der Ergebnisse zu jeder Zeit.

Bei der Buchung mit EDV-Anlagen sind **Eingabe, Verarbeitung** und **Ausgabe der Daten** zu unterscheiden.

▶ **Dateneingabe:** Sie kann direkt über **Eingabetastatur** erfolgen und gleichzeitig am Bildschirm kontrolliert werden. Auch können die Daten mittels **Datenträger** (Magnetband, Magnetplatte, Diskette) eingegeben oder mittels **Belegleser** direkt von **Klarschriftbelegen** oder von **Markierungsbelegen** in den Speicher der Zentraleinheit eingelesen werden.

HBL

Eine Beschleunigung der laufenden Dateneingabe ergibt sich dadurch, dass gleich bleibend wiederkehrende Daten einmalig als **Stammdaten** eingegeben und bei Bedarf abgerufen werden können: Kunden (Name, Anschrift, Bankverbindung), Lieferer (Name, Anschrift, Bankverbindung), Kontennummern und Kontenbezeichnungen lt. Kontenplan (= Festkonten- oder Sachkontenstamm), Umsatzsteuersätze zur automatischen Berechnung und Buchung der Vor- und Umsatzsteuer, Buchungstexte, die mithilfe bestimmter Schlüsselzahlen abgerufen werden, Auswertungstexte, wie z. B. Aufbau und Gliederung der Bilanz und GuV-Rechnung.

HBL

Von den Stammdaten sind die **Bewegungsdaten**, die sich mit jedem Geschäftsfall ändern, zu unterscheiden: Art des Buchungsbelegs, Beleg-Nummer, Beleg-Datum, Buchungsdatum, Betrag.

Bei der Arbeit mit Buchungsprogrammen wird der Buchungssatz in die verschiedenen Buchungsfelder schrittweise eingegeben: Sollkonto, Belegnummer, Belegdatum, Habenkonto, Betrag, Umsatzsteuerschlüssel.

Die eingegebenen Buchungen werden in eine **Erfassungsdatei** aufgenommen, die als **Erfassungsprotokoll** ausgedruckt und vom Buchhalter auf Richtigkeit überprüft werden kann.

▶ **Datenverarbeitung:** Die fortlaufend eingegebenen Daten werden dann aufgrund der eingegebenen Buchungsanweisungen des Anwenders und der Systematik des Buchführungsprogramms untereinander verkettet, sodass die Buchungen im Grundbuch und auf den Konten der Haupt- und Nebenbücher automatisch vorgenommen werden.

▶ **Datenausgabe:** Die eingegebenen Daten können vielfältig genutzt und ausgewertet werden. Über **Bildschirm** und **Drucker** erfolgt die gewünschte Datenausgabe:

- ❑ Erfassungsprotokoll zur Kontrolle der eingegebenen Buchungen
- ❑ Buchungsjournal (Grundbuch)
- ❑ Sach- und Personenkonten
- ❑ Offene-Posten-Liste der Debitoren und Kreditoren
- ❑ Saldenlisten
- ❑ Bilanz, Gewinn- und Verlustrechnung
- ❑ Umsatzsteuererklärung
- ❑ Umsatzstatistiken
- ❑ Kostenvergleich

Wesentliche Anforderungen an die EDV-Buchführung

▶ **Grundsätze der Klarheit und Wahrheit:** Um den Grundsätzen der Klarheit und Wahrheit entsprechen zu können, muss eine **EDV-Dokumentation** vorliegen.

In ihr wird z.B. **grafisch über Ablaufpläne der gesamte Buchungsvorgang** von der Buchungsdatenerfassung in den Unternehmungsabteilungen über die Eingabe der Buchungsdaten, deren Verarbeitung in der Zentraleinheit und der möglichen Ausgaben der Ergebnisse **verdeutlicht.** Die einzelnen wesentlichen Schritte in diesem Erfassungs- und Verarbeitungsprozess von Buchungsdaten werden in der EDV-Dokumentation sorgfältig erklärt.

▶ **Buchungen müssen wahr, vollständig und zeitnah sein:** Bei der EDV-Buchführung muss nachgewiesen werden, dass bereits in den Abteilungen der Unternehmung die **Buchungsdaten unverfälscht** und **ohne zeitliche Verzögerung erfasst werden.** Es muss dargestellt werden, dass die **Übernahme der Daten** auf maschinell lesbare Datenträger **aufgrund sorgfältig gewarteter Anlagen und eingebauter Kontrollen** sicher und vollständig erfolgt. Die **Verarbeitung** der Daten durch das Programm **muss** sich **nachprüfen lassen.** Automatische **Plausibilitätskontrollen** des Programms müssen Fehler verhindern (z. B. unlogische Buchungen, wie Anfangsbestände bei Erfolgskonten, Abweichungen von Soll- und Habensummen bei einzelnen Buchungssätzen).

▶ **Keine Buchung ohne Beleg:** Der **Beleg muss die Übereinstimmung zwischen** der **Buchung und** dem **Geschäftsfall** nachweisen.

In der EDV-Buchführung gibt es zahlreiche **automatisch ablaufende Buchungen,** wie z. B. die Skontibuchungen mit der Korrektur der VSt und USt, die Bonibuchungen mit den Korrekturen usw. Hier ist **kein Einzelbeleg** als Buchungsunterlage notwendig, sondern es **genügt** eine **vorliegende Dokumentation** über den Ablauf dieser Buchung und der Nachprüfbarkeit der Ergebnisse an einem konkreten Geschäftsfall. Hier ist die EDV-Dokumentation der **Dauerbeleg** für alle Buchungen dieser Art.

Aufgrund der **Datenfernübertragung** ist es heute vielfach üblich, auf einen „papiernen Beleg" zu verzichten. Hier genügt der **Nachweis der Vollständigkeit der** abgesandten und empfangenen **Daten** als Belegfunktion.

▶ **Grundbuch- und Hauptbuchfunktion der EDV-Buchführung:** Die **EDV-Buchführung muss gewährleisten,** dass die Bücher der Buchführung (Grund-, Haupt- und Nebenbücher) ausgedruckt oder sorgfältig gespeichert und bei Bedarf ausgedruckt werden können. Daher ist eine ständige **Datensicherung,** eine sorgfältige **Wartung der Hardware und** eine **Bereitstellung geschulter Arbeitskräfte** nachzuweisen.

▶ **Aufbewahrung von Buchungsbelegen und Handelsbüchern:** Die **Datenträger,** auf denen digitale Informationen gespeichert sind, **müssen** vor Beeinträchtigung und Verlust der Daten **sorgfältig geschützt werden.** Ihre **Vollständigkeit und Funktionsfähigkeit** ist in bestimmten Abständen zu **prüfen** und zu protokollieren.

Aufbewahrungsfristen	
Zehn Jahre	– Handelsbücher: Datenträger, auf denen die Buchungen gespeichert sind.
	– Dokumentation über das EDV-Buchhaltungssystem sowie über die Arbeitsabläufe der EDV-Buchungsdatenerfassung, -verarbeitung und -ausgabe.
Sechs Jahre	– Belege und Datenträger, die ausschließlich die Funktion von Belegen haben. – Empfangene Geschäftsbriefe, Wiedergaben abgesandter Geschäftsbriefe, Verträge

Die Grundsätze ordnungsmäßiger Datenverarbeitung sind wegen des technischen Fortschritts der Hard- und Software einer ständigen Veränderung und Entwicklung unterworfen. Der **Kaufmann** und **Steuerpflichtige trägt die Verantwortung, dass sein Buchführungssystem den handels- und steuerrechtlichen Vorschriften entspricht.**

Hinweise zur EDV-gestützten Bearbeitung von Beleggeschäftsgängen

▶ **Allgemeine Hinweise:** Die Bearbeitung wird durch das Fibu-Programm vorgegeben.

In allen professionellen Programmen werden Konstanten, Auswertungstexte und Sachkontenstamm festgelegt.

❑ **Konstanten**
- **Festkonten:** Forderungen, Verbindlichkeiten, Vorsteuer, Umsatzsteuer
- Anzuwendende **Umsatzsteuersätze** (16 %, 7 %)
- **Kodierung häufig vorkommender Buchungstexte** über eine Ziffer (bestimmte Buchungssätze zu Warenkäufen oder -verkäufen oder Zahlungsvorgängen)

❑ **Auswertungstexte**
- Aufbau und Form der Bilanz
- Aufbau und Form der Gewinn- und Verlustrechnung

❑ **Sachkontenstamm**
- Die Grundlage für die Einrichtung der Sachkonten bildet der Kontenrahmen nach dem Prozessgliederungsprinzip.
- Es handelt sich ausschließlich um Sachkonten.
- Im Programm ist ihre Verbindung mit dem entsprechenden Abschlusskonto bereits festgelegt.

▶ **Buchungserfassung:**

❑ Übernahmebuchungen der Anfangsbestände bzw. Salden bzw. Summen

❑ Buchungserfassung der laufenden Geschäftsfälle

- ❑ Sicherung der Erfassungsdatei
- ❑ Ausdruck des Erfassungsprotokolls zur Kontrolle und eventuell Korrektur
- ▶ **Verarbeitung der erfassten Buchungen**
- ▶ **Erfassung von Umbuchungen**
- ▶ **Verarbeitung von Umbuchungen**
- ▶ **Auswertung:** Buchungsjournal, Kontenblätter, Saldenliste, GuV-Rechnung, Bilanz

Buchungen anhand von Belegen

- Keine Buchung ohne Beleg **(Belegzwang)**
- Belege werden in **natürliche** und **künstliche** unterteilt.
  - ❑ Die natürlichen Belege entstehen aus dem Geschäftsverkehr mit der Außenwelt (Kunden, Lieferer, Banken usw.) oder aus innerbetrieblichen Vorgängen (Privatentnahmen des Inhabers, Lohnabrechnungen).
  - ❑ Künstliche Belege werden für Buchungen erstellt, für die kein Beleg im Geschäftsverkehr anfällt (Stornierung einer Falschbuchung, Abschlussbuchung).
- Die Belege werden in drei Schritten verarbeitet:
  - ❑ **Belegvorbereitung** (Sortieren, Nummerieren, Vorkontieren)
  - ❑ **Belegbuchung** im Grund- und Hauptbuch
  - ❑ **Belegablage** und **-aufbewahrung** (zehn Jahre)
- Bei EDV-Buchführung muss bei automatisch ablaufenden Buchungen die Dokumentation über den Ablauf dieser Buchung an einem Beispiel als **„Dauerbeleg"** aufbewahrt werden.

1 Die Belege werden insgesamt in natürliche und künstliche, die natürlichen in externe und interne Belege unterteilt. Nennen Sie zu jeder Belegart zwei Beispiele!

2 Erläutern Sie die Belegbearbeitung in der Buchhaltung!

3 Warum müssen zu jeder Buchung Belegart und -nummer angegeben werden?

4 Wie lange sind a) Buchungsbelege, b) Buchführungsbücher aufzubewahren?

5 Erklären Sie a) Sammelbeleg, b) Vorkontierung!

6 **Beleggeschäftsgang** der Primus GmbH, Koloniestr. 2–4, 47057 Duisburg. Die Sach- und Personenkonten weisen zum 30. November folgende Summen im Soll und Haben auf:

Summenbilanz			Soll	Haben
Konten-Nr. bei manueller Bearbeitung	Konten-Nr. mit Fibu-Programm	Kontenbezeichnung	EUR	EUR
0230	S02300	Bauten auf eigenen Grundstücken	617 500,00	72 500,00
0330	S03300	Betriebs- und Geschäftsausstattung	80 000,00	16 000,00
0340	S03400	Fuhrpark	160 000,00	35 000,00
0600	S06000	Eigenkapital	–	860 000,00
1010	S10100	Forderungen a. LL	3 588 057,50	3 519 057,50

Summenbilanz			Soll	Haben
Konten-Nr. bei manueller Bearbeitung	Konten-Nr. mit Fibu-Programm	Kontenbezeichnung	EUR	EUR
10110	D10110	Kunde Herstadt Warenhaus GmbH, Brunostr. 45, 45889 Gelsenkirchen	2 771 500,00	2 725 500,00
10120	D10120	Kunde Bürofachgeschäft Herbert Blank, Cäcilienstr. 86, 46147 Oberhausen	816 557,50	793 557,50
1310	S13100	Bank	2 951 965,00	2 662 581,00
1400	S14010	Vorsteuer (16 %)	301 102,50	274 402,50
1510	S15100	Kasse	41 301,00	38 952,50
1710	S17100	Verbindlichkeiten a. LL	1 791 700,00	1 851 500,00
17110	K17110	Lieferer Bürodesign GmbH, Stolberger Str. 188, 50933 Köln	520 260,00	546 250,00
17120	K17120	Lieferer Computec GmbH & Co KG, Volksparkstr. 12–20, 22525 Hamburg	1 271 440,00	1 305 250,00
1800	S18010	Umsatzsteuer (16 %)	461 087,50	507 820,00
3010	S30100	Wareneingang	1 788 250,00	–
3900	S39000	Warenbestände	110 000,00	–
4010	S40100	Löhne	411 500,00	–
4020	S40200	Gehälter	400 000,00	–
4210	S42100	Gewerbesteuer	30 500,00	–
4260	S42600	Versicherungen	14 450,00	–
4300	S43000	Energie/Betriebsstoffe	20 800,00	–
4400	S44000	Werbe- und Reisekosten	82 250,00	–
4810	S48100	Bürobedarf	41 050,00	–
4820	S48200	Porto, Telefon, Telefax	13 450,00	–
8010	S80100	Warenverkauf	–	3 067 150,00
	S91900	Summenvortrag	–	–
			12 794 963,50	12 794 963,50

a) Richten Sie die obigen Konten im Haupt- und Kontokorrentbuch ein!
b) Übernehmen Sie die Summen mit der Abkürzung SU auf die Konten!
c) Kontieren Sie die nachfolgenden Belege vor! Beachten Sie die Zusammengehörigkeit von Belegen, um Doppelbuchungen auszuschließen.
d) Führen Sie die Buchungen im Grundbuch, Hauptbuch und Kontokorrentbuch durch!
e) Schließen Sie die Sachkonten unter Beachtung der vorbereitenden Abschlussbuchungen ab:

Abschlussangaben:

Warenendbestand lt. Inventur .... 115 000,00 EUR
Abschreibungen
auf Grundstücke mit Gebäuden .... 1 000,00 EUR
auf Fuhrpark .... 2 500,00 EUR
auf Betriebs- und Geschäftsausstattung .... 1 500,00 EUR

f) Stimmen Sie die Debitoren- und Kreditorenkonten mit den entsprechenden Sachkonten jeweils in einer Saldenliste ab!

BÜRODESIGN GMBH
Herstellung von Büromöbeln

Bürodesign GmbH, Stolberger Straße 188, 50933 Köln

Primus GmbH
Koloniestraße 2–4

47057 Duisburg

EINGEGANGEN
4. Dez. . .
Erledigt ....

Anschrift: Stolberger Straße 188
50933 Köln

Telefon: 0221 668-3550
Telefax: 0221 668-357

Postbank: Köln BLZ 370 100 50 · Kto-Nr.: 03240 66-506

Banken: Stadtsparkasse Köln
BLZ 370 501 98 · Kto-Nr.: 85 313 948
Deutsche Bank Köln
BLZ 370 700 60 · Kto-Nr.: 25 203 488

Beleg-Nr. 800

Ihr Auftrag vom . . - 11 - 10

Rechnung

Kunden-Nr.	Rechnungs-Nr.	Rechnungstag
20344	32842	. . - 12 - 02
Bei Zahlung bitte angeben		

Pos.	Artikel-Nr.	Artikelbezeichnung	Menge	Einzelpreis EUR	Gesamtpreis EUR
1	100301	Schreibtisch „Classic“	80	136,14	10 891,20
2	100303	Regalelement „Classic“	60	58,86	3 531,60

Warenwert netto	Verpackung	Fracht	Entgelt netto	USt-%	USt-EUR	Gesamtbetrag
14 422,80			14 422,80	16	2 307,65	16 730,45

Konto	Kontoauszug		Auszug	Blatt
360058796	STADTSPARKASSE DUISBURG	BLZ 350 500 00	248	1

Buch.-Tag	Wert	PN	Erläuterung/Verwendungszweck	Umsätze
10.12.	10.12.	0940	COMPUTEC GMBH & CO KG, HAMBURG KD-NR 05839, RG-NR 65726 V. ..-11-16	19 665,00 S
10.12.	10.12.	0960	FINANZAMT DUISBURG ST.-NR 22-3060-0867 UST-ZAHLLAST NOV.	20 032,50 S

Beleg-Nr. 801

KREDITZUSAGE EUR 80 000 — 249 686,50 H

IHR AKTUELLER KONTOSTAND UM 10:30 UHR EUR

BS	Letzter Auszug	Auszugsdatum		Alter Kontostand		Neuer Kontostand
44	..-12-09	..-12-11	EUR	289 384,00 H	EUR	249 686,50 H

PRIMUS GMBH, KOLONIESTRASSE 2-4, 47057 DUISBURG

PRIMUS GmbH
Groß- und Außenhandel für Bürobedarf

Primus GmbH, Koloniestraße 2–4, 47057 Duisburg

Herstadt Warenhaus GmbH
Brunostraße 45

45889 Gelsenkirchen

Anschrift: Koloniestraße 2–4
47057 Duisburg
Telefon: 0203 44536-90
Telefax: 0203 44536-98
Banken: Stadtsparkasse Duisburg
BLZ 350 500 00 · Kto-Nr.: 360 058 796
Postbank Dortmund
BLZ 440 100 46 · Kto-Nr.: 286 778-431

Beleg-Nr. 802

Ihr Auftrag vom ..-12-01

KOPIE

Rechnung

Kunden-Nr.	Rechnungs-Nr.	Rechnungstag
8155	31010	..-12-12
Bei Zahlung bitte angeben		

Pos.	Artikel-Nr.	Artikelbezeichnung	Menge	Einzelpreis EUR	Gesamtpreis EUR
1	155B440	Taschenrechner TI-5028	320	19,50	6 240,00
2	228B684	Aktenvernichter Fellowes PS 50	55	74,50	4 097,50
3	138B859	Karteikasten aus Kunststoff	200	11,76	2 352,00

Warenwert netto	Verpackung	Fracht	Entgelt netto	USt-%	USt-EUR	Gesamtbetrag
12 689,50			12 689,50	16	2 030,32	14 719,82

CITY-TANKSTELLE
Inh. Britte Huber e. K.
Bahnhofstraße 34
47138 Duisburg
Tel.: 0203 543464

Beleg-Nr. 803

SUPER BLEIFREI	63,20 EUR
ZP 5	80,00 LTR
MWST-BRUTTOUMS IM BETRAG SIND 16 % UST ENTHALTEN	63,20 EUR
TOTAL	63,20 EUR

69022 ..-12-13 13:53
VIELEN DANK UND GUTE FAHRT

Beleg-Nr. 804

Deutsche Post AG

22100027 0806 ..-12-17

47051 Duisburg

* 100,00 EUR

Postwertzeichen ohne Zuschlag

Vielen Dank für Ihnen Besuch Ihre
Deutsche Post AG

Beleg-Nr. 805

J. F. CASPERS
GmbH & Co. KG
Am Deichtor 1, 47059 Duisburg

seit über 135 Jahren

Fachgeschäft für Büroausstattung, Buch- und Offsetdruckerei, Adressbuch- und Telefonbuchverlag

Primus GmbH
Koloniestr. 2 – 4, 47057 Duisburg

	Datum ..-12-17	EUR	EUR	Cent
30	Versandtaschen	0,87	26	10
3	Alleskleber	5,80	17	40
30	Register	3,48	41	76
			85	26

Betrag dankend erhalten
Duisburg, den 17. Dez. ..
J. F. CASPERS

Vielen Dank für Ihren Einkauf. **Bitte kommen Sie bald wieder!**

Verk. 3

4557-8

Betrag einschl. 16 % Mehrwertsteuer

Bei Irrtümen oder Umtausch bitte diesen Zettel vorlegen.

PRIMUS GmbH
Groß- und Außenhandel für Bürobedarf

Primus GmbH, Koloniestraße 2–4, 47057 Duisburg

Bürofachgeschäft
Herbert Blank
Cäcilienstraße 86

46147 Oberhausen

Anschrift: Koloniestraße 2–4, 47057 Duisburg
Telefon: 0203 44536-90
Telefax: 0203 44536-98
Banken: Stadtsparkasse Duisburg, BLZ 350 500 00 · Kto-Nr.: 360 058 796; Postbank Dortmund, BLZ 440 100 46 · Kto-Nr.: 286 778-431

Beleg-Nr. 806

Ihr Auftrag vom ..-12-06

KOPIE

Rechnung

Kunden-Nr.	Rechnungs-Nr.	Rechnungstag
8671	31912	..-12-18
Bei Zahlung bitte angeben		

Pos.	Artikel-Nr.	Artikelbezeichnung	Menge	Einzelpreis EUR	Gesamtpreis EUR
1	150B391	Tischkopierer Primus Z-52	48	699,50	33 576,00
2	381B814	Bürodrehstuhl Modell 1640	32	214,50	6 864,00

Warenwert netto	Verpackung	Fracht	Entgelt netto	USt-%	USt-EUR	Gesamtbetrag
40 440,00			40 440,00	16	6 470,40	46 910,40

Kontoauszug

Konto		Kontoauszug	
360058796		STADTSPARKASSE DUISBURG	BLZ 350 500 00

Buch.-Tag	Wert	PN	Erläuterung/Verwendungszweck	Umsätze
20.12.	20.12.	0953	STADTWERKE DUISBURG KD-NR 360058796, JAHRESABRECHNUNG	1 620,24 S
20.12.	20.12.	0960	HERSTADT WARENHAUS GMBH KD-NR 8155, RG-NR 26532 V. ..-11-22	19 837,50 H

Auszug 249 Blatt 1

KREDITZUSAGE EUR 80 000

Beleg-Nr. 807

IHR AKTUELLER KONTOSTAND UM 14:30 UHR EUR 267 903,76 H

BS	Letzter Auszug	Auszugsdatum		Alter Kontostand		Neuer Kontostand
44	..-12-11	..-12-21	EUR	249 686,50 H	EUR	267 903,76 H

PRIMUS GMBH, KOLONIESTRASSE 2-4, 47057 DUISBURG

STADTWERKE DUISBURG
GAS · WASSER
Mühlenweg 47, 47288 Duisburg · Telefon 0203 233443 · Telefax 0203 23350
Servicezeiten: Montag bis Freitag 08:00 bis 12:00 Uhr · Mittwoch zusätzlich 15:00 bis 18:00 Uhr

RECHNUNG und/oder GEBÜHREN-BESCHEID
▼ Bitte bei Rückfragen oder Überweisungen angeben!

Kunden-Nr.	Ablesebezirk	Datum
294462	045	..-12-14

Bankleitzahl	Konto-Nr.	Name
360 500 00	360 058 796	Stadtsparkasse Duisburg

Verbrauchsstelle, falls abweichend von der Rechnungsanschrift

Stadtwerke · Mühlenweg 47 · 47228 Duisburg

Primus GmbH
Koloniestraße 2-4

47058 Duisburg

Beleg-Nr. 807 a

Die Abschläge werden zu folgenden Terminen fällig:
5 351,00 EUR am: 28.02.
5 351,00 EUR am: 30.04., 30.06., 30.08., 30.10.

Vom Abschlag entfallen auf

Gas	Wasser	Abwasser
0	5 351,00	0

Grundlagen der Berechnung: Tarif	Zählernummer	Abrechnungszeitraum von	bis	Zählerstand alt	Zählerstand neu	Berechnung des Verbrauchs: Verbrauch m³	Arbeitspreis Netto EUR	Berechnung des Grundbetrags	Grundpreis Netto EUR	Ermittlung des Rechnungsbetrags: Zwischensumme Netto EUR	Umsatzsteuer %	EUR	Gesamtbrutto Brutto EUR
W	H101	..-11-30	..-11-26	20325	38139	17814	1,40	12	55,95	24 995,55	7,0	1 749,69	26 745,24
									Gesamtbetrag EUR ▶	24 995,55		1 749,69	26 745,24

– IHRE ZAHLUNGEN	25 125,00 –
= ZWISCHENSUMME	1 620,24
UNSERE FORDERUNG	1 620,24

DIE ABSCHLAGSBETRÄGE WERDEN ZU DEN FÄLLIGKEITSTERMINEN VON IHREM KONTO ABGEBUCHT.

G = Gas, W = Wasser, A = Abwasser; P = Preisänderung, W = Zählerwechsel
S = Zählerstand geschätzt, X = Ablesung durch Kunden

	Gas/kWh	Wasser/m³
Verbrauch Vorjahr ▶		18103
Verbrauch lfd. Vorjahr ▶		17814

Konto 360058796 | Kontoauszug STADTSPARKASSE DUISBURG | BLZ 350 500 00 | Auszug 250 | Blatt 1

Buch.-Tag	Wert	PN	Erläuterung/Verwendungszweck	Umsätze
27.12.	27.12.	0650	SCHECKEINZUG	23 200,00 H
27.12.	27.12.	0950	TELEKOM BUCHHALTUNG ESSEN 9436286887 V. ..-12-10	702,48 S

KREDITZUSAGE EUR 80 000

IHR AKTUELLER KONTOSTAND UM 11:30 UHR EUR 290 401,28 H

Beleg-Nr. 808

BS	Letzter Auszug	Auszugsdatum	Alter Kontostand	Neuer Kontostand
44	..-12-21	..-12-28	EUR 267 903,76 H	EUR 290 401,28 H

PRIMUS GMBH, KOLONIESTRASSE 2-4, 47057 DUISBURG

Herbert Blank e. K. · Bürofachgeschäft

Bürofachgeschäft Herbert Blank e. K., Cäcilienstraße 86, 46147 Oberhausen

Beleg-Nr. 808 a

Primus GmbH
Koloniestraße 2-4

47057 Duisburg

Anhängenden Verrechnungsscheck auf Dresdner Bank AG, Oberhausen, bitten wir wie folgt zu verbuchen:

Rechnungs-Nr.	Rechnungsdatum	Rechnungsbetrag in EUR	Zahlungsbetrag In EUR
26384	..-11-20	23 200,00 EUR	23 200,00 EUR

Oberhausen, 18. Dezember ..

Scheck-Einlieferung 350 500 00

Sparkasse Duisburg

..-12-27 Schubert

Datum — Unterschrift für nachstehenden Auftrag

Ziehen Sie zu Gunsten des unten angegebenen Kontos die beigefügten Schecks ein. Die Gutschrift erfolgt Eingang vorbehalten.

	Scheck-Nummer	Konto-Nummer des Ausstellers	Bankleitzahl bezogenes Institut	Betrag
1	385368476	06789763	365 800 92	23 200,00
2				
3				
4				
5				

Beleg-Nr. 808 b

Bitte alle Schecks mit dem Vermerk >Nur zur Verrechnung< versehen.

Stückzahl: 1 | EUR | Gesamtbetrag: 23200,00

Kontoinhaber: Name, Vorname/Firma (max. 27 Stellen): Primus GmbH Duisburg

Konto-Nr. des Kontoinhabers: 360058796 | 80

35050000⑈ 80⑆

Bitte dieses Feld nicht beschriften und nicht bestempeln

Deutsche Telekom
Ihre Rechnung

Deutsche Telekom AG, Niederlassung
47057 DUISBURG
018/2A1/0320182/24 | 12... 0,56 EUR |

Rechnungsdatum ..-12-10
Rechnungsmonat DEZEMBER ..
Kundennummer 7114312

Bitte immer angeben
Rechnungsnummer 9436286887
Buchungskonto 2030000044353690

PRIMUS GMBH
KOLONIESTRASSE 2-4

47057 DUISBURG

Beleg-Nr. 808 c

Seite 1

Bei Rückfragen Telefon 0203 13-333
Telefax 0203 135873

Artikel oder Leistung	Artikel-/ Leistungs-Nr.	Menge/Volumen/ tarifierte Zeit	Nettoeinzel-betrag EUR	Nettogesamt-betrag EUR	USt- (%)
Monatliche Beträge vom 01.12... bis 31.12... (falls nicht anders angegeben)					
Rufnummer 023044252690					
1. Telefonanschluss	10110	5	10,94	54,70	16
2. Kabelanschluss Regelleistung	10600	1	11,52	11,52	16
Beträge für Verbindungen					
Rufnummer 02030/44353690					
Verbindungen vom 05.11... bis 04.12...					
3. 1 136 Orts- und Nahverbindungen CityCall – Normaltarif	17315	2 036	0,0533	108,52	16
4. 239 Regionale Verbindungen RegioCall – Normaltarif	17324	460	0,0533	24,52	16
5. – 10plus	17331	2 957	0,0480	141,94	16
6. 199 Nationale Verbindungen – Normaltarif	17326	1 750	0,0533	93,28	16
4. – 10plus	17335	2 541	0,0480	121,97	16
8. 8 Internationale Verbindungen GlobalCall – Normaltarif	17343	922	0,0533	49,14	16
				605,59	

	Betrag EUR
Zwischensumme	605,59
Summen der Beträge	
Nettobetrag	605,59
Umsatzsteuer 16 %	96,89
Rechnungsbetrag	702,48

Der EUR-Betrag wird abgebucht von: BLZ 35050000 Konto-Nr. 360058796

Von Mensch zu M

Deutsche Telekom AG
Hausanschrift FLURSTRASSE 30, 47057 DUISBURG
Bankverbindung Deutsche Telekom Kundenbuchhaltung 06Esse
Postbank ESSEN (BLZ 360 100 43) Konto-Nr. 35

Computec GmbH & Co. KG
Hard- und Softwarevertrieb

Computec GmbH & Co. KG, Volksparkstraße 12–20, 22525 Hamburg

Primus GmbH
Koloniestraße 2–4

47057 Duisburg

EINGEGANGEN
28. Dez. ..
Erledigt ....

Computec GmbH & Co. KG
Volksparkstraße 12–20, 22525 Hamburg
Telefon 040 22446-69
Telefax 040 22446-64

Bei Zahlung bitte Rechnungs-Nr. und Kunden-Nr. angeben!

Bank: Hamburger Handelsbank
BLZ 200 205 00
Kto-Nr.: 671 190 870

Beleg-Nr. 809

Rechnung

Ihre Bestellung vom	Kunden-Nr.	Rechnungs-Nr.	Rechnungstag
..-12-18	05839	59230	..-12-23

Pos.	Artikel-Nr.	Artikelbezeichnung	Menge	Einzelpreis EUR	Gesamtpreis EUR
1	253391	Tischkopierer Z-52	25	582,92	14 573,00
2	253321	Laserdrucker HP Jet SP	35	415,84	14 554,40

Warenwert netto	Verpackung	Fracht	Entgelt netto	USt-%	USt-EUR	Gesamtbetrag
29 127,40			29 127,40	16	4 660,38	33 787,78

Lieferung: Ab Werk
Zahlung: 30 Tage Ziel, netto

3 Rechnungssystem der Kosten- und Leistungsrechnung

3.1 Notwendigkeit, Aufgaben und Stufen der Kosten- und Leistungsrechnung

Mit ihren Warengruppen

Bürotechnik	Büroeinrichtung	Verbrauch/Organisation

erwirtschaftete die Primus GmbH im Vorjahr und im Abrechnungsjahr folgende Ergebnisse:

GuV

	Vorjahr	Abrechnungsjahr		Vorjahr	Abrechnungsjahr
21 Zinsen u. ä. Aufwendungen	5 100,00	22 105,00	242 Betriebsfremde Erträge	60 000,00	126 000,00
301 Wareneingang	1 798 300,00	1 936 250,00	26 Zinsen u. ä. Erträge	19 500,00	16 875,00
401 Löhne	445 000,00	465 000,00	801 Warenverkauf	3 200 550,00	3 564 117,50
402 Gehälter	513 450,00	627 500,00			
42 Steuern	30 500,00	40 607,50			
43 Energie/Betriebsstoffe	76 000,00	90 003,00			
44 Werbe- und Reisekosten	67 100,00	78 400,00			
47 Betriebskosten/Instandhaltung	20 800,00	129 762,50			
48 Allgemeine Verwaltung	57 550,00	144 725,00			
49 Abschreibungen	60 000,00	63 000,00			
06 Eigenkapital	206 250,00	109 639,50			
	3 280 050,00	3 706 992,50		3 280 050,00	3 706 992,50

Über das Ergebnis im Abrechnungsjahr ist der Geschäftsführer Herr Müller sehr enttäuscht. Er versucht, die wesentlichen Abweichungen gegenüber dem Vorjahr und deren Ursachen herauszufinden.

Arbeitsauftrag Ermitteln und erläutern Sie diese Abweichungen und stellen Sie mögliche Gründe für diese zusammen!

Informationen und Mängel der GuV-Rechnung

Mithilfe der **Finanz-** oder **Geschäftsbuchhaltung** wird durch Gegenüberstellung der **Aufwendungen und Erträge** des Geschäftsjahres das **Gesamtergebnis der Unternehmung,** der **Gewinn** oder der **Verlust,** ermittelt.

Die Gewinn- und Verlustrechnung ermöglicht somit eine **Wirtschaftlichkeitskontrolle** der Unternehmung.

Die Gewinn- und Verlustrechnung liefert jedoch keine Informationen über

- die **Wirtschaftlichkeit** des **Gesamtbetriebes,** weil ein Teil der Aufwendungen der Finanzbuchhaltung **nicht durch das Sachziel** der Unternehmung (z. B. Verkauf von Bürobedarf), verursacht worden ist,

  Beispiel Das Ergebnis enthält „Mieterträge", die nichts mit dem Sachziel der Primus GmbH zu tun haben.

- die **Wirtschaftlichkeit einzelner Teilbereiche** (Abteilungen, Arbeitsplätze), weil die Aufwendungen der gesamten Unternehmung in einer Summe ausgewiesen werden,
- die **Wirtschaftlichkeit einzelner Warengruppen oder einzelner Artikel,** weil die Zurechnung der entsprechenden Aufwendungen zu den Warengruppen oder Artikeln in der Finanzbuchhaltung fehlt.

  Beispiel Die Wirtschaftlichkeit der Warengruppe „Bürotechnik"

Um Schlüsse dieser Art ziehen zu können ist es notwendig, zusätzlich zur Finanzbuchhaltung in der Unternehmung eine **Kosten- und Leistungsrechnung (Betriebsbuchhaltung)** einzurichten.

Aufgaben der KLR

Die Kostenrechnung muss die **Kosten und Leistungen erfassen,** Informationen über ihre zeitliche Entwicklung bereitstellen und, um sie beeinflussen zu können, die **Ursachen ihrer Entstehung** und **Entwicklung verdeutlichen.**

Beispiele

Zusätzliche Informationen über einzelne Kostenarten:

- Aufwendungen für Waren: Wareneinsatz für einzelne Warengruppen
- Mieten: Raumbedarf für die Lagerung, die Verwaltung
- Zinsen: Kapitalbindung in einzelnen Betriebsmitteln

Dazu muss sie untersuchen, ob die Aufwendungen und Erträge der GuV-Rechnung durch die eigentliche Betriebstätigkeit verursacht wurden. Erst danach können Aussagen über die **Wirtschaftlichkeit des Betriebes** gemacht werden. Die KLR hat ferner zu untersuchen, welche Teilbereiche (Abteilungen, Verantwortungsbereiche) und welche Warengruppen oder Artikel die Kosten und Leistungen verursacht haben. Dadurch liefert sie wichtige Daten für betriebliche Entscheidungen, die das Sortiment sowie die Annahme von Aufträgen betreffen.

Durch die **Gegenüberstellung** der **betrieblichen Erträge (Leistungen)** und **betrieblichen Aufwendungen (Kosten)** wird das **Betriebsergebnis** (vgl. S. 136 ff.) ermittelt.

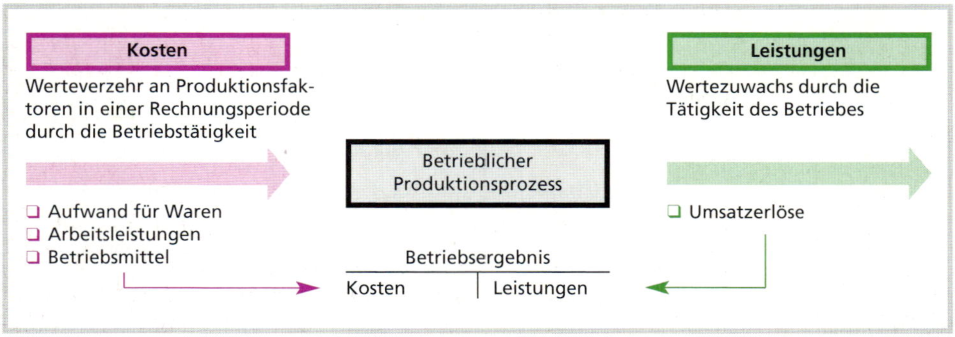

Stufen der KLR

Nach dem **abrechnungstechnischen Ablauf** beantwortet die KLR folgende Fragen:

- ❑ **Welche Kosten** wurden durch Beschaffung, Lagerung, Absatz und Verwaltung verursacht?
- ❑ **Wo** sind die Kosten verursacht worden (in welchen Abteilungen)?
- ❑ **Welchen Leistungen** (z. B. Warengruppen) sind diese Kosten zuzurechnen?

In der Reihenfolge der Beantwortung dieser Fragen ergeben sich die folgenden **Stufen der KLR:**

Finanzbuchhaltung	Kosten- und Leistungsrechnung		
Erfassung aller Aufwendungen und Erträge zur Ermittlung des **Unternehmungsergebnisses** in der GuV-Rechnung	**Kostenartenrechnung**	**Kostenstellenrechnung**	**Kostenträgerrechnung**
	Erfassung und **Gliederung** der Kosten	**Verteilung** der Kosten **auf** die Betriebsbereiche **(Kostenstellen),** in denen sie angefallen sind	**Verteilung** der Kosten auf die Leistungen (Warengruppen, Artikel)
	Welche Kosten sind entstanden?	**Wo** sind die Kosten entstanden?	**Welcher Kostenanteil** entfällt auf die einzelnen Warengruppen?

Danach können weitere Aussagen über die Aufwendungen und ihre Verursachung gemacht werden.

Aufgaben und Stufen der Kosten- und Leistungsrechnung

- Die Finanzbuchhaltung ermittelt das Gesamtergebnis der Unternehmung.
- Dieses Gesamtergebnis macht keine Aussagen über die Wirtschaftlichkeit des Betriebes, einzelner Teilbereiche oder einzelner Warengruppen oder Artikel.
- Solche Informationen stellt die Kosten- und Leistungsrechnung bereit.
- Sie ermittelt,
  - ❑ welche Leistungen der Betrieb erstellt und welche Kosten diese Leistungserstellung verursacht hat,
  - ❑ wo die Kosten verursacht wurden und
  - ❑ welchen Leistungen die Kosten zuzurechnen sind.
- Entsprechend sind **Kostenarten-, Kostenstellen-** und **Kostenträgerrechnung** als Bereiche der KLR zu unterscheiden.

1 Nennen Sie drei Stufen der KLR und erläutern Sie deren grundsätzliche Aufgaben!

2 Erläutern Sie, warum die GuV-Rechnung der Finanzbuchhaltung der Primus GmbH als Informationsinstrument des Betriebsgeschehens nicht ausreicht!

3.2 Abgrenzung neutraler Aufwendungen und Erträge zur Ermittlung des Betriebsergebnisses

Herr Müller lässt die Ergebnisentwicklung in der Finanzbuchhaltung untersuchen. Schon nach wenigen Stunden erhält er von Frau Lapp folgende Anmerkungen zu Einzelpositionen der GuV-Rechnung des Abrechnungsjahres:

Konto	Anmerkungen	EUR
21 Zinsen u. ä. Aufwendungen	Hypothekenzinsanteil für vermieteten Betriebsgebäudeteil	3 100,00
242 Betriebsfremde Erträge	Ein Teil des Betriebsgebäudes wurde zu Gewerbezwecken vermietet. Erträge hieraus	126 000,00
26 Zinsen u. ä. Erträge	Überschüssige flüssige Mittel wurden einem Zugewinnsparen zugeführt. Zinsen hieraus	16 875,00
301 Wareneingang	Waren wurden durch Überschwemmung vernichtet (kein Versicherungsschutz)	118 750,00
42 Steuern	Grundsteueranteil für vermietete Gebäudeteile	1 250,00
47 Betriebskosten/ Instandhaltung	Dachreparatur am vermieteten Gebäudeteil Dachreparatur am betrieblich genutzten Gebäudeteil	14 293,00 88 000,00
48 Allgemeine Verwaltungskosten	Anzeigen „Vermietung gewerblicher Räume"	585,00
49 Abschreibungen	Abschreibungsanteil des vermieteten Gebäudeteils	9 000,00

Herrn Müller fällt ein Stein vom Herzen. Der Betrieb hat besser gewirtschaftet, als es das Ergebnis ausweist.

Arbeitsauftrag Versuchen Sie diese Auffassung zu begründen!

Grundkosten und neutraler Aufwand

Die **Beurteilung der Wirtschaftlichkeit des Betriebes** aufgrund der Gewinn- und Verlustrechnung führt zu **falschen Aussagen,** weil neben dem **Zweckaufwand betriebsfremde** und **betrieblich außerordentliche Aufwendungen** und **Erträge** hierin enthalten sind.

▶ **Grundkosten Zweckaufwand:** Der Werteverzehr einer Rechnungsperiode wird als **Aufwand** bezeichnet. Da er im Zusammenhang mit der Verfolgung des eigentlichen Betriebszweckes der Großhandelsunternehmung entstand, ist er zugleich **Zweckaufwand,** der im selben Umfang Kosten darstellt **(aufwandsgleiche Kosten = Grundkosten).** Er wird in gleicher Höhe in das Betriebsergebnis und in die Kosten- und Leistungsrechnung übernommen.

Beispiele

	Aufwand der FiBu in EUR	Kosten der KLR in EUR
Stromverbrauch in den Abteilungen Lager, Einkauf, Verkauf im Monat Juni	2 200,00	2 200,00
Wareneinsatz (Anschaffungskosten der verkauften Waren) im Juni	158 750,00	158 750,00
Löhne für die Lagerarbeiter und Gehälter für die Angestellten im Monat Juni	71 000,00	71 000,00
Werbeaktion im Monat Juni	19 000,00	19 000,00

▶ **Betriebsfremde Aufwendungen:** Aufwendungen, die **nicht** mit der Verfolgung des eigentlichen **Betriebszweckes** angefallen sind, werden als **betriebsfremde Aufwendungen** bezeichnet.

Beispiele

	Aufwand der FiBu in EUR	Kosten der KLR in EUR
Dachreparatur am vermieteten Gebäudeanteil	14 293,00	–
Abschreibungsanteil des vermieteten Gebäudes	9 000,00	–
Anzeigen „Vermietung gewerblicher Räume"	585,00	–
Grundsteueranteil für vermietetes Gebäude	1 250,00	–
Hypothekenzinsanteil für vermietetes Gebäude	3 100,00	–

Der hier entstehende Aufwand steht in keiner Verbindung zum eigentlichen Betriebszweck, An- und Verkauf von Bürobedarf, sondern im Zusammenhang mit dem Nebenziel „Vermietung". Somit darf dieser Aufwand auch nicht in die Kostenrechnung einfließen.

Die in der Finanzbuchhaltung erfassten betriebsfremden Aufwendungen der Primus GmbH sind somit von den Aufwendungen abzugrenzen, die der Absatz des Bürobedarfs verursacht.

▶ **Betrieblich außerordentliche Aufwendungen:** Sie sind zwar Aufwendungen, die bei der Verfolgung des eigentlichen Betriebszweckes entstanden sind,

- ❑ aber sie fallen teilweise nur **einmalig und/oder völlig unerwartet** an und sind **untypisch** für das normale Betriebsgeschehen der Rechnungsperiode (= **Zufallsaufwand**),
- ❑ lassen sich vielfach **keinem bestimmten Abrechnungszeitraum zurechnen (= zeitraumneutrale Aufwendungen),**
- ❑ betreffen oft eine **bereits abgeschlossene Rechnungsperiode (= periodenfremde Aufwendungen).**

Beispiele

	Aufwand der FiBu in EUR	Kosten der KLR in EUR
Warenverderb durch Hochwasser	118 750,00	–
Dachreparatur am betrieblich genutzten Gebäude	88 000,00	–

Würden diese betrieblich außerordentlichen Aufwendungen wie Kosten behandelt, würden die Aussagen zur Wirtschaftlichkeit und zum Betriebsergebnis verfälscht. Daher müssen die betrieblich außerordentlichen Aufwendungen von den Zweckaufwendungen abgegrenzt werden.

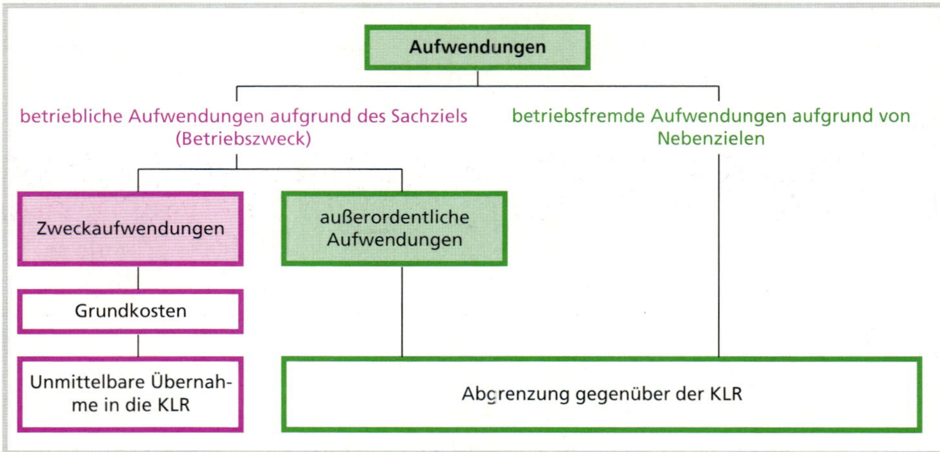

Die **abgegrenzten Aufwendungen** werden also nicht in die KLR übernommen. Sie werden daher auch als **neutrale Aufwendungen** bezeichnet.

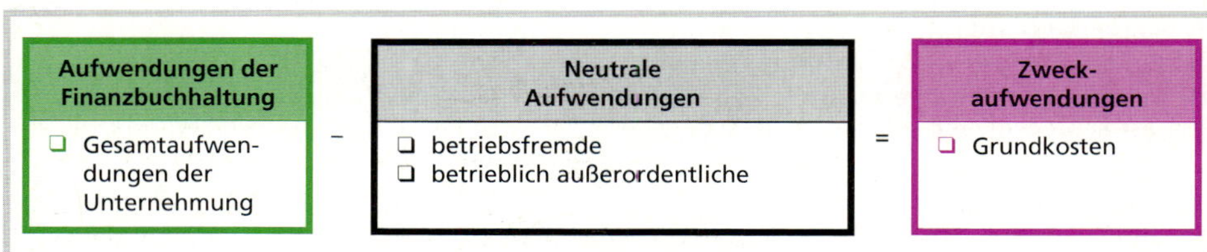

Leistungen und neutrale Erträge

Der größte Teil der in der Finanzbuchhaltung erfassten Erträge wird über den Umsatz der Waren erzielt. Es sind betriebliche Erträge aufgrund der Sachzielverfolgung. Diese betrieblichen Erträge sind auch Mittelpunkt der KLR; denn sie sind ja die Ursache und das Ergebnis der entstandenen Kosten. In der KLR werden diese typischen betrieblichen Erträge einer Rechnungsperiode als **Leistungen** bezeichnet. Ihnen sind die Kosten zuzurechnen. Sie werden damit zu **„Kostenträgern"**.

Von den Leistungen sind die **betriebsfremden** und **betrieblich außerordentlichen** Erträge als **„neutrale Erträge"** abzugrenzen.

▶ **Betriebsfremde Erträge:** Sie werden nicht durch die eigentliche Betriebstätigkeit verwirklicht, sondern sind das Ergebnis der Verwirklichung von Nebenzielen.

Beispiele Mieterträge aus Wohnungen in Betriebsgebäuden; Zinserträge aus gewährten Darlehen an Nichtkunden, Dividenden von Aktien

▶ **Betrieblich außerordentliche Erträge:** Sie stehen zwar im Zusammenhang mit dem Betriebsgeschehen, sind jedoch nicht Ergebnisse des Betriebsprozesses. Vielfach stellen sie nur die Stornierung eines zu hohen Aufwandes früherer Perioden dar.

Beispiele

- Rückerstattung von Gewerbesteuern, Zinsen für Kundendarlehen
- Erträge aus dem Verkauf von betrieblichen Anlagen über Buchwert

Betriebsfremde und betrieblich außerordentliche Erträge sind von den betriebstypischen Erträgen (Umsatzerlöse) abzugrenzen, damit kein falsches Bild von der Ertragskraft des Betriebes entsteht.

Beispiele

	Ertrag der FiBu in EUR	Leistungen der KLR in EUR
Mieterträge aus vermieteten Gebäuden	126 000,00	–
Zinserträge aus Zugewinnsparvertrag	16 875,00	–
Umsatzerlöse aus dem Verkauf von Büroartikeln	3 564 117,50	3 564 117,50

Grundkosten und neutraler Aufwand, Leistungen und neutrale Erträge

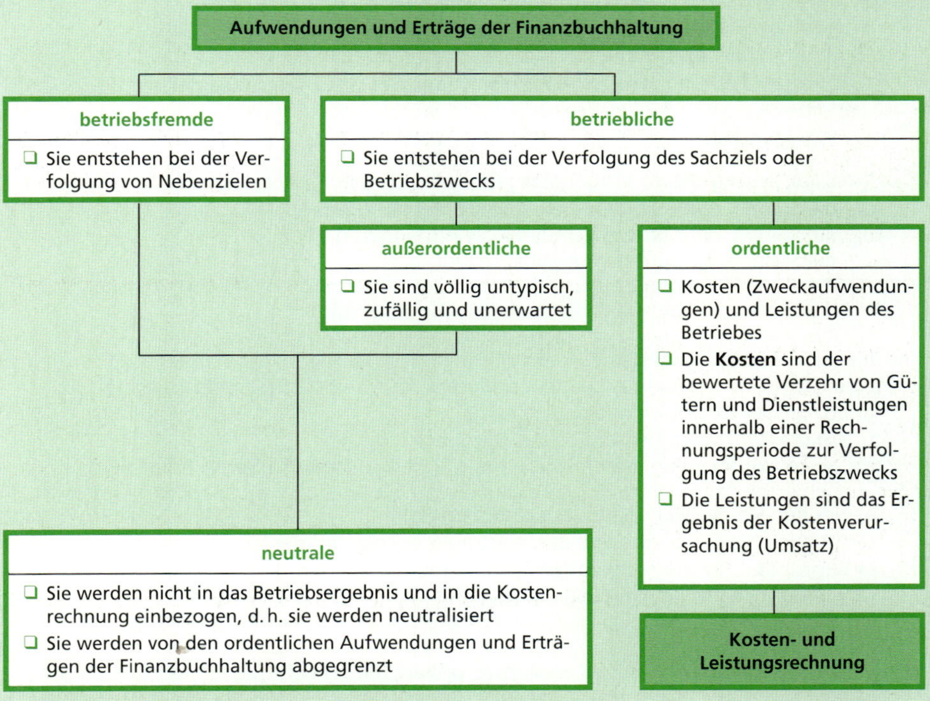

1 In einem Großhandelsunternehmen wurden im Monat Februar in der Finanzbuchhaltung folgende Aufwendungen erfasst:

	TEUR
1. Wareneinsatz	3 390
2. Warenverderb durch falsche Lagerung	60
3. Miete für das Verwaltungsgebäude	600

		TEUR
4.	Lohnzahlungen an die Lagerarbeiter	1 900
5.	Reparatur eines Lkw, der durch einen selbst verschuldeten Unfall beschädigt wurde	16
6.	Treibstoff für Lkw	460
7.	Gehaltszahlungen	1 240
8.	Reparatur eines Schadens an einer Abfüllanlage aufgrund eines Bedienungsfehlers.	205
9.	Eingang der Jahresmiete für eine vermietete Ausstellungshalle.	36
10.	Ausgangsfrachten für den Versand von Waren an Kunden.	71
11.	Aufwendungen für Werbung und Reise	270
12.	Abschreibungen auf betriebsnotwendige Anlagen	740
13.	Dachreparaturen	
	a) an der Lagerhalle des Betriebes	48
	b) an der vermieteten Ausstellungshalle	6
14.	Verzugszinsen für überfällige Liefererrechnungen	90
15.	Energie für Lagerräume	355
16.	Zinsgutschrift der Hausbank für die Anlage überschüssiger flüssiger Mittel	14
17.	Warenverkäufe	10 240

Ermitteln Sie aus diesen Vorgängen

a) die Summe der Kosten und die Summe der Leistungen,
b) die Summe der betriebsfremden Aufwendungen und die Summe der betriebsfremden Erträge
c) die Summe der betrieblich außerordentlichen Aufwendungen und die Summe der betrieblich außerordentlichen Erträge!

2 Im Konto 301 Wareneingang ist ein Warenverderb im Werte von 600 000,00 EUR infolge einer Überschwemmung enthalten. Erläutern Sie, wie sich diese Entscheidung
a) auf die Wirtschaftlichkeitsbeurteilung,
b) auf die Wettbewerbssituation des Betriebes
auswirken kann, wenn dieser Betrag unverändert in die KLR übernommen wird!

3 a) Nennen Sie die Merkmale des Kostenbegriffes!
b) Grenzen Sie die Kosten von den neutralen Aufwendungen ab!
c) Begründen Sie die Notwendigkeit der Abgrenzung von Kosten und neutralen Aufwendungen zur Beurteilung der Wirtschaftlichkeit eines Betriebes!
d) Erläutern Sie die Merkmale des Leistungsbegriffes analog zum Kostenbegriff S. 130 f., 133!

4 Ordnen Sie die Fälle 1 bis 8 einer Möbelgroßhandlung den Erträgen dieser Übersicht zu:

	Erträge	
Leistungen a)	betrieblich außerordentliche b)	betriebsfremde c)

1. Verkauf von Möbeln
2. Mieteinnahmen
3. Zinsgutschrift der Bank aus der Anlage liquider Mittel
4. Rückerstattung zu viel bezahlter Gewerbesteuer
5. Verzugszinsen für überfällige Ausgangsrechnungen
6. Verkauf verschiedener Artikel zur Möbelbehandlung (Wachs, Lack u. a.)

5 Die Buchführung eines Haushaltsgerätegroßhandels, der Mixer und Elektromesser vertreibt, stellt der Unternehmungsleitung folgende Daten zur Erfolgsanalyse der beiden letzten Quartale des Geschäftsjahres zur Verfügung:

Kto.	Aufwands-, Ertragsarten	3. Quartal EUR	4. Quartal EUR
21	Zinsen und ähnliche Aufwendungen	16800,00	16800,00
301	Wareneingang	835000,00	888000,00
401	Löhne	312200,00	309600,00
402	Gehälter	620000,00	614900,00
41	Mieten, Pachten, Leasing	94200,00	107400,00
42	Steuern, Beiträge, Versicherungen	57800,00	54200,00
43	Energie, Betriebsstoffe	27600,00	29400,00
44	Werbe- und Reisekosten	65000,00	81900,00
47	Betriebskosten, Instandhaltung	91000,00	102800,00
48	Allgemeine Verwaltung	66900,00	59400,00
49	Abschreibungen	85100,00	88600,00
	Aufwendungen insgesamt	2271600,00	2353000,00
242	Betriebsfremde Erträge	24000,00	29000,00
801	Warenverkauf Mixer	1754000,00	1405000,00
811	Warenverkauf Elektromesser	901000,00	875000,00
	Erträge insgesamt	2679000,00	2309000,00

a) Ermitteln Sie den Erfolg für das 3. und 4. Quartal!
b) Stellen Sie die Veränderungen (Abweichungen) in Prozent fest!
c) Worauf können die Abweichungen zurückzuführen sein?
d) Zeigen Sie die Informationsmängel der GuV-Rechnung auf, wenn Sie den Einfluss der einzelnen Warengruppen auf den Erfolg bestimmen wollen!
e) Welche Maßnahme schlagen Sie vor, um bessere Informationen über die Aufwandsverursachung zu erhalten?

3.3 Abgrenzungsrechnung zur Ermittlung des Betriebsergebnisses

Herr Müller hat sich eingehend mit den Informationen von Frau Lapp zu einzelnen Positionen der GuV-Rechnung des Abrechnungsjahres auseinander gesetzt (siehe S. 130). Jetzt will er wissen, wie der Betrieb gewirtschaftet hat, um eventuell erforderliche Maßnahmen einzuleiten.

Um eine bessere Übersicht über die Leistung des Betriebes zu erhalten bittet er Herrn Zimmer, den Leiter der KLR und des Controlling, um eine tabellarische Aufstellung, in der die betriebsfremden und die betrieblich außerordentlichen Aufwendungen und Erträge gesondert ausgewiesen werden.

Arbeitsauftrag Erläutern Sie, was diese Aufstellung bezweckt und wie sie aufgebaut sein könnte!

Aufbau der Abgrenzungsrechnung

Die **Abgrenzungsrechnung** wird in zwei Schritten durchgeführt. Zuerst werden aus den Aufwendungen und Erträgen der Finanzbuchhaltung die betriebsfremden und dann die betrieblich außerordentlichen abgegrenzt.

Ergebnis der Abgrenzung ist die **Gegenüberstellung** von **Zweckaufwendungen (Grundkosten)** und **Umsatzerlösen für Waren** und **Dienstleistungen (Leistungen)** zur Ermittlung des **Betriebsergebnisses.**

Werte der Finanzbuchhaltung	Unternehmungsbezogene Abgrenzungsrechnung	Betriebsbezogene Abgrenzungsrechnung	Kosten- und Leistungsarten
Gegenüberstellung der **Aufwendungen** und **Erträge** der **Finanzbuchhaltung**	Abgrenzung der **betriebsfremden Aufwendungen** und **Erträge**	Abgrenzung der **betrieblich außerordentlichen Aufwendungen** und **Erträge** sowie kostenrechnerische Korrekturen	Gegenüberstellung der **Zweckaufwendungen** (Grundkosten) einerseits **und Umsatzerlöse für Waren und Dienstleistungen** (Leistungen) andererseits
Gesamtergebnis oder Unternehmungsergebnis	Ergebnis der unternehmungsbezogenen Abgrenzungsrechnung	Ergebnis der betriebsbezogenen Abgrenzungsrechnung	Betriebsergebnis

Unternehmungsbezogene Abgrenzungsrechnung

Aufgrund der Angaben der Finanzbuchhaltung (vgl. S. 130) werden in der unternehmungsbezogenen Abgrenzungsrechnung die **betriebsfremden Aufwendungen und Erträge ausgesondert,** also diejenigen Aufwendungen und Erträge, die nicht durch das Sachziel, den Absatz der Waren, verursacht wurden. Zur Vorbereitung der unternehmungsbezogenen Abgrenzungsrechnung sind die Aufwendungen und Erträge der GuV-Rechnung in die Spalte „Werte der Finanzbuchhaltung" zu übernehmen. Der Saldo der unternehmungsbezogenen Abgrenzungsrechnung wird als „Ergebnis aus unternehmungsbezogener Abgrenzungsrechnung" bezeichnet (vgl. Beispiel S. 137, Spalte II).

Nach Abgrenzung der betriebsfremden Aufwendungen und Erträge verbleiben ausschließlich betriebsbezogene Aufwendungen und Erträge.

Beispiel **Unternehmungs- und betriebsbezogene Abgrenzungsrechnung**

Abgrenzungsrechnung / Aufwands- und Ertragspositionen			I		II		III		IV	
			Werte der Finanzbuchhaltung		Unternehmungs-bezogene Abgrenzungsrechnung		Betriebsbezogene Abgrenzungsrechnung		Kosten- und Leistungsarten	
			1	2	3	4	5	6	7	8
Z	**Konto**	**Bezeichnung**	**Aufwen-dungen**	**Erträge**	**betriebsfr. Aufwen-dungen**	**betriebsfr. Erträge**	**betr. a. o. Aufwen-dungen**	**betr. a. o. Erträge**	**Kosten**	**Leistungen**
01	21	Zinsen u. ä. Aufwendungen	22 105,00	–	3 100,00	–	–	–	19 005,00	–
02	242	Betriebsfremde Erträge	–	126 000,00	–	126 000,00	–	–	–	–
03	26	Zinsen u. ä. Erträge	–	16 875,00	–	16 875,00	–	–	–	–
04	301	Wareneingang	1 936 250,00	–	–	–	118 750,00	–	1 817 500,00	–
05	401	Löhne	465 000,00	–	–	–	–	–	465 000,00	–
06	402	Gehälter	627 500,00	–	–	–	–	–	627 500,00	–
07	42	Steuern	40 607,50	–	1 250,00	–	–	–	39 357,50	–
08	43	Energie/Betriebsstoffe	90 003,00	–	–	–	–	–	90 003,00	–
09	44	Werbe- und Reisekosten	78 400,00	–	–	–	–	–	78 400,00	–
10	47	Betriebskosten/Instandhaltung	129 762,50	–	14 293,00	–	88 000,00	–	27 469,50	–
11	48	AVK	144 725,00	–	585,00	–	–	–	144 140,00	–
12	49	Abschreibungen	63 000,00	–	9 000,00	–	–	–	54 000,00	–
13	801	Warenverkauf	–	3 564 117,50	–	–	–	–	–	3 564 117,50
			3 597 353,00	3 706 992,50	28 228,00	142 875,00	206 750,00	0,00	3 362 375,00	3 564 117,50
			109 639,50	–	114 647,00	–	–	206 750,00	201 742,50	–
			3 706 992,50	3 706 992,50	142 875,00	142 875,00	206 750,00	206 750,00	3 564 117,50	3 564 117,50

Betriebsbezogene Abgrenzungsrechnung

Aufwendungen und Erträge, die in der unternehmungsbezogenen Abgrenzungsrechnung nicht abgefiltert wurden, sind **betriebsbezogen.** Dabei handelt es sich teilweise um **betrieblich außerordentliche Aufwendungen** und **Erträge.**

Beispiele
- Warenverluste durch Verderb, Diebstahl
- Verluste aufgrund von Unfällen,
- Verluste aus Verkäufen von Anlagen unter Buchwert
- Reparaturaufwand an betrieblichen Gebäuden
- Verzugszinsen wegen verspäteter Kundenzahlungen

In diesen Fällen handelt es sich um **unerwartete, untypische** und **stark schwankende Aufwendungen** und **Erträge,** die das **Betriebsergebnis verfälschen** würden. Daher dürfen sie nicht in das Betriebsergebnis einbezogen werden. Ebenfalls sind sie gegenüber der Kosten- und Leistungsrechnung zu neutralisieren, weil sie in keinem Verhältnis zur Leistung der Unternehmung (Umsatz) stehen (vgl. Beispiel S. 137, Spalte III).

Kosten- und Leistungsarten

Nach Abgrenzung der betriebsfremden Aufwendungen und Erträge in der unternehmungsbezogenen Abgrenzungsrechnung und der betrieblich außerordentlichen Aufwendungen und Erträge in der betriebsbezogenen Abgrenzungsrechnung bleiben die für die KLR geeigneten Leistungen und Kosten übrig. Durch ihre Gegenüberstellung wird das Betriebsergebnis ermittelt (vgl. Beispiel S. 137, Spalte IV):

Kosten > Leistungen = betrieblicher Verlust	Kosten < Leistungen = betrieblicher Gewinn

Abstimmung der Ergebnisse

Das Betriebsergebnis unterscheidet sich vom **Gesamtergebnis** der Unternehmung durch das **neutrale Ergebnis,** das sich aus dem Ergebnis der betriebsbezogenen Abgrenzungsrechnung und dem Ergebnis der unternehmungsbezogenen Abgrenzungsrechnung zusammensetzt.

Abstimmung der Ergebnisse	Beispiel	
Betriebsergebnis		+ 201 742,50
± **Neutrales Ergebnis:**		
Ergebnis aus betriebsbezogener Abgrenzungsrechnung	– 206 750,00	
Ergebnis aus unternehmungsbezogener Abgrenzungsrechnung	+ 114 647,00	– 92 103,00
Gesamtergebnis (= Unternehmungsergebnis)		**109 639,50**

Abgrenzungsrechnung zur Ermittlung des Betriebsergebnisses

- Die Gewinn- und Verlustrechnung der Finanzbuchhaltung enthält betriebsfremde und betrieblich außerordentliche Aufwendungen und Erträge.
- Zur Beurteilung des Betriebes und für Zwecke der Kosten- und Leistungsrechnung müssen diese abgegrenzt oder neutralisiert werden.

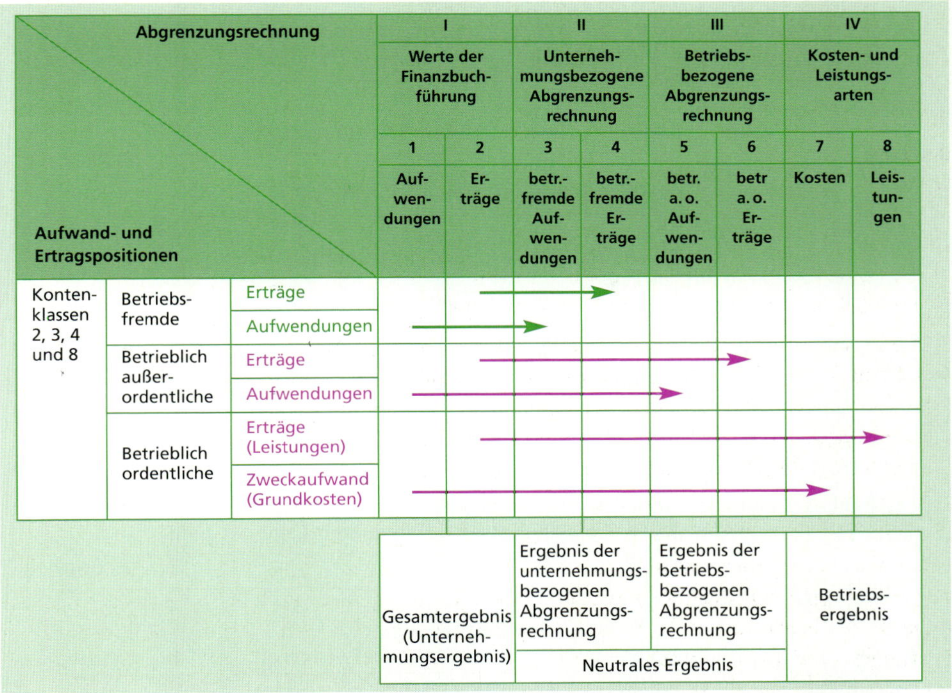

- Die Abgrenzungsrechnung dient der Ermittlung des Betriebsergebnisses.
- In der unternehmungsbezogenen Abgrenzungsrechnung werden die betriebsfremden Aufwendungen und Erträge von dem Ergebnis der Finanzbuchhaltung abgegrenzt.
- In der betriebsbezogenen Abgrenzungsrechnung werden betriebliche, aber außerordentliche Aufwendungen und Erträge abgegrenzt, die das Betriebsergebnis der Rechnungsperiode verfälschen würden und die nicht für die KLR geeignet sind.
- Nach Durchführung der Abgrenzungsrechnung sind die ermittelten Ergebnisse zur Kontrolle miteinander abzustimmen.

1 Aus folgenden Angaben der Finanzbuchhaltung der Großhandlung Peter Abel & Co. OHG ist die Abgrenzungsrechnung durchzuführen:

Konto	Aufwands- und Ertragspositionen mit Erläuterungen	EUR
211	Zinsaufwendungen Davon entfallen 11 550,00 EUR auf Hypothekenzinsen für das vermietete Lagergebäude	93 500,00
242	Betriebsfremde Erträge (Mieterträge)	115 500,00
261	Zinserträge insgesamt aus Darlehen an Nichtkunden	148 500,00
301	Wareneingang davon 33 000,00 EUR für Reparaturen im vermieteten Gebäude verwendet und 64 200,00 EUR Warenverderb	6 765 000,00
40	Personalaufwendungen	4 730 000,00

Konto	Aufwands- und Ertragspositionen mit Erläuterungen	EUR
421–424	Steuern davon Grundsteuer für vermieteten Gebäudeteil 4950,00 EUR	550000,00
426	Versicherungen davon für vermieteten Gebäudeteil 9350,00 EUR	123750,00
44	Werbe- und Reisekosten davon Anzeigen für Vermietung von Betriebsgebäuden 2750,00 EUR	524250,00
46	Kosten der Warenabgabe	1028500,00
47	Betriebskosten, Instandhaltung davon 46750,00 EUR für Dachreparatur des vermieteten Lagergebäudes und 125000,00 EUR für Reparaturen am Betriebsgebäude	404250,00
48	Allgemeine Verwaltung	325500,00
491	Abschreibungen auf Sachanlagen davon entfallen 16500,00 EUR auf das vermietete Lagergebäude	495000,00
801	Warenverkauf	15400000,00

2 Die Finanzbuchhaltung der Textilgroßhandlung Josef Faden gibt zur Durchführung der

Konto	Aufwands- und Ertragspositionen mit Erläuterungen	EUR
211	Zinsaufwendungen Davon 2600,00 EUR Hypothekenzinsen für das vermietete Lagergebäude	39000,00
242	Betriebsfremde Erträge Mieterträge aus der Vermietung eines Lagergebäudes	136500,00
261	Zinserträge davon 13000,00 EUR aus betriebsfremden Geschäften; der Rest aus der vorübergehenden Anlage nicht benötigter liquider Mittel	234000,00
301	Wareneingang davon wurden 34600,00 EUR Gardinenstoffe für vermietete Gebäude verwendet; Warenverderb durch feuchte Lagerung 18400,00 EUR	910000,00
40	Personalaufwendungen	1383000,00
421–424	Betriebliche Steuern davon 1800,00 EUR Grundsteueranteil für das vermietete Lagergebäude, die restlichen Steuern sind Kostensteuern	113000,00
426	Versicherungen davon 1200,00 EUR Gebäudeversicherung für vermietete Lagergebäude	83000,00
44	Werbe- und Reisekosten davon 390,00 EUR für eine Zeitungsanzeige wegen der Vermietung des Lagergebäudes	123500,00

Konto	Aufwands- und Ertragspositionen mit Erläuterungen	EUR
47	Betriebskosten, Instandhaltung davon 8125,00 EUR für Reparaturen am vermieteten Gebäude und 184000,00 EUR an betrieblich genutzten Gebäuden	299000,00
48	Allgemeine Verwaltung	320000,00
491	Abschreibungen auf Sachanlagen davon entfallen 6500,00 EUR auf das vermietete Lagergebäude	308000,00
801	Warenverkauf	3087500,00

3 Die Finanzbuchhaltung eines Großhandelsbetriebes wies für das abgelaufene Geschäftsjahr folgende Werte aus:

Konto	Kontobezeichnung	EUR	EUR
211	Zinsaufwendungen	35000,00	–
242	Betriebsfremde Erträge	–	180000,00
261	Zinserträge	–	1000,00
301	Wareneingang	1450000,00	–
40	Personalkosten	1300000,00	–
42	Betriebliche Steuern	130000,00	–
44	Werbe- und Reisekosten	250000,00	–
47	Betriebskosten/Instandhaltung	185000,00	–
48	Allgemeine Verwaltung	510000,00	–
49	Abschreibungen auf Sachanlagen	250000,00	–
801	Warenverkauf	–	4200000,00

Zu den obigen Positionen liegen folgende Informationen vor:

Konto	Anmerkungen	EUR
211	Zinsaufwendungen für betrieblich notwendiges Fremdkapital	35000,00
242	Mieterträge	180000,00
261	Verzugszinsen für verspätet bezahlte Kundenrechnungen	1000,00
301	Warenverderb, Warendiebstahl	21000,00
42	a) Gewerbesteuernachzahlung für das vergangene Geschäftsjahr b) Grundsteuer für vermietete Gebäudeteile	15000,00 2500,00
47	Reparaturen a) am vermieteten Gebäudeteil b) am betrieblich genutzten Gebäudeteil	 12000,00 63000,00
49	Davon entfallen auf den vermieteten Gebäudeteil	12000,00
	Ansonsten handelt es sich um betrieblich ordentliche Erträge und um Zweckaufwand	

Führen Sie die Abgrenzungsrechnung durch und stimmen Sie die Ergebnisse miteinander ab!

4 Für eine Großhandelsunternehmung ist zu entscheiden, ob folgende Aufwendungen für die KLR geeignet sind:

	EUR
a) Warenverderb	17 000,00
b) Reparatur des Daches eines Lagergebäudes	120 000,00
c) Spende an den Betriebssportverein	80 000,00
d) Nachzahlung von Gewerbesteuer für das Vorjahr	18 000,00
e) Zinsen für aufgenommene betriebsnotwendige Darlehen	24 000,00
f) Verlust durch Spekulation mit Wertpapieren	115 000,00
g) Ein Lkw erleidet auf der Fahrt zu Kunden einen selbst verschuldeten Unfallschaden	50 000,00

Begründen Sie Ihre Entscheidung!

3.4 Kostenrechnerische Korrekturen durch Erfassen von Zusatzkosten

Nicole Höver diskutiert mit Frau Lapp: „Aufgrund unserer Angaben haben die Kostenrechner das Betriebsergebnis korrigiert. Sie haben beispielsweise den Warenverderb durch Überschwemmung von 237 500,00 EUR und die Dachreparatur am betrieblich genutzten Gebäude mit 176 000,00 EUR gegenüber dem Betriebsergebnis und der Kosten- und Leistungsrechnung abgegrenzt. Das ist doch Augenwischerei, da kann man doch jedes Ergebnis der Buchhaltung umdrehen!" „Das ist nicht ganz so, Nicole, die setzen dafür andere Beträge ein. Es gibt gute Argumente, weshalb die Kostenrechner die genannten Aufwendungen nicht voll in die Kostenrechnung übernehmen wollen."

Arbeitsauftrag Stellen Sie Argumente zusammen, weshalb die Kostenrechner die obigen Aufwendungen gegenüber dem Betriebsergebnis und der Kosten- und Leistungsrechnung abgrenzen und dafür andere Werte ansetzen!

Kalkulatorische Kosten als Anderskosten

Einige betriebliche Aufwendungen, die von der Art und Ursache des Güter- und Dienstleistungsverzehrs her Kosten sein könnten, werden nicht in gleicher Höhe von der KLR übernommen, weil sie dort das Betriebsergebnis des Abrechnungsjahres und somit Wirtschaftlichkeits- und Preisvergleiche verfälschen würden.

Beispiel Im Abrechnungsjahr wurden eine Dachreparatur und der Außenanstrich am Betriebsgebäude durchgeführt. Der in der Finanzbuchhaltung erfasste Aufwand hierfür betrug 88 000,00 EUR. Dieser betriebliche Aufwand darf dem Betriebsergebnis des Abrechnungsjahres nicht allein angelastet werden, weil er die Gebäudenutzung über mehrere Jahre möglich macht. Die Beurteilung des Betriebsergebnisses des Jahres würde verfälscht.

Um eine Verfälschung des Betriebsergebnisses zu verhindern, werden solche nicht verrechenbare Aufwendungen gegenüber dem Betriebsergebnis und der KLR neutralisiert, indem sie in der betriebsbezogenen Abgrenzungsrechnung abgegrenzt werden. Langfristig müssen aber auch diese betrieblichen Aufwendungen in die KLR einbezogen und über die Verkaufspreise der Waren hereingeholt werden. Um jedoch Störungen des Kostenvergleichs und Wettbewerbsnachteile durch sprunghafte Preissteigerungen zu vermeiden, werden statt dieser tatsächlich angefallenen Aufwendungen in der KLR Kosten in anderer Höhe **(Anderskosten)** angesetzt, die dem durchschnittlichen Werteverzehr entsprechen. Solche Kosten werden als **kalkulatorische Kosten** bezeichnet. Typische Anderskosten sind kalkulatorische Abschreibungen, kalkulatorische Zinsen, kalkulatorische Wagnisse und kalkulatorische Miete. Sie werden zusätzlich zu den Grundkosten in die KLR einbezogen (**Zusatzkosten).**

Kalkulatorische Abschreibungen:

- **Bilanzmäßige Abschreibungen:** Der in der Finanzbuchhaltung erfasste **Abschreibungsaufwand (bilanzielle Abschreibung)** geht in die GuV-Rechnung ein. Er beeinflusst somit den **Gewinn, gewinnabhängige Steuern** (z. B. Einkommen- oder Körperschaftsteuer) und die **Ausschüttungspolitik** der Unternehmung (z. B. Dividende). Die Höhe der bilanziellen Abschreibung wird daher eher von handels- und steuerrechtlichen Bestimmungen (Erfolgs- und Vermögensausweis) beeinflusst als vom tatsächlichen Werteverzehr der Anlagen.

  Beispiel Eine Lagertransportanlage mit einem Anschaffungswert von 160 000,00 EUR und einer betriebsgewöhnlichen Nutzungsdauer von acht Jahren wird linear abgeschrieben. Bilanzmäßige Abschreibung im ersten Nutzungsjahr: 20 000,00 EUR.

- **Kalkulatorische Abschreibungen:** Für Zwecke der KLR ist die bilanzmäßige Abschreibung nicht geeignet. Die Abschreibung dient hier dazu den Werteverzehr nur solcher Anlagen zu erfassen, die dem **Betriebszweck** dienen und somit **betriebsnotwendig** sind. Dieser Werteverzehr wird unter Berücksichtigung der Wettbewerbsfähigkeit in die Preisberechnung der Waren einbezogen. Über die Umsatzerlöse fließen dem Unternehmen die Abschreibungsbeträge dann wieder zu. Damit stehen dem Unternehmen die liquiden Mittel für die Erneuerung der Anlagen wieder zur Verfügung **(Finanzierung durch Abschreibung,** vgl. S. 144). HBL

  Zur Berechnung der kalkulatorischen Abschreibung sind die **betriebsindividuelle Nutzungsdauer,** der **Wiederbeschaffungswert** und die **Abschreibungsmethode** festzulegen.

  - **Betriebsindividuelle Nutzungsdauer:** Gemeint ist die Nutzungsdauer, die die Anlage dem Betrieb dient. Wird sie beispielsweise zu kurz eingeschätzt, wird das Betriebsergebnis verfälscht, weil den einzelnen Rechnungsperioden zu hohe Kosten angelastet werden. Es ist also eher von betriebsindividuellen Erfahrungswerten oder Angaben des Herstellers als von den Durchschnittswerten der Abschreibungstabellen auszugehen.

- **Wiederbeschaffungswert:** Der Anschaffungswert ist als Ausgangswert für die Berechnung der kalkulatorischen Abschreibung nicht geeignet, weil damit bei fortschreitender Kaufkraftentwertung am Ende der Nutzungsdauer nicht mehr dieselbe Anlage angeschafft werden kann. Der Betrieb würde an Substanz verlieren. Soll die Substanz erhalten bleiben, muss die kalkulatorische Abschreibung so bemessen sein, dass über sie am Ende der Nutzungsdauer die teurer gewordene Anlage finanziert werden kann **(Prinzip der Substanzerhaltung).** Dazu wäre der Wiederbeschaffungswert der geeignete Ausgangswert.
- **Abschreibungsmethode:** Um die Kosten der Abschreibungen von Rechnungsperiode zu Rechnungsperiode **vergleichbar** zu gestalten empfiehlt sich bei annähernd gleichmäßiger Beschäftigung die lineare (vgl. S. 71 ff.) als kalkulatorische Abschreibung.

Beispiel Für die kalkulatorische Abschreibung der Transportanlage (vgl. S. 143) wird eine 12-jährige Nutzungsdauer und ein Wiederbeschaffungswert von 180 000,00 EUR zugrunde gelegt. Sie wird wegen gleichmäßiger Nutzung linear abgeschrieben.

Aufwand der Finanzbuchhaltung	Kosten der KLR
Bilanzmäßige Abschreibung $= \frac{160\,000}{8} = 20\,000{,}00$ EUR	Kalkulatorische Abschreibung $= \frac{180\,000}{12} = 15\,000{,}00$ EUR

Somit wird der Betrieb über seine Umsatzerlöse jährlich 15 000,00 EUR Abschreibungskosten auf seine Kunden abwälzen, um nach acht Jahren Nutzungsdauer über die finanziellen Mittel zur Wiederbeschaffung einer neuen Anlagen verfügen zu können.

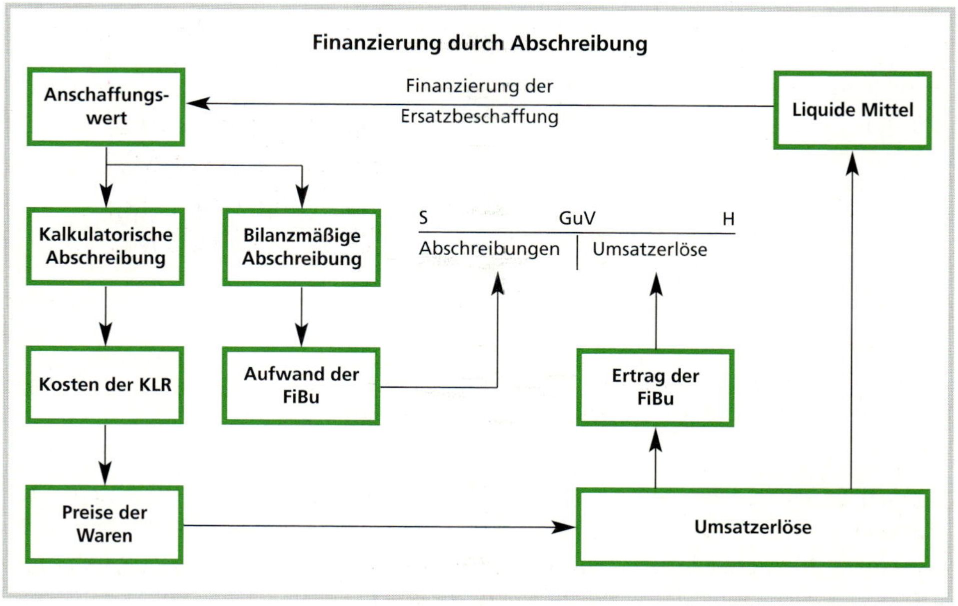

Bilanzmäßige Abschreibung in der Finanzbuchhaltung	Kalkulatorische Abschreibung in der KLR
❑ dient der Bewertung des Vermögens in der Bilanz und der Aufwendungen in der GuV-Rechnung ❑ wird von handels- und steuerrechtlichen Vorschriften bestimmt ❑ wird vom Anschaffungs- oder Buchwert berechnet = **nominelle Abschreibung**	❑ dient der Bewertung des tatsächlichen Werteverzehrs der Anlagen, die für die Leistungserstellung notwendig sind ❑ wird vom Wiederbeschaffungswert berechnet ❑ wird vom Grundsatz der Substanzerhaltung bestimmt = **substanzielle Abschreibung**

In der betriebsbezogenen Abgrenzungsrechnung werden die bilanzmäßigen Abschreibungen auf betriebliche Anlagen abgegrenzt. Stattdessen werden kalkulatorische Abschreibungen in anderer Höhe als Kosten **(Anderskosten)** verrechnet. Der verrechnete Betrag wird den bilanzmäßigen Abschreibungen als verrechnete Kosten auf der Ertragsseite gegenübergestellt. Der ursprünglich neutralisierte Aufwand wird dadurch verringert.

Beispiel Darstellung der Beispiele in der Abgrenzungsrechnung:

Abgrenzungsrechnung / Aufwands- und Ertragspositionen	I Werte der Finanzbuchhaltung		II Unternehmungsbezogene Abgrenzungsrechnung		III Betriebsbezogene Abgrenzungsrechnung		IV Kosten- und Leistungsarten	
	1	2	3	4	5	6	7	8
Bezeichnung	Aufwendungen	Erträge	betriebsfr. Aufwendungen	betriebsfr. Erträge	betr. a. o. Aufwendungen	betr. a. o. Erträge	Kosten	Leistungen
Bilanzmäßige Abschreibungen	20 000,00	–	–	–	20 000,00	–	–	–
Kalkulatorische Abschreibungen	–	–	–	–	–	15 000,00	15 000,00	–

Aufwand der Finanzbuchhaltung	Verrechnete Kosten	Kosten der KLR

Die bilanzmäßige Abschreibung bewirkt Steuerersparnis, Minderung der Ausschüttung und Erhaltung der Liquidität.

Die kalkulatorische Abschreibung wird Preisbestandteil. Über die Umsatzerlöse werden die Anschaffungskosten und somit Mittel zur Wiederbeschaffung freigesetzt.

▶ **Kalkulatorische Zinsen:**

❑ **Zinsen in der Finanzbuchhaltung:** In der Finanzbuchhaltung werden gezahlte Zinsen für aufgenommene Fremdkapitalien als Aufwand erfasst.

❑ **Kalkulatorische Zinsen in der KLR:** Für Zwecke der KLR ist der Zinsaufwand der Finanzbuchhaltung aus folgenden Gründen nicht geeignet:

- **Betriebe mit hohem Fremdkapital** hätten **Wettbewerbsnachteile** gegenüber Betrieben mit hohem Eigenkapitalanteil.
- Über den Preis soll auch eine Verzinsung des eingesetzten Eigenkapitals erwirtschaftet werden.

Die kalkulatorischen Zinsen können jedoch nicht vom Gesamtkapital der Unternehmung berechnet werden, weil das hiermit finanzierte Vermögen teilweise nicht dem Sachziel der Unternehmung dient.

Beispiel Verpachtete Grundstücke oder vermietete Gebäude dienen betriebsfremden Zwecken.

Grundlage für die Berechnung der kalkulatorischen Zinsen bildet das **betriebsnotwendige Vermögen.** Dies wird ermittelt, indem vom Gesamtvermögen die nicht betriebsnotwendigen Vermögensteile abgezogen werden. Von dem verbleibenden betriebsnotwendigen Vermögen sind als so genanntes **Abzugskapital** Kapitalbeträge abzuziehen, für deren Nutzung das Unternehmen **keine Zinsen** zahlen muss (z. B. Kundenanzahlungen) oder deren Verzinsung (nicht ausgenutzter Skonto) **in einer anderen Kostenart** erfasst wird (im Aufwand für Waren).

Beispiel Berechnung der kalkulatorischen Zinsen in der Primus GmbH

Betriebsnotwendiges Anlagevermögen	907 500,00 EUR
+ Betriebsnotwendiges Umlaufvermögen	492 500,00 EUR
= Betriebsnotwendiges Vermögen	1 400 000,00 EUR
– Abzugskapital (Kundenanzahlungen, Verbindlichkeiten a. LL)	150 000,00 EUR
= Betriebsnotwendiges Kapital	1 250 000,00 EUR
Bei einem Zinssatz von 6 % betragen die kalkulatorischen Zinsen	75 000,00 EUR

Die im abgelaufenen Geschäftsjahr gezahlten Zinsen beliefen sich auf 22 105,00 EUR. Davon sind 3 100,00 EUR Hypothekenzinsen für den vermieteten Gebäudeteil. 19 005,00 EUR Zinsen wurden für betriebsnotwendiges Fremdkapital gezahlt. In der KLR sind 75 000,00 EUR kalkulatorische Zinsen für das betriebsnotwendige Kapital zu verrechnen. Somit sind die tatsächlich gezahlten Fremdkapitalzinsen für betriebsnotwendige Fremdkapitalien nicht für die KLR geeignet. Sie sind betriebsbezogen abzugrenzen:

Abgrenzungsrechnung / Aufwands- und Ertragspositionen	I Werte der Finanzbuchhaltung		II Unternehmungsbezogene Abgrenzungsrechnung		III Betriebsbezogene Abgrenzungsrechnung		IV Kosten- und Leistungsarten	
	1	2	3	4	5	6	7	8
Bezeichnung	Aufwendungen	Erträge	betriebsfr. Aufwendungen	betriebsfr. Erträge	betr. a. o. Aufwendungen	betr. a. o. Erträge	Kosten	Leistungen
Bilanzmäßige Zinsen	22 105,00	–	3 100,00	–	19 005,00	–	–	–
Kalkulatorische Zinsen	–	–	–	–	–	75 000,00	75 000,00	–

5	6	7
Betrieblicher Aufwand der Fibu	Verrechnete Kosten	Kosten der KLR

▶ **Kalkulatorische Wagnisse:**

❑ **Wagnisverluste in der Finanzbuchhaltung:** In der Finanzbuchhaltung werden während des Geschäftsjahres Schäden aufgrund von betriebsbedingten **Einzelwagnissen** erfasst.

Einzelwagnis	Beispiele
Beständewagnis	Diebstahl, Verderb, Veraltern, Güteminderung, Wertminderungen durch Preissenkungen
Anlagenwagnis	Bruch oder Beschädigung von Maschinen oder Fahrzeugen durch Explosionen, Brand, Unfälle (Katastrophenverschleiß), technischen Fortschritt, Fehlschätzung der Nutzungsdauer
Vertriebswagnis	Forderungsausfälle, Währungsverluste, Verlust von Absatzgebieten
Gewährleistungswagnis	Kostenlose Reparaturen (Nacharbeiten) verkaufter Waren aus Garantieverpflichtungen oder Ersatzlieferungen

Da sie zeitlich unregelmäßig und in unterschiedlicher Höhe anfallen, können sie nicht in das Betriebsergebnis und in die KLR übernommen werden.

❑ **Kalkulatorische Wagnisse in der KLR:** Sollte der Betrieb gegen einige dieser Verluste, wie Feuerschaden, Haftpflichtansprüche, Diebstähle, durch Fremdversicherung gedeckt sein, so erscheinen die hierfür zu zahlenden Prämien unter den Kosten. Für alle übrigen **Risiken,** die im Allgemeinen **durch Fremdversicherung nicht ausgeschaltet** werden können, sind entsprechende **kalkulatorische Wagniszuschlagskosten** zu berechnen. Kalkulatorische Wagniszuschläge sind daher eine rechnerisch leicht nachprüfbare Form von **Selbstversicherung.** Sie gewährleisten, dass die durch die Risiken anfallenden Aufwendungen stets gedeckt und auf dem Wege über die Selbstkostenrechnung in der Preisstellung für die Waren wieder in das Unternehmen zurückfließen. Es werden also für die tatsächlich geleisteten Wagnisaufwendungen der Finanzbuchhaltung kalkulatorische Wagnisse in die KLR aufgenommen. Die kalkulatorischen Wagniszuschläge errechnen sich aus einem Durchschnittssatz der in den letzten Jahren tatsächlich eingetretenen Verluste.

Beispiel **Berechnung eines Beständewagniszuschlages:** In den letzten fünf Jahren wurden von Herrn Patt, Abteilungsleiter Lager/Versand, folgende Daten ermittelt:

Jahr	Warenkäufe in EUR	Verderb, Schwund u. ä. in EUR	Verlust in % der Käufe
01	1410000,00	16920,00	1,2
02	1290000,00	10320,00	0,8
03	1570000,00	7850,00	0,5
04	1680000,00	33600,00	2,0
05	1817500,00	118750,00	6,5

Durchschnittliches kalkulatorisches Beständewagnis für Waren $= \frac{1{,}2 + 0{,}8 + 0{,}5 + 2{,}0 + 6{,}5}{5} = \mathbf{2{,}2\,\%}$

In die KLR sind somit statt der tatsächlich eingetretenen Wagnisverluste von 118750,00 EUR durchschnittliche kalkulatorische Wagnisse von 2,2 % von 1817500,00 EUR = 39985,00 EUR zu verrechnen.

Abgrenzungsrechnung / Aufwands- und Ertragspositionen	I Werte der Finanzbuchhaltung		II Unternehmungsbezogene Abgrenzungsrechnung		III Betriebsbezogene Abgrenzungsrechnung		IV Kosten- und Leistungsarten	
	1	2	3	4	5	6	7	8
Bezeichnung	Aufwendungen	Erträge	betriebsfr. Aufwendungen	betriebsfr. Erträge	betr. a. o. Aufwendungen	betr. a. o. Erträge	Kosten	Leistungen
Wareneingang	1 936 250,00	–	–	–	118 750,00	–	1 817 500,00	–
Kalkulatorische Beständewagnisse	–	–	–	–	–	39 985,00	39 985,00	–

Spalte 5	Spalte 6	Spalte 7
Betrieblich a.o. Aufwand der Fibu	Verrechnete Kosten	Kosten der KLR

Entsprechend können für andere betriebliche Aufwendungen mit außergewöhnlichen Schwankungen (wie z.B. die Instandhaltungskosten) von Jahr zu Jahr vergleichbare Beträge angesetzt werden.

Durch die Rechnung mit kalkulatorischen Wagniszuschlägen in der KLR werden ökonomische Schäden aufgrund von Einzelwagnissen langfristig verteilt. Die Auswirkung von Zufallsaufwendungen auf das Betriebsergebnis und die Kalkulation wird verhindert. Die KLR arbeitet somit mit relativ stabilen und vergleichbaren Kosten.

Die Gefahr für das Unternehmen als Ganzes aufgrund von Nachfrageverschiebungen und Konjunktureinbrüchen ist nicht Bestandteil der kalkulatorischen Kosten. Dieses allgemeine Unternehmerwagnis wird durch den Gewinn abgegolten.

AWL

● Kalkulatorischer Unternehmerlohn als echte Zusatzkosten

In **Kapitalgesellschaften** erhalten die gesetzlichen Vertreter – Vorstandsmitglieder der AG und Geschäftsführer der GmbH – für ihre Tätigkeit Gehälter. Diese gehen als Grundkosten in die KLR ein.

AWL

Anders ist es beim **Einzelunternehmer** und bei den **Gesellschaftern der Personengesellschaften ;** sie haben nur Anspruch auf einen etwaigen Gewinn. Damit im Gewinn die Arbeitsleistung entgolten wird, muss sie als Kostenbestandteil einkalkuliert werden. Daher muss die Mitarbeit des Unternehmers in seinem eigenen Betrieb als **Kostenbestandteil** erfasst und als **„kalkulatorischer Unternehmerlohn“** in der Kostenrechnung berücksichtigt werden.

Der Unternehmerlohn wird als die Vergütung für die dem Unternehmen durch den Inhaber zur Verfügung gestellte betrieblich notwendige Arbeitskraft angesehen. Bei der Festlegung des kalkulatorischen Unternehmerlohns orientiert sich die KLR an Gehältern leitender Angestellter (Geschäftsführer, Prokuristen) mit gleichwertiger Tätigkeit in einem Unternehmen gleicher Art und Bedeutung sowie gleichen Standortes.

Dem kalkulatorischen Unternehmerlohn stehen **keine Aufwendungen** in der **Finanzbuchhaltung** gegenüber. Daher handelt es sich um **echte Zusatzkosten.**

Beispiel Kalkulatorischer Unternehmerlohn im Jahr 120 000,00 EUR

Abgrenzungsrechnung / Aufwands- und Ertragspositionen	I Werte der Finanzbuchhaltung		II Unternehmungsbezogene Abgrenzungsrechnung		III Betriebsbezogene Abgrenzungsrechnung		IV Kosten- und Leistungsarten	
	1	2	3	4	5	6	7	8
Bezeichnung	Aufwendungen	Erträge	betriebsfr. Aufwendungen	betriebsfr. Erträge	betr. a. o. Aufwendungen	betr. a. o. Erträge	Kosten	Leistungen
Kalkulatorischer Unternehmerlohn	–	–	–	–	–	60 000,00	60 000,00	–

Aufwand der Fibu (Spalte 1) – Verrechnete Kosten (Spalte 6) – Kosten der KLR (Spalte 7)

Kostenrechnerische Korrekturen durch Erfassen von Zusatzkosten

- Wegen der unterschiedlichen Zielsetzung erfassen Finanzbuchhaltung und KLR unterschiedlichen Werteverzehr,
  - die **FiBu** erfasst alle Aufwendungen der Unternehmung,
  - die **KLR** erfasst alle Kosten des Betriebes.
- Die **KLR**
  - grenzt betriebsfremde und betrieblich außerordentliche Aufwendungen ab,
  - übernimmt Zweckaufwendungen als Grundkosten (aufwandsgleiche Kosten),
  - verrechnet kalkulatorische Kosten
    - Anderskosten (aufwandsungleiche Kosten), wie kalkulatorische Abschreibungen, Zinsen, Wagnisse, Miete
    - Echte Zusatzkosten (aufwandslose Kosten), wie kalkulatorischer Unternehmerlohn.
- Mithilfe der kalkulatorischen Kosten werden betriebliche Aufwendungen mit starken Schwankungen für Zwecke der Preisberechnung geglättet und umgeformt **(Anderskosten).**
- In Einzelunternehmen und Personengesellschaften wird **mithilfe** des kalkulatorischen Unternehmerlohns ein Entgelt für die Arbeitsleistung des Unternehmers bzw. der geschäftsführenden Gesellschafter einkalkuliert.

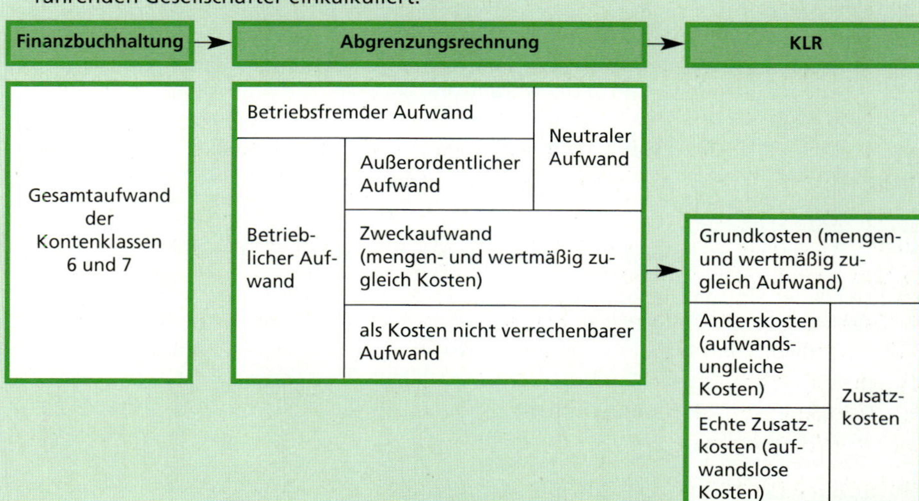

1 In der Finanzbuchhaltung einer Weingroßhandlung wird eine Abfüllanlage mit einem Anschaffungswert von 360 000,00 EUR über die geschätzte Nutzungsdauer von acht Jahren linear abgeschrieben. Die kalkulatorische Abschreibung wird vom geschätzten Wiederbeschaffungswert von 420 000,00 EUR berechnet, wobei von einer betriebsindividuellen Nutzungsdauer von zwölf Jahren ausgegangen wird.

a) Begründen Sie die unterschiedlichen Ansätze der Abschreibung in der Fibu und in der KLR!

b) Berechnen Sie die Abschreibungsbeträge für die Abfüllanlage!

c) Stellen Sie die bilanzmäßige und die kalkulatorische Abschreibung in der Abgrenzungsrechnung dar!

2 Eine Lagertransportanlage, die für 600 000,00 EUR angeschafft wurde, wird in der Fibu jährlich mit 10 % linear abgeschrieben. Die kalkulatorische Abschreibung geht von derselben Nutzungsdauer aus, aber vom Wiederbeschaffungswert von 720 000,00 EUR.

a) Berechnen Sie
   1. die Nutzungsdauer der Lagertransportanlage,
   2. die bilanzmäßige und die kalkulatorische Abschreibung!

b) Stellen Sie die bilanzmäßige und die kalkulatorische Abschreibung in der Abgrenzungsrechnung dar!

3 a) Aus nachstehenden Angaben sind die kalkulatorischen Zinsen in Höhe von 10 % zu ermitteln:

	EUR
Anlagevermögen	5 000 000,00
davon verpachtete Grundstücke	500 000,00
vermietete Lagerhalle	1 500 000,00
Umlaufvermögen	3 000 000,00
Eigenkapital	4 000 000,00
Hypothekenschulden	2 000 000,00
Darlehensschulden	800 000,00
Verbindlichkeiten a. LL	900 000,00
Anzahlungen von Kunden	300 000,00
Die tatsächlich angefallenen Zinsaufwendungen betrugen	270 000,00

b) Begründen Sie die Notwendigkeit der Berücksichtigung kalkulatorischer Zinsen.

4 Errrechnen Sie, mit welchen Beträgen die Einzelwagnisse in der Kostenrechnung des folgenden Jahres zu berücksichtigen sind:

a) **Beständewagnis:** Von den gelagerten Waren der letzten fünf Jahre mit einem Wert von insgesamt 24 Mio. EUR wurden im gleichen Zeitraum Waren im Wert von 672 000,00 EUR durch Verderb, Veraltern unbrauchbar. Im kommenden Jahr wird mit einem Wareneinsatz von 5,8 Mio. EUR gerechnet.

b) **Anlagenwagnis:** Die Reparaturkosten infolge von Bedienungsfehlern, selbst verschuldeten Unfällen, Explosion u. a. betrugen in den letzten acht Jahren insgesamt 320 000,00 EUR.

c) **Gewährleistungswagnis:** 1,4 % des geplanten Umsatzes in Höhe von 24 Mio. EUR.

5 Der Unternehmer Konrad Steiner, dessen Unternehmen mit 20 Beschäftigten einen Umsatz von 18 Mio. EUR erzielt, legt für die Berechnung seines Unternehmerlohnes die Daten einer ihm bekannten Maschinengroßhandlung (GmbH) derselben Branche zugrunde:

Gehalt des Geschäftsführers im Jahr	210 000,00 EUR
Umsatz im Jahr	40 Mio. EUR
Durchschnittliche Zahl der Beschäftigten	50 Personen

Ermitteln Sie den kalkulatorischen Unternehmerlohn für die KLR!

6 Die Finanzbuchhaltung eines Großhandelsbetriebes wies für das abgelaufene Geschäftsjahr folgende Werte aus:

Konto	Kontobezeichnung	Aufwendungen EUR	Erträge EUR
211	Zinsaufwendungen	64 000,00	–
242	Betriebsfremde Erträge	–	240 000,00
261	Zinserträge	–	3 200,00
301	Wareneingang	2 470 000,00	–
40	Personalkosten	3 900 000,00	–
42	Steuern, Beiträge, Versicherungen	260 000,00	–
43	Energie, Betriebsstoffe	82 000,00	–
44	Werbe- und Reisekosten	593 000,00	–
47	Betriebskosten, Instandhaltung	647 000,00	–
48	Allgemeine Verwaltung	530 000,00	–
491	Abschreibungen auf Sachanlagen	480 000,00	–
801	Warenverkauf	–	9 300 000,00

Zu den obigen Positionen liegen folgende Informationen vor:

Konto	Anmerkungen	EUR
211	Zinsaufwendungen für betrieblich notwendiges Fremdkapital. Statt der Fremdkapitalzinsen werden kalkulatorische Zinsen verrechnet (s. u.)	64 000,00
242	Mieterträge	240 000,00
261	Verzugszinsen für verspätet bezahlte Kundenrechnungen	3 200,00
301	Warenverderb, Diebstahl Hierfür werden kalkulatorische Wagnisse berücksichtigt (s. u.)	132 000,00
42	a) Grundsteuer für vermietete Gebäudeteile b) Gewerbesteuernachzahlung für das vergangene Geschäftsjahr c) Restliche Steuern sind Zweckaufwand	6 200,00 42 000,00 211 800,00
47	Dachreparatur und Anstrich a) am vermieteten Gebäudeteil, b) am betrieblich genutzten Gebäudeteil, für die kalkulatorische Wagnisse angesetzt werden.	 36 000,00 240 000,00
49	Abschreibungen: Davon entfallen auf das vermietete Gebäude Für die restlichen bilanziellen Abschreibungen sind kalkulatorische Abschreibungen zu verrechnen.	480 000,00 17 500,00
	Ansonsten handelt es sich um betrieblich ordentliche Erträge und um Zweckaufwand.	
	Folgende kalkulatorische Kosten sind anzusetzen: a) kalkulatorische Abschreibungen b) kalkulatorische Zinsen c) kalkulatorische Wagnisse	 265 000,00 117 000,00 48 000,00

Führen Sie die Abgrenzungsrechnung durch und stimmen Sie die Ergebnisse miteinander ab!

3.5 Verkaufskalkulation in der Vollkostenrechnung

3.5.1 Kalkulation des Verkaufspreises mit Einzelzuschlägen (Kostenträgerstückrechnung) – Vorwärtskalkulation

Die Geschäftsführer der Primus GmbH haben beschlossen, neben den Warengruppen Bürotechnik, -einrichtung, Verbrauch und Organisation eine weitere Warengruppe „Werbegeschenke" aufzunehmen. Frau Svenja Braun, die Assistentin der Geschäftsleitung der Primus GmbH, wird damit beauftragt, die Verkaufspreise für diese neue Warengruppe zu kalkulieren. U. a. hat sie folgende Zahlen vorliegen:

Warengruppe 5: Werbegeschenke						
Artikelbezeichnung	**Art.-Nr.**	**Bezugspreis in EUR**	**Handlungskostenzuschlagssatz**	**Gewinnzuschlagssatz**	**Kundenskonto in %**	**Kundenrabatt in %**
Discman D-245	387B654	111,57	30%	40%	2%	20%
Armbanduhr „Bahnhof"	154B369	9,80	40%	50%	2%	25%
Citroen 2CV „Ente"	374B132	16,21	50%	30%	2%	15%

Da Frau Braun arbeitsmäßig überlastet ist, bittet sie den Auszubildenden Andreas Dick darum, für sie die Berechnungen vorzunehmen.

Arbeitsauftrag

- Stellen Sie das Kalkulationsschema zur Ermittlung der Verkaufspreise auf!
- Berechnen Sie die Listenverkaufspreise für den Discman, die Armbanduhr und den Citroen 2CV mit den angegebenen Zuschlagssätzen!

Die Kostenträgerstückrechnung hat die Aufgaben,

- den **Angebotspreis** einer **Wareneinheit** oder eines **Auftrags** zu berechnen oder zu **kalkulieren (= Vorkalkulation),**
- **abgegebene Angebotspreise** zu einem späteren Zeitpunkt zu **kontrollieren (= Nachkalkulation).**

HBL

Da der Großhandelsbetrieb die eingekauften Waren grundsätzlich ohne Veränderung wieder verkauft, baut die Angebotskalkulation auf dem **Bezugspreis** des Artikels auf. Für die Kalkulation können die Zuschlagssätze der entsprechenden Warengruppe zugrunde gelegt werden, wenn ihre Berechnung noch nicht lange zurückliegt. Haben sich die Gemeinkosten jedoch zwischenzeitlich geändert (z. B. gestiegene Löhne und Gehälter, gestiegene Benzinpreise, Änderung der Telefonentgelte und Porti), müssten die Zuschlagssätze entsprechend angepasst werden. Neben der Deckung der Handlungskosten versucht der Großhändler bei der Kalkulation, einen **ausreichenden Gewinn** zu berücksichtigen.

HBL

In den Fällen, in denen dem Kunden ein längeres **Zahlungsziel** eingeräumt oder ein **Nachlass wegen größerer Mengenabnahme** gewährt wird, muss der Großhändler Kundenskonto und Kundenrabatt einkalkulieren.

Da alle Umsätze umsatzsteuerpflichtig sind, muss er, um den Rechnungsbetrag zu ermitteln, auch die Umsatzsteuer auf den Nettorechnungsbetrag zuschlagen. Wegen der Konkurrenzsituation jedes Großhandelsunternehmens muss bei der Verkaufskalkulation darauf geachtet werden, dass der übliche Marktpreis nicht überschritten wird.

Ausgangspunkt für die **Berechnung des Listenverkaufspreises** ist der **Bezugspreis (Einstandspreis).** Auf den Bezugspreis werden die **Handlungskosten** zugeschlagen. Auf den sich daraus ergebenden **Selbstkostenpreis** rechnet der Großhändler den **Gewinn** und erhält den **Barverkaufspreis**. Wenn ein Händler seinen **Kunden Skonto** und **Rabatt** gewährt, dann berücksichtigt er diese in seiner Kalkulation. Daraus ergeben sich der **Zielverkaufspreis** und der **Listenverkaufspreis.** Auf den Listenverkaufspreis muss der Händler bei Rechnungserteilung noch 16 % Umsatzsteuer hinzurechnen. HBL

Hieraus ergibt sich folgendes Kalkulationsschema für die Berechnung des Listenverkaufspreises:

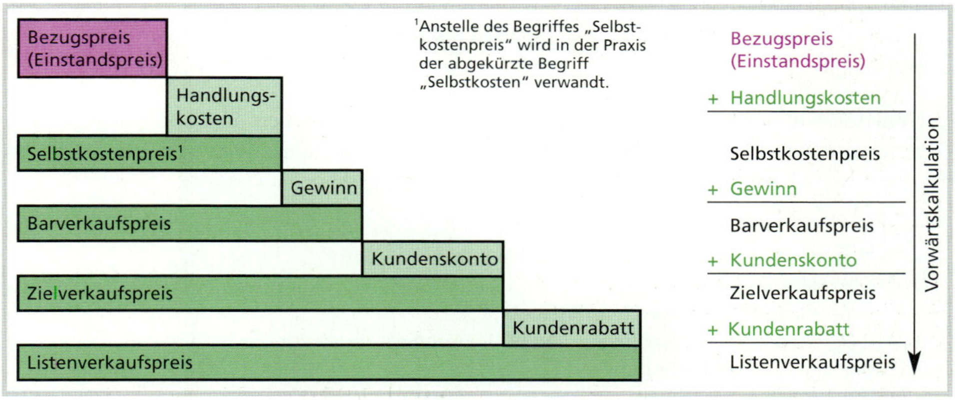

Vom Bezugspreis zum Barverkaufspreis

▶ **Einflussgrößen des Betriebserfolges:** Der **Betriebserfolg (Gewinn/Verlust)** einer Unternehmung wird einerseits durch die **Umsatzerlöse,** andererseits durch die **Kosten** beeinflusst. Die Kosten setzen sich aus den Anschaffungskosten der einzelnen Artikel und den **Handlungskosten,** die Umsatzerlöse aus dem Umsatz der einzelnen Warengruppen zusammen.

Beispiel

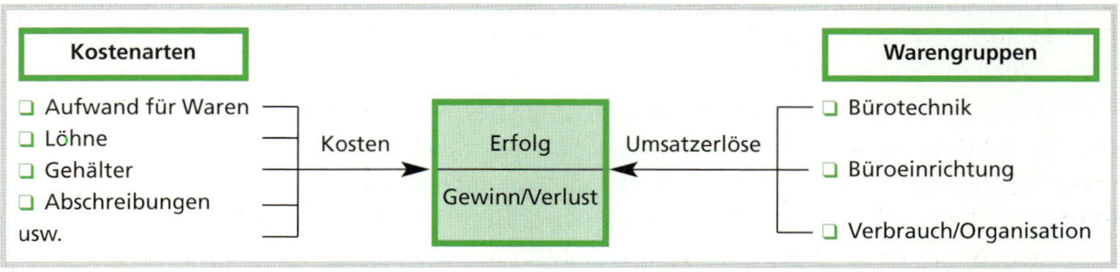

Nehmen beispielsweise die Umsatzerlöse einer Warengruppe (z. B. Bürotechnik) ab oder steigen deren Anschaffungskosten, kann der Gewinn dadurch abnehmen.

Der Unternehmer muss also laufend die Einflussgrößen des Gewinns beobachten, d. h.

- einerseits die **Umsatzerlöse** insgesamt und der einzelnen Warengruppen,
- andererseits die **Kosten** insgesamt und der einzelnen Warengruppen.

Er muss stärker darauf achten, dass möglichst jeder Artikel seine eigenen Kosten deckt und darüber hinaus einen Gewinn erzielt. Der Unternehmer braucht also Informationen über die Umsatzerlöse und die Kosten jeder Ware. Die im Kontenrahmen festgelegte Unterteilung der Kosten- bzw. Aufwandsarten, wie Aufwendungen für Waren, Personalaufwand, Abschreibungen, Aufwand für die Inanspruchnahme von Rechten und Diensten, Aufwendungen für Kommunikation, Betriebliche Steuern, reicht nicht aus.

▶ **Gemein- und Einzelkosten:** Soll die Wirtschaftlichkeit einzelner Warengruppen betrachtet werden, sind den Umsatzerlösen der jeweiligen Warengruppe die entsprechenden Kosten gegenüberzustellen.

Das setzt voraus, dass die in der Abgrenzungsrechnung ermittelten Kosten den einzelnen Waren zugerechnet werden. In Unternehmen mit mehreren Warengruppen ist das jedoch nicht exakt möglich, weil zahlreiche Kostenarten **für mehrere** oder **alle Warengruppen gemeinsam** anfallen.

❑ **Gemeinkosten:** Solche Kosten, die durch mehrere Warengruppen oder alle Warengruppen verursacht werden, sind **Gemeinkosten.** Sie können den einzelnen Warengruppen oder Aufträgen nur auf dem Weg besonderer Umlageverfahren zugerechnet werden.

Beispiele **Gemeinkosten der Primus GmbH**

- Kosten der Entsorgung (Verpackung, Lösungsmittel, Altöl der Fahrzeuge)
- Brennstoffe und Energie
- Gehälter und entsprechende soziale Abgaben
- Aufwendungen für Fremdleistungen (z. B. Fremdinstandsetzungen)
- Lagermiete, Lagerreinigung
- Aufwendungen für Kommunikation (Büromaterial, Fachliteratur, Postentgelte, Werbung)
- Aufwendungen für Versicherungen und Gebühren
- Kalkulatorische Kosten (kalk. Abschreibungen, Zinsen, Wagnisse, Miete)
- Steuern, Gebühren

❑ **Einzelkosten:** Kostenarten, die **einzelnen Warengruppen direkt** zugeordnet werden können, werden als **Einzelkosten** bezeichnet.

Beispiele

- Entgelte für die eingesetzten Waren und deren Beschaffung (Anschaffungskosten)
- Ausgangsfracht für einen bestimmten Kundenauftrag
- Versandverpackung für einen bestimmten Kundenauftrag
- Kundenskonto

▶ **Handlungskostenzuschlag und Selbstkostenpreis:** Durch die Lagerung, die Verwaltung und den Verkauf der Waren entstehen in jeder Unternehmung betriebliche Aufwendungen, die in der Kalkulation als **Geschäftskosten** oder **allgemeine Handlungskosten** bezeichnet werden. Hierzu zählen u. a. Miete, Steuern, Personalkosten, Büromaterial, Werbung, Postgebühren usw.

Diese Kosten werden in der Regel durch alle Waren gemeinsam verursacht **(Gemeinkosten)**. Eine verursachungsgemäße Zurechnung auf jeden einzelnen Artikel ist somit nicht exakt möglich. Daher werden die Geschäfts- oder Handlungskosten in einem Prozentsatz ausgedrückt, dem **Geschäfts- oder Handlungskostenzuschlagssatz**. Dieser Zuschlag wird dann bei der Kalkulation des Selbstkostenpreises einzelner Artikel zugrunde gelegt. Je nach Größe und Sortiment des Unternehmens sind diese Kosten in ihrer Höhe unterschiedlich.

❑ **Berechnung des Handlungskostensatzes/-zuschlagssatzes:** Mithilfe der Unterlagen aus der Buchführung kann der prozentuale Anteil der Handlungskosten am Wareneinsatz (Umsatz zu Einstands- oder Bezugspreisen) festgestellt werden.

Beispiel Die Primus GmbH entnimmt ihrer Buchführung folgende Zahlenwerte:

S		9300 GuV		H
301	Wareneingang	1 817 500,00	Wareneinsatz	1 817 500,00
401/402	Löhne, Gehälter	1 092 500,00	Summe der Handlungskosten = 1 544 875,00 EUR ①	
42	Steuern	39 357,50		
21, 43–48	Sonst. betr. Aufwendungen	359 017,50		
49	Abschreibungen	54 000,00		

Wie viel Prozent beträgt der Handlungskostensatz/-zuschlagssatz?

Lösung ② 1 817 500,00 EUR (Wareneinsatz)[1] = 100 %
1 544 875,00 EUR (Handlungskosten) = x

③ $x = \frac{1\,544\,875 \cdot 100}{1\,817\,500}$

$x = 85\,\%$

Der Handlungskostensatz beträgt 85 %.

Hieraus ergibt sich für die Berechnung des Handlungskostensatzes/-zuschlagssatzes folgende Formel:

$$\textbf{Handlungskostensatz/-zuschlagssatz} = \frac{\text{Handlungskosten in EUR} \cdot 100}{\text{Wareneinsatz}}$$

Rechenweg

① Ermitteln Sie die Summe der Handlungskosten durch Addition aller Kosten!

② Ermitteln Sie den Wareneinsatz! Wenn der Wareneinsatz nicht angegeben ist, ist er aus dem Wareneingangskonto (301) zu ermitteln (vgl. S. 78 f.).

③ Berechnen Sie den Handlungskostensatz/-zuschlagssatz mithilfe des Dreisatzes oder obiger Formel!

❑ **Berechnung des Selbstkostenpreises:** Der Selbstkostenpreis wird ermittelt, indem man zum Bezugspreis die Geschäfts- oder Handlungskosten addiert, wobei die Geschäfts- oder Handlungskosten vom Bezugspreis berechnet werden.

Beispiel Die Primus GmbH kalkuliert einen neuen Artikel, dessen Bezugspreis 350,00 EUR beträgt, mit einem Handlungskostenzuschlagssatz von 85 %. Wie viel EUR beträgt der Selbstkostenpreis?

Lösung

①	Bezugspreis	100 %	350,00 EUR
	+ Handlungskosten	85 %	297,50 EUR
②	Selbstkostenpreis	185 %	647,50 EUR

Der Selbstkostenpreis beträgt 647,50 EUR.

Rechenweg

① Stellen Sie das Kalkulationsschema vom Bezugs- zum Selbstkostenpreis auf!

② Ermitteln Sie mithilfe des Dreisatzes den Selbstkostenpreis!

▶ **Gewinnzuschlag und Barverkaufspreis:** Jeder Großhändler will einen Gewinn erzielen, also muss er ihn einkalkulieren. Dies geschieht durch Zuschlag auf den Selbstkostenpreis mithilfe eines Prozentsatzes (Gewinnzuschlagssatz).

[1] **Wareneinsatz** = verkaufte Waren bewertet zum Bezugs- oder Einstandspreis

Der Gewinnzuschlag enthält:

1. **Eigenkapitalverzinsung** für das im Unternehmen angelegte Eigenkapital; sie ist normalerweise so hoch wie die Zinsen für bei der Bank langfristig angelegtes Kapital;
2. **Unternehmerlohn** für die Arbeitsleistung des Unternehmers in seinem Unternehmen[1];
3. **Risikoprämie** als Vergütung für die Übernahme des unternehmerischen Risikos durch den Unternehmer; sie ist abhängig von der Größe des Risikos in der jeweiligen Branche.

Der Gewinn wird in der Kalkulation prozentual von den Selbstkosten errechnet (Gewinnzuschlag) und dem Selbstkostenpreis zugeschlagen. Somit ergibt sich folgendes Kalkulationsschema:

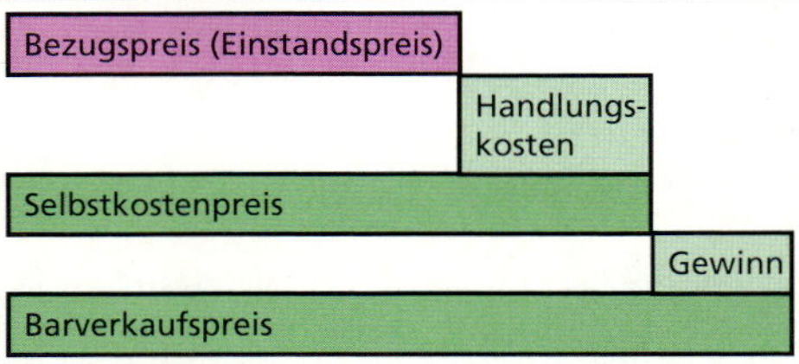

Bezugspreis (Einstandspreis)
\+ Handlungskosten

Selbstkostenpreis
\+ Gewinn

Barverkaufspreis

❑ **Berechnung des Barverkaufspreises:** Durch Addition des Gewinns zum Selbstkostenpreis ergibt sich der Barverkaufspreis.

Beispiel Wie viel EUR beträgt der Barverkaufspreis für einen neuen Artikel, dessen Bezugspreis 350,00 EUR beträgt, wenn die Primus GmbH mit seinem Handlungskostenzuschlagssatz von 85 % und einem Gewinnzuschlagssatz von 6 % rechnet?

Lösung

①	Bezugspreis	100 %		350,00 EUR
	+ Handlungskosten	85 %		297,50 EUR
②	Selbstkostenpreis	185 %	100 %	647,50 EUR
	+ Gewinn		6 %	38,85 EUR
③	Barverkaufspreis		106 %	686,35 EUR

Der Barverkaufspreis beträgt 686,35 EUR.

Rechenweg

① Stellen Sie das Kalkulationsschema vom Bezugs- zum Barverkaufspreis auf!

② Ermitteln Sie den Selbstkostenpreis!

③ Ermitteln Sie mithilfe des Dreisatzes den Barverkaufspreis! Der Selbstkostenpreis beträgt 100 %!

Vom Barverkaufspreis zum Listenverkaufspreis

Großhändler können ihren Kunden Skonto und Rabatt gewähren. Ferner können beim Verkauf von Waren Provisionen anfallen, z. B. für die Umsätze des Verkaufspersonals.

Kundenskonto, Provision und Kundenrabatt werden in den Verkaufspreis eingerechnet. Daraus ergibt sich der Listenverkaufspreis.

▶ **Kundenskonto:** Wird dem Kunden ein längeres Zahlungsziel eingeräumt, kalkuliert der Unternehmer für diesen Kredit Zinsen in Form des Skontos ein. Nimmt der Kunde den angebotenen Kreditzeitraum nicht in Anspruch, weil er früher zahlt, kann er wegen vorzeitiger Zahlung den eingerechneten Zins (Skonto) wieder abziehen. **Skonto** wird daher vom Rechnungsbetrag oder Zielverkaufspreis berechnet. In der Kalkulation muss er jedoch, da der Zielverkaufspreis noch unbekannt ist, im Hundert vom Barverkaufspeis ermittelt werden.

[1] In Kapitalgesellschaften ist der Unternehmerlohn hier nicht anzusetzen, weil er dort bereits in den Handlungskosten (Gehälter) enthalten ist.

AWL

▶ **Prozentrechnen im Hundert (vom verminderten Grundwert):** Der verminderte Grundwert ist stets kleiner als der reine Grundwert. Der verminderte Grundwert liegt vor, wenn der Prozentwert vom Grundwert abgezogen worden ist, z. B. bei der Gewährung von Rabatten, Skonto usw.

Beispiel Der Barverkaufspreis einer neuen Ware der Primus GmbH beträgt 147,00 EUR. Dem Kunden werden 2 % Skonto gewährt. Wie viel EUR beträgt der Zielverkaufspreis?

Lösung

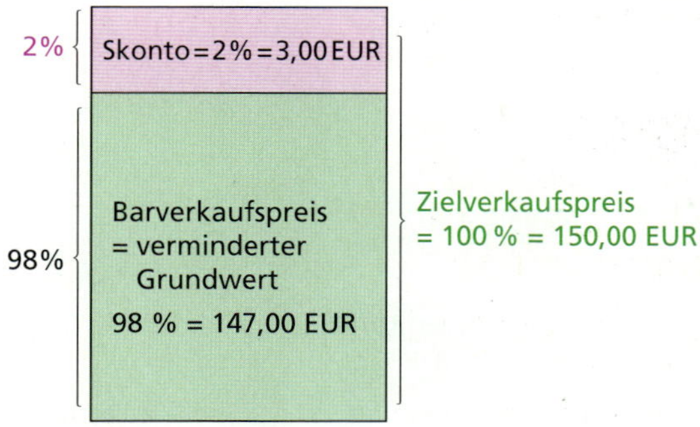

① Bedingungssatz: 98 % = 147,00 EUR

② Fragesatz: 100 % = x

③ Bruchsatz: $x = \frac{147{,}00 \cdot 100}{98}$ $\quad x = \underline{\underline{150{,}00 \text{ EUR}}}$

Der Zielverkaufspreis beträgt 150,00 EUR.

Hieraus lässt sich folgende Formel für die Berechnung des reinen Grundwertes aus dem verminderten Grundwert ableiten:

$$\textbf{Reiner Grundwert} = \frac{\text{Verminderter Grundwert} \cdot 100}{100 - \text{Prozentsatz}}$$

In der Promillerechnung lautet die Formel:

$$\textbf{Reiner Grundwert} = \frac{\text{Verminderter Grundwert} \cdot 1000}{1000 - \text{Promillesatz}}$$

Rechenweg

① Stellen Sie den Bedingungssatz so auf, dass der verminderte Grundwert rechts steht!

② Bilden Sie den Fragesatz, wobei der gesuchte reine Grundwert (x) rechts steht!

③ Stellen Sie den Bruchsatz auf, wobei Sie oben stehende Formel anwenden können!

▶ **Die Vertreterprovision wird ebenfalls vom Zielverkaufspreis berechnet.**

Beispiel Wie viel EUR beträgt der Zielverkaufspreis eines neuen Artikels, dessen Barverkaufspreis 40,00 EUR beträgt, wenn die Primus GmbH ihren Kunden 2 % Skonto und den Handelsvertretern 3 % Verkaufsprovision gewährt?

Lösung

	Barverkaufspreis	95 %		38,00 EUR
+	Kundenskonto	2 %	5 %	0,80 EUR
+	Verkaufsprovision	3 %		1,20 EUR
	Zielverkaufspreis	100 %		40,00 EUR

Kundenskonto und Verkaufsprovision können zu einem Prozentsatz addiert werden.

Der Zielverkaufspreis beträgt 40,00 EUR.

▶ **Kundenrabatt:** Wenn ein Unternehmer seinem Kunden Rabatt gewährt (z. B. der Kunde nimmt eine größere Menge ab), dann berechnet der Unternehmer diesen **Rabatt** vom Listenverkaufspreis. In der Kalkulation muss er jedoch, da der Listenverkaufspreis noch unbekannt ist, im Hundert vom Zielverkaufspreis ermittelt werden.

Berechnung des Listenverkaufspreises

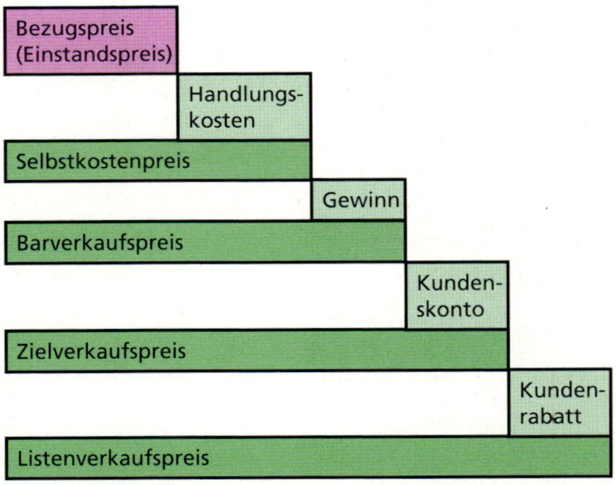

Bezugspreis (Einstandspreis)
\+ Handlungskosten

Selbstkostenpreis
\+ Gewinn

Barverkaufspreis
\+ Kundenskonto

Zielverkaufspreis
\+ Kundenrabatt

Listenverkaufspreis

Beispiel Wie viel EUR beträgt der Listenverkaufspreis für den Druckertisch „Euratio", dessen Barverkaufspreis 125,05 EUR beträgt, wenn die Primus GmbH ihren Kunden 20 % Rabatt und 2 % Skonto gewährt?

Lösung

①	Barverkaufspreis	98 %		125,05 EUR
	+ Kundenskonto	2 %		2,55 EUR
②	Zielverkaufspreis	100 %	80 %	127,60 EUR
	+ Kundenrabatt		20 %	31,90 EUR
③	Listenverkaufspreis		100 %	159,50 EUR

Der Listenverkaufspreis beträgt 159,50 EUR.

Rechenweg

① Stellen Sie das Kalkulationsschema vom Barverkaufs- bis zum Listenverkaufspreis auf!

② Berechnen Sie mithilfe des Dreisatzes den Zielverkaufspreis! Beachten Sie, dass der Zielverkaufspreis immer 100 % beträgt, wenn Sie vom Barverkaufspreis ausgehen!

Barverkaufspreis 98 % = 125,05 EUR
Zielverkaufspreis 100 % = x

$$x = \frac{125{,}05 \cdot 100}{98}$$

$$x = \underline{\underline{127{,}60 \text{ EUR}}}$$

③ Berechnen Sie mihilfe des Dreisatzes den Listenverkaufspreis!
Beachten Sie ebenfalls, dass der Listenverkaufspreis immer 100 % beträgt, wenn Sie vom Zielverkaufspreis ausgehen!

Zielverkaufspreis 80 % = 127,60 EUR
Listenverkaufspreis 100 % = x

$$x = \frac{127{,}60 \cdot 100}{80}$$

$$x = \underline{\underline{159{,}50 \text{ EUR}}}$$

Wenn außer Skonto und Rabatt noch Verkaufsprovision berechnet werden soll, wird zuerst der Skonto mit der Verkaufsprovision zusammengefasst, um den Zielverkaufspreis zu errechnen. Dann wird der Rabatt berücksichtigt, um den Listenverkaufspreis zu berechnen.

	A	B	C	D	E	F
1	**Preiskalkulation (Vorwärtskalkulation)**					
2	Die Preiskalkulation für den Verkauf kann vom Listeneinkaufspreis oder vom Bezugs- oder					
3	Einstandspreis ausgehen. Ziel ist es, den Listenverkaufspreis zu ermitteln.					
4	**Kalkulation des Listenverkaufspreis für den Druckertisch "Euratio", Art-Nr. 305B094**					
5	Kalkulationsschema	%	EUR	Eingabe in D6,B7,B9,C11,B13,B15,B17,B19		
6	Listeneinkaufspreis		72,50	**Formeln**		
7	- Liefererrabatt	20,00	14,50	=C6*B7/100		
8	= Zieleinkaufspreis		58,00	=C6-C7		
9	- Liefererskonto	2,00	1,16	=C8*B9/100		
10	= Bareinkaufspreis		56,84	=C8-C9		
11	+ Bezugskosten		15,66			
12	= Bezugspreis		72,50	=C10+C11		
13	+ Handlungskosten	34,75	25,19	=C12*B13/100		
14	= Selbstkostenpreis		97,69	=C12+C13		
15	+ Gewinn	28,00	27,35	=C14*B15/100		
16	= Barverkaufspreis		125,05	=C14+C15		
17	+ Kundenskonto (i. H.)	2,00	2,55	=C16*B17/Summe(100-B17)		
18	= Zielverkaufspreis		127,60	=C16+C17		
19	+ Kundenrabatt (i. H.)	20,00	31,90	=C18*B19/Summe(100-B19)		
20	= Listenverkaufspreis		159,50	=C18+C19		

Rohgewinn und Reingewinn

Ein Kaufmann muss in der Lage sein für jeden einzelnen Artikel und jede Warengruppe festzustellen, wie viel er auf jeden Bezugspreis insgesamt aufschlagen kann und welchen Gewinn ihm ein Artikel oder eine Warengruppe erbringt. Daher muss er den Roh- und den Reingewinn für seine Waren errechnen können.

Den Unterschied zwischen dem Barverkaufspreis und dem Bezugspreis (Einstandspreis) nennt man Rohgewinn (= Rohertrag). Den Reingewinn (= Gewinn) ermittelt man, indem man vom Rohgewinn die Handlungskosten abzieht. Hieraus ergibt sich für die Berechnung des Roh- und Reingewinnes folgendes Kalkulationsschema:

Bezugspreis (Einstandspreis)
\+ Handlungskosten
Selbstkostenpreis
\+ Gewinn
Barverkaufspreis
= Listenverkaufspreis

Barverkaufspreis in EUR
– Selbstkostenpreis in EUR
= **Reingewinn** in EUR
(Gewinn)

Barverkaufspreis in EUR
– Bezugspreis in EUR
= **Rohgewinn** in EUR
(Rohertrag)

Beispiel Die Primus GmbH bezieht einen neuen Artikel zu einem Bezugspreis (Einstandspreis) von 30,00 EUR. Sie kalkuliert mit 85 % Handlungskosten und 6 % Gewinn.
Wie hoch sind der Rohgewinn und der Reingewinn für diesen Artikel?

Lösung

①	Bezugspreis (Einstandspreis)		100 %	30,00 EUR
	+ Handlungskosten		85 %	25,50 EUR
	Selbstkostenpreis	100 %	185 %	55,50 EUR
	+ Gewinn	6 %		3,33 EUR
②	Barverkaufspreis	106 %		58,83 EUR

③ **Berechnung des Rohgewinns (Rohertrags)**

Barverkaufspreis – Bezugspreis (Einstandspreis)
58,83 EUR – 30,00 EUR = 28,83 EUR

Der Rohgewinn beträgt 28,83 EUR.

④ **Berechnung des Reingewinns (Gewinns)**

Barverkaufspreis – Selbstkostenpreis oder Rohgewinn – Handlungskosten
58,83 EUR – 55,50 EUR = 3,33 EUR 28,83 EUR – 25,50 EUR = 3,33 EUR

Der Reingewinn beträgt 3,33 EUR.

Rechenweg

① Stellen Sie das Kalkulationsschema auf!
② Berechnen Sie die einzelnen Zuschläge stufenweise mithilfe von Dreisätzen!
③ Berechnen Sie den Rohgewinn:

Barverkaufspreis – Bezugspreis (Einstandspreis)

④ Berechnen Sie den Reingewinn:

Barverkaufspreis – Selbstkostenpreis

oder

Rohgewinn – Handlungskosten

Kalkulation des Verkaufspreises mit Einzelzuschlägen (Kostenträgerstückrechnung) – Vorwärtskalkulation

- Die **Kostenträgerstückrechnung** wird auch als Kalkulation bezeichnet. Sie hat die Aufgabe die Selbstkosten- und die Angebotspreise zu kalkulieren.

Einzelkosten	Gemeinkosten
❑ Kostenarten, die dem einzelnen Artikel oder der einzelnen Warengruppe direkt zugerechnet werden können.	❑ Kostenarten, die durch mehrere Warengruppen oder Artikel verursacht werden und somit nicht direkt zugerechnet werden können. ❑ Sie werden den einzelnen Warengruppen oder Artikeln auf dem Wege besonderer Umlageverfahren zugerechnet.

- **Schema zur Ermittlung des Listenverkaufspreises:**

Bezugspreis	100 %
+ Handlungskosten	(vom Hundert)
Selbstkostenpreis	100 %
+ Gewinn	(vom Hundert)
Barverkaufspreis	< 100 %
+ Kundenskonto	(im Hundert)
+ Verkaufsprovision	(im Hundert)
Zielverkaufspreis	< 100 %
+ Kundenrabatt	(im Hundert)
Listenverkaufspreis	= 100 %

Rohgewinn und Reingewinn

Rohgewinn	Reingewinn
Berechnung: Barverkaufspreis – Bezugspreis	Berechnung: Barverkaufspreis – Selbstkostenpreis oder Rohgewinn – Handlungskosten

1 Welche der folgenden Kosten der Primus GmbH sind
a) Einzelkosten, b) Gemeinkosten?

Kosten der Primus GmbH

1. Wareneinsatz „Bürotechnik“
2. Stromverbrauch des Betriebes
3. Kfz-Steuer für die Betriebs-Lkw
4. Werbeanzeigen für Sonderangebote an Bürobedarf
5. Treibstoffverbrauch des Lkw
6. Vertreterprovision
7. Abschreibung der Lagereinrichtung
8. Transportverpackung für verkaufte Waren
9. Miete für die Verwaltungsräume
10. Lohnzahlung an die Lagerarbeiter

2 Berechnen Sie für folgende Artikel den Barverkaufspreis!

	Bezugs-/Einstandspreis in EUR	Handlungskosten-zuschlagssatz in %	Gewinnzuschlagssatz in %
a)	2,60	25	12,5
b)	86,00	15	$8\frac{1}{3}$
c)	136,00	10	10
d)	422,00	$16\frac{2}{3}$	15

3 Berechnen Sie unter Berücksichtigung folgender Angaben den Handlungskostensatz:

	Bezugspreis (Einstandspreis) der verkauften Ware in EUR = Wareneinsatz	Handlungskosten in EUR
a)	200 800,00	50 000,00
b)	460 000,00	115 000,00
c)	733 000,00	165 000,00
d)	930 000,00	215 500,00

4 Berechnen Sie den Selbstkostenpreis nachfolgender Artikel:

	Listeneinkaufspreis in EUR	Liefererrabatt in %	Liefererskonto in %	Fracht in EUR	Handlungskostenzuschlagssatz in %
a)	8,60	10	2	0,30	12,5
b)	68,00	20	2,5	5,60	15
c)	388,00	25	3	25,00	20
d)	645,00	12,5	2	45,00	10

5 Ein Artikel wird mit einem Barverkaufspeis von 17,25 EUR verkauft. Der Selbstkostenpreis betrug 15,00 EUR.
Wie viel Prozent betrug der Gewinnzuschlagssatz?

6 Ein Großhändler verkauft einen ursprünglich mit 25 % Gewinnaufschlag kalkulierten Artikel nach einer Preiserhöhung von 10 % für 24,75 EUR netto.
Errechnen Sie
a) den bisherigen Verkaufspreis der Ware,
b) den bisherigen Selbstkostenpreis des Artikels,
c) den prozentualen Gewinnzuschlagssatz unter Berücksichtigung der Preiserhöhung!

7 Über wie viel EUR lautet der Listenverkaufspreis einer Ware, deren Barverkaufspreis 139,65 EUR beträgt, wenn das Großhandelsunternehmen seinen Kunden 5 % Rabatt und 2 % Skonto gewährt?

8 Berechnen Sie den Listenverkaufspreis einer Ware, deren Barverkaufspreis 51,30 EUR beträgt, wenn folgende Verkaufszuschlagssätze einkalkuliert werden: 3 % Verkaufsprovision, 2 % Kundenskonto und 10 % Kundenrabatt.

9 Ein deutscher Exporteur kalkuliert das Angebot von Elektromotoren auf dem amerikanischen Markt mit 16 % Gewinn. Der Gewinn je Motor beträgt 480,00 EUR.
a) Berechnen Sie den Barverkaufspreis in EUR.
b) Wie viel EUR würde der Gewinn je Motor betragen, wenn der Exporteur mit einem Währungsverlust von 3 % auf den Barverkaufspreis rechnet?

10 Der Bareinkaufspreis für eine Sendung mit 480 Flaschen Apfelsaft beträgt 384,00 EUR. An Bezugskosten fallen insgesamt 36,00 EUR an. Die Handlungskosten betragen 30 % und der Gewinn wird mit 12,5 % berücksichtigt. Der Kundenrabatt soll mit 2 % angesetzt werden.
Berechnen Sie den Listenverkaufspreis für eine Flasche Apfelsaft!

11 Kalkulieren Sie den Listenverkaufspreis:

	Bezugspreis/ Einstandspreis in EUR	Handlungskosten-zuschlagssatz in %	Gewinnzuschlags-satz in %	Kunden-skonto in %	Kunden-rabatt in %
a)	16,00	20	10	2	8
b)	44,00	25	15	2,5	10
c)	112,00	25	$16\frac{2}{3}$	3	5
d)	388,00	$33\frac{1}{3}$	25	2	12,5

12 Berechnen Sie den Listenverkaufspreis sowie den Rohgewinn für nachfolgende Waren:

	Listenein-kaufspreis in EUR	Lieferer-rabatt in %	Bezugs-kosten in EUR	Handlungskosten-zuschlagssatz in %	Gewinnzu-schlagssatz in %
a)	310,00	10	12,00	20	15
b)	680,00	20	25,00	15	25
c)	6,80	5	0,30	25	30
d)	1,20	25	0,10	$16\frac{2}{3}$	20

13 Einem Großhändler liegen drei Angebote für eine neue Ware vor:

Angebot	Listenein-kaufspreis in EUR	Lieferer-rabatt in %	Bezugs-kosten in EUR	Handlungskosten-zuschlagssatz in %	Gewinnzu-schlagssatz in %
A	420,00	10	12,00	20	25
B	450,00	15	7,50	20	25
C	400,00	5	10,00	20	25

a) Berechnen Sie den Rohgewinn und den Reingewinn für jedes Angebot!
b) Ermitteln Sie den Listenverkaufspreis für jedes Angebot!

3.5.2 Vereinfachte Kalkulation mit Kalkulationszuschlag und Kalkulationsfaktor

Nachdem der Auszubildende Andreas Dick etwa 60 Verkaufspreise für verschiedene Werbegeschenke kalkuliert hat, beginnt er laut zu schimpfen. „Das ist ja eine Arbeit für Sträflinge. Immer wieder muss ich die gleichen Berechnungen vornehmen. Ich habe bereits zum vierten Mal bei einem Artikel 30 % Handlungskosten, 40 % Gewinnzuschlag, 2 % Kundenskonto und 20 % Kundenrabatt ausrechnen müssen, um den Verkaufspreis zu ermitteln. Vor lauter Zahlen sehe ich schon nichts mehr." Herr Müller, der zufällig vorbeikommt und die Äußerungen von Andreas mitbekommen hat, lächelt und sagt: „Überlegen Sie doch einmal, wie Sie sich die Arbeit vereinfachen können."

Arbeitsauftrag

- Überlegen Sie, welche Vereinfachungen Andreas bei der Kalkulation der Verkaufspreise vornehmen kann!
- Ermitteln Sie den Kalkulationszuschlagssatz!
- Ermitteln Sie den Kalkulationsfaktor!

Vereinfachungsverfahren bei der Vorwärtskalkulation

Das **Kalkulieren von Verkaufspreisen** ist normalerweise sehr zeitraubend. Deshalb wird in der Praxis nicht jeder einzelne Artikel in der bisher dargestellten Weise kalkuliert. Da für die einzelnen Warengruppen über gewisse Zeiträume die allgemeinen Geschäftskosten (Handlungskosten), der Gewinnzuschlag, der Kundenskonto und der Kundenrabatt konstant bleiben, kann die Kalkulation vereinfacht werden, indem man die einzelnen prozentualen Zuschläge zu einem Gesamtprozentsatz, dem **Kalkulationszuschlagssatz** zusammenfasst[1]. Der Kalkulationszuschlag kann auch als Kalkulationsfaktor ausgedrückt werden.

HBL

▶ **Kalkulationszuschlagssatz**: Ausgangspunkt für die Errechnung des Kalkulationszuschlagssatzes ist der Bezugspreis (Einstandspreis), der immer 100 % entspricht.

> Der Kalkulationszuschlagssatz ist die Differenz zwischen Bezugspreis und Listenverkaufspreis, ausgedrückt in Prozent des Bezugspreises.

Viele gebräuchliche Kalkulationszuschläge sind in Tabellen erfasst, aus denen die Listenverkaufspreise einfach abgelesen werden können.

Um den Kalkulationszuschlagssatz berechnen zu können, müssen entweder die einzelnen Prozentsätze für die Handlungskosten, den Gewinn, den Skonto und den Rabatt bekannt sein oder Bezugspreis (Einstandspreis) und Listenverkaufspreis einer Ware müssen gegeben sein.

▶ Prozentsätze für die einzelnen Zuschläge sind bekannt.

Beispiel Die Primus GmbH kalkuliert einen neuen Artikel mit 85 % Handlungskosten, 6 % Gewinn, 2 % Kundenskonto, 20 % Kundenrabatt.
Wie viel EUR beträgt der Kalkulationszuschlag und wie viel Prozent der Kalkulationszuschlagssatz?
In diesem Fall ist der Bezugspreis (Einstandspreis) nicht bekannt. Er wird daher mit 100 angesetzt.

Lösung

①		Bezugspreis	100,00 EUR	② 100 %	
	+	Handlungskosten	85,00 EUR	85 %	
		Selbstkostenpreis	185,00 EUR	185 %	100 %
	+	Gewinn	11,10 EUR		6 %
		Barverkaufspreis	196,10 EUR	98 %	106 %
	+	Kundenskonto	4,00 EUR	2 %	
		Zielverkaufspreis	200,10 EUR	100 %	80 %
	+	Kundenrabatt	50,03 EUR		20 %
③		Listenverkaufspreis	250,13 EUR		100 %
		Listenverkaufspreis			250,13 EUR
④	–	Bezugspreis (Einstandspreis)			100,00 EUR
		Kalkulationszuschlag in EUR			150,13 EUR
⑤		Kalkulationszuschlagssatz			150,13 %

[1] Im Einzelhandel wird die Umsatzsteuer zusätzlich im Kalkulationszuschlagssatz berücksichtigt, weil die Preisangabenverordnung die Angabe des vergleichbaren Bruttoverkaufspreises für den Konsumenten verlangt.

In diesem Fall entspricht der Kalkulationsszuschlag in EUR (150,13 EUR) dem Kalkulationszuschlagssatz in Prozent (150,13 %).

Rechenweg

① Stellen Sie das Kalkulationsschema auf!

② Setzen Sie den Bezugspreis gleich 100,00 EUR oder 100 %!

③ Ermitteln Sie den Listenverkaufspreis!

④ Ermitteln Sie die Differenz zwischen dem Bezugspreis (Einstandspreis) und dem Listenverkaufspreis und Sie erhalten dann den Kalkulationszuschlag!

⑤ Kalkulationszuschlag in EUR = Kalkulationszuschlag in %.

▶ Bezugspreis (Einstandspreis) und Listenverkaufspreis sind bekannt.

Beispiel Der Bezugspreis (Einstandspreis) eines neuen Artikels beträgt in der Primus GmbH 130,00 EUR. Der Artikel wird zu einem Listenverkaufspreis von 249,00 EUR verkauft.

Wie hoch ist der Kalkulationszuschlagssatz?

In diesem Fall sind der Bezugspreis (Einstandspreis) und der Listenverkaufspreis bekannt. Der Kalkulationszuschlag in EUR kann somit durch Subtraktion des Bezugspreises (Einstandspreisen) vom Listenverkaufspreis ermittelt werden. Mithilfe des Dreisatzes wird der Kalkulationszuschlagssatz berechnet.

Lösung

	Listenverkaufspreis	249,00 EUR
①	– Bezugspreis (Einstandspreis)	130,00 EUR
	Kalkulationszuschlag in EUR	119,00 EUR

②	Bezugspreis	130,00 EUR	= 100 %
③	Kalkulationszuschlag	119,00 EUR	= x

$$x = \frac{119 \cdot 100}{130} \qquad x = \underline{\underline{91{,}54\,\%}}$$

Der Kalkulationszuschlagssatz beträgt 91,54 %.

Hieraus lässt sich für die Berechnung des Kalkulationszuschlagssatzes folgende Formel ableiten.

$$\textbf{Kalkulationszuschlagssatz} = \frac{(\text{Listenverkaufspreis} - \text{Bezugspreis}) \cdot 100}{\text{Bezugspreis}}$$

Rechenweg

① Ermitteln Sie die Differenz zwischen Listenverkaufspreis und Bezugspreis (Einstandspreis)!

② Setzen Sie den Bezugspreis (Einstandspreis) gleich 100 %!

③ Bilden Sie den Fragesatz, indem Sie den Kalkulationszuschlag in EUR als gesuchte Größe (x) einsetzen!

④ Berechnen Sie den Kalkulationszuschlagssatz mithilfe des Dreisatzes oder benutzen Sie obige Formel!

▶ **Kalkulationsfaktor:**[1] In der Praxis des Handels wird zur Vereinfachung der Ermittlung des Listenverkaufspreises nicht nur der Kalkulationszuschlag verwendet, sondern auch der Kalkulationsfaktor. Während der Kalkulationszuschlag zum Bezugspreis addiert wurde, um den Listenverkaufspreis zu erhalten, wird der Kalkulationsfaktor mit dem Bezugspreis multipliziert.

[1] Im Einzelhandel wird die Umsatzsteuer zusätzlich im Kalkulationsfaktor berücksichtigt.

Da der Kalkulationsfaktor den Listenverkaufspreis für 1,00 EUR Bezugspreis (Einstandspreis) darstellt, kann seine Berechnung erfolgen

1. mithilfe des Dreisatzes, wenn der Bezugspreis (Einstandspreis) und der Listenverkaufspreis gegeben sind,
2. mithilfe des Kalkulationsschemas von 1,00 EUR ausgehend, wenn die Einzelzuschläge gegeben sind und der Bezugspreis nicht bekannt ist.

▶ **Bezugspreis und Listenverkaufspreis sind gegeben.**

Beispiel Die Primus GmbH verkauft einen Artikel für 249,00 EUR, der Bezugspreis beträgt 130,00 EUR.

Berechnen Sie den Kalkulationsfaktor!

Lösung Wenn man die Berechnung des Kalkulationszuschlages nicht auf 100,00 EUR, sondern auf 1,00 EUR bezieht, dann entspricht 1,00 EUR Bezugspreis (Einstandspreis) $\frac{249}{130}$ = 1,9154 EUR Listenverkaufspreis, denn

130,00 EUR (Bezugspreis)= 249,00 EUR (Listenverkaufspreis)
1,00 EUR = x

$$x = \frac{249 \cdot 1}{130} \qquad x = \underline{\underline{1{,}9154}}$$

Der Kalkulationsfaktor beträgt 1,9154.

Hieraus lässt sich folgende Formel für die Berechnung des Kalkulationsfaktors ableiten.

$$\textbf{Kalkulationsfaktor} = \frac{\text{Listenverkaufspreis}}{\text{Bezugspreis (Einstandspreis)}}$$

Der Kalkulationsfaktor sollte immer auf vier Stellen hinter dem Komma errechnet werden, da sonst Abweichungen auftreten können.

▶ **Der Kalkulationszuschlagssatz ist gegeben.** Wenn der Kalkulationszuschlagssatz bekannt ist, kann man den Kalkulationsfaktor folgendermaßen errechnen:

$$\textbf{Kalkulationsfaktor} = \frac{\text{Kalkulationszuschlagssatz} + 100}{100}$$

Beispiel Der Kalkulationszuschlagssatz eines Artikels der Primus GmbH beträgt 80 %.
Berechnen Sie den Kalkulationsfaktor!

Lösung

$$\textbf{Kalkulationsfaktor} = \frac{80 + 100}{100} = \underline{\underline{1{,}8}}$$

Der Kalkulationsfaktor beträgt 1,8.

Weitere Beispiele

Kalkulationszuschlag	Kalkulationsfaktor	Kalkulationszuschlag	Kalkulationsfaktor
20 %	1,2	200 %	3
55,5 %	1,555	260 %	3,6
100 %	2	300 %	4
143,5 %	2,435	350 %	4,5

▶ **Berechnung des Listenverkaufspreises mithilfe des Kalkulationsfaktors:** Wenn der Bezugspreis (Einstandspreis) und der Kalkulationsfaktor bekannt sind, kann man den Listenverkaufspreis errechnen, indem man den Bezugspreis mit dem Kalkulationsfaktor multipliziert.

Listenverkaufspreis = Bezugspreis · Kalkulationsfaktor

Beispiel Der Bezugspreis (Einstandspreis) eines Artikels der Primus GmbH beträgt 130,00 EUR. Der Kalkulationsfaktor ist angegeben mit 1,9154. Berechnen Sie den Listenverkaufspreis!

Lösung

Listenverkaufspreis = 130 · 1,9154 = 249,00 EUR

Der Listenverkaufspreis beträgt 249,00 EUR.

Vereinfachte Kalkulation mit Kalkulationszuschlag und Kalkulationsfaktor

Vereinfachte Verkaufskalkulation

Kalkulationszuschlag		Kalkulationsfaktor
Differenz zwischen Listenverkaufspreis (LVP) und Bezugspreis (BP), ausgedrückt in Prozent des Bezugspreises (= 100 %)		Listenverkaufspreis für 1,00 EUR Bezugspreis
$KZ = \frac{(LVP - BP) \cdot 100}{BP}$	**Berechnung**	$KF = \frac{LVP}{BP}$ oder $\frac{\text{Kalkulationszuschlagssatz} + 100}{100}$
Bezugspreis + Kalkulationszuschlag LVP	**Anwendung zur Berechnung des LVP**	Bezugspreis · Kalkulationsfaktor = LVP

1 Berechnen Sie Kalkulationszuschlagssatz und Kalkulationsfaktor für eine Großhandlung, die mit 20 % Handlungskosten, $16\frac{2}{3}$ % Gewinn, 2 % Kundenskonto und 15 % Kundenrabatt kalkuliert!

Berechnen Sie den Listenverkaufspreis einer Ware, die für 226,80 EUR eingekauft wurde a) mithilfe des Kalkulationszuschlagssatzes, b) mithilfe des Kalkulationsfaktors!

2 Berechnen Sie den Kalkulationszuschlagssatz und den Kalkulationsfaktor folgender Artikel:

Artikel	Bezugspreis in EUR	Listenverkaufspreis in EUR
I	278,00	619,00
II	24,80	68,19
III	846,60	1 299,00
IV	0,96	3,89

3 Berechnen Sie für folgende Artikel den Listenverkaufspreis und den Kalkulationsfaktor!

Artikel	Bezugspreis in EUR	Kalkulationszuschlagssatz in %
I	154,50	80,9
II	6,30	165,08
III	38,60	310
IV	2,20	33

4 Aufgrund nachfolgender Angaben sind der Kalkulationszuschlag und der Kalkulationsfaktor zu berechnen:

	Bezugspreis (Einstandspreis) in EUR	Handlungskosten in %	Gewinnzuschlagssatz in %	Kundenrabatt in %	Kundenskonto in %
a)	196,00	20	25	5	2
b)	2,80	15	10	–	3
c)	876,00	25	20	10	2
d)	1,58	22	$16\frac{2}{3}$	–	–
e)	26,80	25	20	–	3

5 Vervollständigen Sie nebenstehendes Kalkulationsschema für einen Artikel, dessen Listenverkaufspreis und Listeneinkaufspreis vorgegeben sind.

Berechnen Sie

a) den Zieleinkaufspreis,
b) den Bareinkaufspreis,
c) den Bezugspreis (Einstandspreis),
d) die Selbstkosten,
e) den Reingewinn in EUR,
f) den Kalkulationsfaktor,
g) den Kalkulationszuschlag!

Listeneinkaufspreis	480,00 EUR
5 % Rabatt	? EUR
Zieleinkaufspreis	? EUR
3 % Skonto	? EUR
Bareinkaufspreis	? EUR
Bezugskosten	57,68 EUR
Bezugspreis (Einstandspreis)	? EUR
20 % Handlungskosten	? EUR
Selbstkosten	? EUR
Gewinn	? EUR
Listenverkaufspreis	700,00 EUR

6 Der Bareinkaufspreis einer Ware beträgt 217,50 EUR, die Bezugskosten betragen 7,50 EUR, der Listenverkaufspreis beträgt 450,00 EUR.
Ermitteln Sie a) den Bezugspreis, b) den Kalkulationsfaktor!

7 Der Bezugspreis einer Ware beträgt 150,00 EUR, der Listenverkaufspreis 240,00 EUR.
Ermitteln Sie a) den Kalkulationszuschlag in Prozent, b) den Kalkulationsfaktor!

8 Ein Großhändler bezieht eine Ware für 310,00 EUR. Er kalkuliert 25 % Handlungskosten, 20 % Gewinn und 14 % Rabatt.
a) Wie viel EUR beträgt der Listenverkaufspreis der Ware?
b) Wie viel Prozent beträgt der Kalkulationszuschlagssatz?
c) Ermitteln Sie den Kalkulationsfaktor!

9 Eine Ware, deren Einstandspreis 160,00 EUR je 100 kg beträgt, wird mit 1,12 EUR je 500 g gelistet.
a) Wie viel Prozent beträgt der Kalkulationszuschlagssatz?
b) Ermitteln Sie den Kalkulationsfaktor!

10 Ein Großhändler bietet eine Ware für 135,00 EUR an. Der Kalkulationsfaktor beträgt 1,5.
Wie viel EUR beträgt der Bezugspreis (Einstandspreis) der Ware?

3.5.3 Kalkulatorische Rückrechnung mit Einzelzuschlägen und mit der Handelsspanne und Differenzkalkulation

Nach zwei Stunden erscheint Frau Braun und betrachtet die bisher vom Auszubildenden Dick kalkulierten Verkaufspreise (s. S. 152). „Beim ‚Discman D-245' müssen wir uns etwas einfallen lassen. Unser Konkurrent, die Schneider & Co KG, bieten einen ähnlichen Discman zu einem Verkaufspreis von 229,00 EUR an. Überprüfen Sie bitte einmal, ob wir unseren Verkaufspreis für diesen Artikel bei 228,00 EUR festlegen können!"

Arbeitsauftrag

- Überprüfen Sie, wie weit der Verkaufspreis für den Discman gesenkt werden kann!
- Ermitteln Sie den verbleibenden Gewinn für den Discman, wenn der Verkaufspreis auf 228,00 EUR festgelegt wird!
- Ermitteln Sie die Handelsspanne bei einem Verkaufspreis von 228,00 EUR!

Rückwärtskalkulation mit Einzelzuschlägen

HBL

Oft kann im **Wettbewerb mit Konkurrenzunternehmen** ein bestimmter **Marktpreis** nicht überschritten werden. Der Großhändler muss in diesem Fall den **aufwendbaren Bezugspreis (Einstandspreis)** ermitteln, um einen angestrebten Gewinn, die Handlungskosten und sonstige Zuschläge gedeckt zu bekommen (= Rückwärtskalkulation).

In der **kalkulatorischen Rückrechnung** stellt sich für den Großhändler die Aufgabe, von einem gegebenen Listenverkaufspreis aus den aufwendbaren Bezugspreis (der Preis, zu dem er höchstens einkaufen darf) zu kalkulieren.

Beispiel Aus Konkurrenzgründen darf in der Primus GmbH der Listenverkaufspreis von 39,50 EUR für den Artikel Nr. 239B632 Kopierpapier Primus nicht überschritten werden. Die Primus GmbH kalkuliert diesen Artikel mit 40 % Handlungskosten, 20 % Gewinn, 2 % Kundenskonto und 5 % Kundenrabatt.

Zu welchem Bezugspreis (Einstandspreis) darf die GmbH den Artikel höchstens einkaufen?

Lösung

①		Bezugspreis (Einstandspreis)	21,89 EUR	100 %				
	+	Handlungskosten	8,76 EUR	40 %	a. H.			
		Selbstkostenpreis	30,65 EUR	140 %	100 %			
	+	Gewinn	6,13 EUR		20 %	a. H.		
③		Barverkaufspreis	36,78 EUR		120 %	98 %		
	+	Skonto	0,75 EUR			2%	v. H.	
		Zielverkaufspreis	37,53 EUR			100 %	95 %	
	+	Rabatt	1,97 EUR				5 %	v. H.
②		Listenverkaufspreis	39,50 EUR				100 %	

Der Bezugspreis darf höchstens 21,89 EUR betragen.

Rechenweg

① Stellen Sie das Kalkulationsschema auf und geben Sie durch einen Pfeil die Richtung der Rechnung an!

② Rechnen Sie vom Listenverkaufspreis auf den Barverkaufspreis zurück. Dabei ist der Kundenrabatt vom Listenverkaufspreis und der Kundenskonto vom Zielverkaufspreis zu berechnen **(Vom-Hundert-Rechnung).**

③ Rechnen Sie vom Barverkaufspreis unter Berücksichtigung von Gewinn und Handlungskosten auf den Bezugspreis (Einstandspreis) zurück!

Achten Sie darauf, dass hier in beiden Fällen eine **Auf-Hundert-Rechnung** vorliegt, weil die Handlungskosten auf den Bezugspreis (Einstandspreis) und der Gewinn auf den Selbstkostenpreis aufgerechnet wurden.

Schema zur Ermittlung bei der Rückwärtskalkulation

	Bezugspreis (Einstandspreis)	
+	Handlungskosten	a. H.
	Selbstkostenpreis	
+	Gewinn	a. H.
	Barverkaufspreis	
+	Skonto	v. H.
	Zielverkaufspreis	
+	Rabatt	v. H.
	Listenverkaufspreis	

Kalkulation des Bezugspreises mit der Handelsspanne

HBL

Die Differenz zwischen dem Listenverkaufspreis und dem Bezugspreis kann auf den Listenverkaufspreis bezogen, ebenfalls als Gesamtprozentsatz, der **Handelsspanne**, zusammengefasst werden.

Mithilfe der Handelsspanne errechnet man den Bezugspreis (Einstandspreis) einer Ware. Die Handelsspanne spielt insbesondere dann eine Rolle, wenn die Ware zu Richtpreisen (vom Hersteller für Markenartikel unverbindlich vorgeschlagen = **Preisempfehlung**) überall zu einem fest vorgegebenen Listenverkaufspreis verkauft werden soll.

Während beim Kalkulationszuschlag als Bezugsgröße der Bezugspreis zugrunde gelegt wird, geht man bei der Handelsspanne vom Listenverkaufspreis aus.

> Die Handelsspanne ist somit ein Prozentsatz, bezogen auf den Listenverkaufspreis, der die EUR-Differenz zwischen Bezugspreis (Einstandspreis) und Listenverkaufspreis in Prozent des Listenverkaufspreises angibt.

▶ **Listenverkaufspreis und Bezugspreis (Einstandspreis) sind bekannt.** Wenn sowohl der Listenverkaufspreis als auch der Bezugspreis bekannt sind, dann lässt sich die Handelsspanne mithilfe des Dreisatzes berechnen, da der Listenverkaufspreis 100 % entspricht und die Differenz zwischen Listenverkaufspreis und Bezugspreis in EUR die gesuchte Größe darstellt.

Beispiel Aus Konkurrenzgründen bietet die Primus GmbH einem Großabnehmer den Artikel Computer-Papier A4, Artikel-Nr. 705B251, zu einem Listenverkaufspreis von 20,00 EUR an. Der Bezugspreis für diesen Artikel beträgt 12,18 EUR.

Lösung

	Listenverkaufspreis	20,00 EUR
–	Bezugspreis (Einstandspreis)	12,18 EUR

Differenz = 7,82 EUR

20,00 EUR = 100 %
7,82 EUR = x

$$x = \frac{7{,}82 \cdot 100}{20} \qquad x = \underline{\underline{39{,}1\,\%}}$$

Die Handelsspanne beträgt 39,1 %.

Daraus lässt sich folgende Formel für die Berechnung der Handelsspanne ableiten:

$$\textbf{Handelsspanne} = \frac{(\text{Listenverkaufspreis} - \text{Bezugspreis}) \cdot 100}{\text{Listenverkaufspreis}}$$

Rechenweg

- ❑ Berechnen Sie die Handelsspanne in Prozent, indem Sie obige Formel benutzen!
- ❑ Die Handelsspanne ist immer kleiner als der Kalkulationszuschlag.

▶ Kalkulationszuschlag und -faktor sind bekannt.

Beispiel Der Kalkulationszuschlag für den Artikel Schreibtisch Classic, Artikel-Nr. 308B122, beträgt 120 %.

Wie viel Prozent beträgt die Handelsspanne?

Lösung

$$\textbf{Handelsspanne} = \frac{\text{Kalkulationszuschlag}}{\text{Kalkulationsfaktor}} = \frac{120}{2{,}2} = \underline{\underline{54{,}55\,\%}}$$

Die Handelsspanne ist immer kleiner als der Kalkulationszuschlag.

	A	B	C	D	E
1	**Kalkulationszuschlag, Kalkulationsfaktor, Handelsspanne**				
2	Sind Listenverkaufspreis (LVP) und Bezugs-/Einstandspreis bekannt,				
3	so kann die vereinfachte Verkaufskalkulation durchgeführt werden.				
4	**Bezugs-/Einstandspreis (BP)**		12,18	EUR	
5	**Listenverkaufspreis (LVP)**		20,00	EUR	
6					
7	**Kalkulationszuschlag:**		64,20	%	
8	**Kalkulationsfaktor:**		1,642		
9	**Handelsspanne:**		39,10	%	
10	Eingabe in C4,C5				
11	Ausgabe in C7 durch die Formel =(C5-C4)*100/C4				
12	Ausgabe in C8 durch die Formel =C5/C4				
13	Ausgabe in C9 durch die Formel =(C5-C4)*100/C5				

● Differenzkalkulation

HBL

Wenn sowohl der Listenverkaufspreis als auch der Bezugspreis (Einstandspreis) vorgegeben sind, prüft der Großhändler, ob ihm noch **ein angemessener Gewinn** bleibt. Dies geschieht, indem mithilfe der Differenzkalkulation, einer Kombination aus Vorwärts- und Rückwärtskalkulation, der verbleibende Gewinn errechnet wird.

Beispiel Die Primus GmbH erhält für einen neuen Artikel folgendes Angebot:
Listeneinkaufspreis 200,00 EUR, 25 % Liefererrabatt, Bezugskosten 10,00 EUR, empfohlener Listenverkaufspreis 230,00 EUR.
Die Primus GmbH kalkuliert diesen Artikel mit 25 % Handlungskosten und 5 % Kundenrabatt. Welchen Gewinn kann die Primus GmbH in EUR und in Prozent erzielen?

Lösung

①		Listeneinkaufspreis	200,00 EUR	100 %	
		– Liefererrabatt	50,00 EUR	25 %	
Vorwärts-kalkulation ↓		Zieleinkaufspreis	150,00 EUR	75 %	
		+ Bezugskosten	10,00 EUR		
		Bezugspreis (Einstandspreis)	160,00 EUR	100 %	
		+ Handlungskosten	40,00 EUR	25 %	
		Selbstkostenpreis	② 200,00 EUR	125 % ↓	100 %
		+ Gewinn ④ ↕	18,50 EUR		9,25 %
Rückwärts-kalkulation ↑		Barverkaufspreis	③ 218,50 EUR	95 % ↑	109,25 %
		+ Kundenrabatt	11,50 EUR	5 %	
		Listenverkaufspreis	230,00 EUR	100 %	

⑤ 200,00 EUR (Selbstkostenpreis) = 100 %
18,50 EUR (Gewinn) = x

$$x = \frac{100 \cdot 18{,}5}{200} \qquad x = \underline{\underline{9{,}25\,\%}}$$

Rechenweg

① Stellen Sie das Kalkulationsschema auf und setzen Sie die Pfeile so ein, dass die Richtung der Rechnung angegeben wird!

② Ermitteln Sie, ausgehend vom Listeneinkaufspreis, den Selbstkostenpreis → Vorwärtskalkulation!

③ Ermitteln Sie, ausgehend vom Listenverkaufspreis, den Barverkaufspreis → Rückwärtskalkulation!

④ Ermitteln Sie den Gewinn in EUR als Differenz zwischen dem Barverkaufspreis und dem Selbstkostenpreis!

⑤ Ermitteln Sie den Gewinn in Prozent, wobei der Selbstkostenpreis 100 % entspricht.

	A	B	C	D	E
1	**Preiskalkulation (Differenzkalkulation)**				
2	Wenn Listeneinkaufs- bzw. Bezugspreis und der Listenverkaufspreis durch Marktbedingungen vorge-				
3	geben sind, so muss untersucht werden, ob der verbleibende Gewinn ausreicht.				
4	**Kalkulationsschema**	%	EUR		Eingaben C5,B6,C8,B10,B14,C15
5	Listeneinkaufspreis		200,00	Eingabe!	**Formeln**
6	- Liefererrabatt	25,00	50,00	◄—	=C5*B6/100
7	= Zieleinkaufspreis		150,00	◄—	=C5-C6
8	+ Bezugskosten		10,00	Eingabe!	
9	= Bezugspreis (Einstandspreis)		160,00	◄—	=C7+C8
10	+ Handlungskosten	25,00	40,00	◄—	=C9*B10/100
11	= Selbstkostenpreis	▼	200,00	◄—	=C9+C10
12	+ Gewinn	**9,25**	**18,50**	◄—	C12:=C13-C11 und B12:=C12*100/C11
13	= Barverkaufspreis	▲	218,50	◄—	=C15-C14
14	+ Kundenrabatt (i. H.)	5,00	11,50	◄—	=C15*B14/100
15	= Listenverkaufspreis		230,00	Eingabe!	

Kalkulatorische Rückrechnung, Kalkulation des Bezugspreises mit Handelsspanne und Differenzkalkulation

Rückwärtskalkulation	Differenzkalkulation
❑ durch Markt vorgegebener Listenverkaufspreis ❑ Ermittlung des aufwendbaren BP (EP)	❑ durch Markt vorgegebener BP (EP) und LVP ❑ Ermittlung des verbleibenden Gewinns
Schema zur Ermittlung des BP (vgl. S. 169f.)	Schema zur Ermittlung des verbleibenden Gewinns (vgl. S. 172)

Vereinfachung der Rückwärtskalkulation mit der Handelsspanne

Berechnung:

$$\textbf{Handelsspanne} = \frac{(LVP - BP) \cdot 100}{LVP}$$

Anwendung zur Berechnung des BP:

$$\textbf{BP} = LVP - \frac{LVP \cdot Hsp.}{100}$$

1 Ein Großhändler möchte einen Artikel neu in sein Sortiment aufnehmen. Aus Konkurrenzgründen soll dieser Artikel zu einem Listenverkaufspreis von 1 700,00 EUR verkauft werden. Der Großhändler kalkuliert mit folgenden Sätzen: 30 % Handlungskosten, 20 % Gewinn, 3 % Kundenskonto und 5 % Kundenrabatt.

Zu welchem Bezugspreis (Einstandspreis) muss der Großhändler diesen Artikel einkaufen?

2 Um einen Artikel auf den Markt bringen zu können empfiehlt ein Hersteller dem Großhändler einen Listenverkaufspreis von 76,00 EUR.

Welchen Bezugspreis (Einstandspreis) kann der Großhändler höchstens anlegen, wenn er mit 25 % Handlungskostenzuschlagssatz, $16^2/_3$ % Gewinnzuschlagssatz, 5 % Verkaufsprovision und 10 % Kundenrabatt kalkuliert?

3 Ein Großhändler kalkuliert mit folgenden Zuschlägen: 5 % Kundenrabatt, 2 % Kundenskonto, 40 % Handlungskosten, 22 % Gewinn, 4 % Verkaufsprovision.

Eine Ware, die neu in das Sortiment aufgenommen werden soll, darf aus Konkurrenzgründen höchstens zu einem Listenverkaufspreis von 307,02 EUR verkauft werden.

Ermitteln Sie den aufwendbaren Bezugspreis!

4 Errechnen Sie die höchstens aufwendbaren Bezugspreise:

	Listenverkaufspreis in EUR	Kundenskonto in %	Kundenrabatt in %	Handlungskosten in %	Gewinnzuschlagssatz in %
a)	1 105,26	2	10	25	15
b)	750,88	3	5	20	12,5
c)	113,16	2	$8^1/_3$	30	25
d)	69,30	2	5	15	10
e)	2,79	–	–	20	25

5 Zu welchem Bezugspreis kann ein Großhändler einen Artikel höchstens einkaufen, wenn der Listenverkaufspreis aus Konkurrenzgründen auf höchstens 349,13 EUR festgesetzt werden muss?

Der Großhändler rechnet mit folgenden Zuschlägen: 12,5 % Gewinn, 25 % Handlungskosten und 2 % Kundenskonto.

6 Welchem Kalkulationszuschlag und Kalkulationsfaktor entsprechen folgende Handelsspannen:
20 %; $33^1/_3$ %; 40 %; 50 %; 66,48 %?

7 Welcher Handelsspanne entsprechen folgende Kalkulationsfaktoren:
1,2; 1,75; 1,936; 2,0; 2,45; 3,1; 4,2?

8 Ermitteln Sie den Kalkulationszuschlag, den Kalkulationsfaktor und die Handelsspanne!

	Bezugspreis (Einstandspreis) in EUR	Listenverkaufspreis in EUR
a)	2,60	4,29
b)	12,40	25,90
c)	72,00	180,90
d)	125,70	199,00
e)	396,00	798,00

9 Ein Großhändler kalkuliert mit folgenden Zuschlägen: Handlungskosten 25 %, Gewinn 12,5 %, Rabatt 14 %.
a) Wie viel Prozent beträgt der Kalkulationszuschlag?
b) Wie viel Prozent beträgt die Handelsspanne?

10 Ermitteln Sie den Gewinn in EUR und in Prozent, den man bei nachfolgenden Kalkulationswerten erzielen kann:

	Bezugspreis (Einstandspreis) in EUR	Handlungskostenzuschlagssatz in %	Kundenskonto in %	Kundenrabatt in %	Listenverkaufspreis in EUR
a)	40,00	25	3	5	77,98
b)	298,00	20	2	10	463,86
c)	6,40	15	2	–	9,63
d)	430,00	$16^2/_3$	2	$8^1/_3$	788,60

11 Ein Elektrogerät wird in einem Großhandelsbetrieb zum Listenverkaufspreis von 59,65 EUR angeboten. Der Großhändler kalkuliert mit 8 % Handlungskosten und 5 % Kundenrabatt. Der Listeneinkaufspreis beträgt 44,00 EUR. Der Lieferer gewährt 20 % Liefererrabatt.

Berechnen Sie den Gewinn in EUR und in Prozent!

12 Ein Hersteller empfiehlt für einen Artikel einen Listenverkaufspreis von 560,00 EUR. Ein Großhändler kann diesen Artikel zu einem Bezugspreis von 360,00 EUR beziehen. Er kalkuliert mit $33^1/_3$ % Handlungskosten.

Berechnen Sie den Gewinn in EUR und in Prozent!

3.6 Kosten- und Leistungsrechnung als Teilkostenrechnung

3.6.1 Mängel der Vollkostenrechnung

Für einen Kunden benötigt das Bürofachgeschäft Herbert Blank 400 spezielle Computertische, die die Primus GmbH noch nicht in der Warengruppe „Büroeinrichtung" führt. Über mehrere Anfragen ist die Einkaufsabteilung der Primus GmbH fündig geworden. Der Computertisch wird der Primus GmbH für 210,00 EUR angeboten. Sofort wurde dem Kunden Herbert Blank ein Abgebot unter Berücksichtigung von 85 % Handlungskosten und 6 % Gewinn (vgl. S. 154 f.) unterbreitet: 411,81 EUR je Computertisch.

Frau Dorothea Klein, die Gruppenleiterin Verkauf/Marketing für die Warengruppe „Büroeinrichtung" hat mehrere Tage nach Unterbreitung eines schriftlichen Angebotes auf einen Auftrag des Kunden Herbert Blank gewartet, vergebens. Sie versucht auf telefonischem Wege den Grund zu erfahren.

„Wir haben zwar den Auftrag noch nicht vergeben, aber einer Ihrer Mitbewerber hat den Computertisch mehr als 90,00 EUR billiger angeboten," sagt Herr Blank. „Das ist nicht möglich, die Konkurrenz muss doch auch kalkulieren." „Ja, aber sie kalkuliert wohl anders." Frau Klein wendet sich nach dem Telefongespräch mit Herrn Blank sofort an Herrn Zimmer in der Kostenrechnung: „Ihr müsst den Angebotspreis für den Computertisch neu kalkulieren; wir müssen den Auftrag unbedingt bekommen!"

Arbeitsauftrag Zeigen Sie Möglichkeiten auf, wie das erreicht werden kann!

Ein Großhandelsbetrieb muss ständig auf seine **Wirtschaftlichkeit** achten. Diese ist gegeben, wenn die **Leistungen** aus dem Verkauf der Waren (= Verkaufspreis) **über den Kosten** liegen, die die Leistungserbringung verursacht hat. Bei der Kalkulation der Waren muss somit darauf geachtet werden, dass sämtliche anfallenden Kosten den Kostenträgern zugerechnet **(Vollkostenrechnung),** damit sie über den Verkauf (Umsatz) hereingeholt werden.

Marktorientierte Unternehmungsführung verlangt vom Großhandelsbetrieb eine flexiblere **Preisstellung** in besonderen Marktsituationen, um bestimmte Aufträge zu erhalten. Dabei muss auf **Teile der Gesamtkosten verzichtet** werden, die die Kostenrechnung ermittelt hat.

Beispiele besonderer Marktsituationen

- Einführungspreise für neue Produkte
- Sonderangebote aus verschiedenen Anlässen (Lagerabbau auslaufender Modelle)
- Niedrigere Konkurrenzpreise

In solchen Situationen stellt sich die Frage nach der **Preisuntergrenze**. Die Vollkostenrechnung führt zwangsläufig zu Wettbewerbsnachteilen, weil sie dem einzelnen Artikel Kosten anlastet, die der Gesamtbetrieb, aber nicht der einzelne Artikel, direkt verursacht hat. So fällt ein großer Teil der Gemeinkosten auch an, wenn der einzelne Artikel nicht geführt und verkauft wird. HBL

Fixe und variable Kosten

Eine Aufteilung der Gesamtkosten in fixe und variable Bestandteile kann hier helfen eine Lösung zu finden.

▶ **Fixe Kosten: Kosten,** die **unabhängig** vom **Absatz** des einzelnen Artikels in **gleicher Höhe** anfallen, werden als **fixe Kosten** bezeichnet. Man nennt sie auch **„Kosten der Betriebsbereitschaft",** weil sie bereits mit der Bereitstellung einer bestimmten Kapazität anfallen. Sie entstehen, ob der Artikel geführt und verkauft wird oder nicht.

Beispiele Miete, kalkulatorische Abschreibungen, Gebäudeversicherung, Gehälter, Kfz-Versicherung, Strom- und Heizungskosten für eine Lagerhalle, Kfz-Steuer usw.

▶ **Absolut fixe und sprungfixe Kosten:** Fixe Kosten bleiben für eine bestimmte Kapazität **konstant** oder **absolut fix,** unabhängig davon, in welchem Maße die Kapazität ausgelastet ist.

Beispiel Kfz-Versicherung und -steuer ändern sich nicht, wenn der Lkw viel oder wenig gefahren wird.

Diese absolut fixen Kosten werden in ihrer Höhe nicht von der Absatzmenge der Artikel beeinflusst. Da sie nicht von dem Absatz, der eigentlichen Tätigkeit des Großhandelsbetriebes, abhängig sind, bezeichnet man sie als **beschäftigungsunabhängige Kosten.**

Beispiele **Mögliche absolut fixe Kosten:** Kfz-Steuer 700,00 EUR, Kfz-Versicherung 1800,00 EUR, Abschreibungen auf einen LKW 9500,00 EUR

Die in einer Rechnungsperiode gleich bleibenden K_f (im Beispiel 12000,00 EUR) müssen auf die Absatzeinheiten verteilt werden. Mit steigender Absatzmenge fällt der Fixkostenanteil je Absatzeinheit, der sich folgendermaßen errechnen lässt:

$$k_f = \frac{K_f}{x}$$

Fixe Stückkosten (k_f) und fixe Gesamtkosten (K_f)

Absatzmenge (x)		Fixe Kosten (K_f) insgesamt in EUR		Fixe Kosten (k_f) je Stück in EUR	
1	2	1	2	1	2
0 100 200	300 400 500	12000,00 12000,00 12000,00	12000,00 12000,00 12000,00	– 120,00 60,00	40,00 30,00 24,00

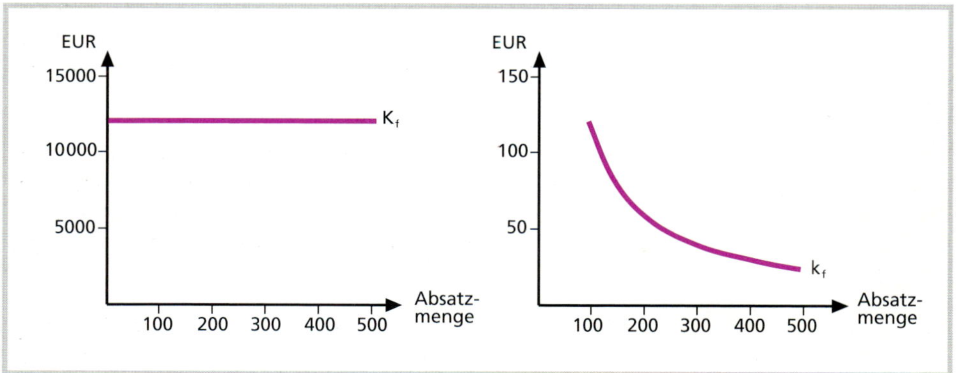

Es muss Ziel des Unternehmens sein, seine Kapazität möglichst auszulasten, weil an der Kapazitätsgrenze die fixen Kosten je Stück am geringsten sind. Wenn die gegebene Kapazität (eines Lkw) nicht ausreicht um den Absatzplan zu realisieren, wird die Kapazität erweitert, damit die Betriebsbereitschaft gewährleistet ist.

Beispiele Anschaffung eines weiteren Lkw, Miete einer weiteren Lagerhalle

Die **fixen Kosten steigen** dann **sprunghaft** an und bleiben aber bis zur nächsten Kapazitätserweiterung konstant.

Beispiele **Sprungfixe Kosten:** Gehälter von zusätzlich eingerichteten Verkaufsabteilungen, Abschreibungen bei Kapazitätserweiterungen, Miete für zusätzliche Lagerräume, Kfz-Steuer, Kfz-Versicherung

Sprungfixe Gesamtkosten (k_f) und Fixe Stückkosten (K_f) nach Anschaffung eines 2. Lkw

Absatzmenge (x)		Fixe Kosten insgesamt (K_f) in EUR		Fixe Kosten je Stück (k_f) in EUR	
1	2	1	2	1	2
0	600	12 000,00	24 000,00	–	40,00
100	700	12 000,00	24 000,00	120,00	34,29
200	800	12 000,00	24 000,00	60,00	30,00
300	900	12 000,00	24 000,00	40,00	26,67
400	1 000	12 000,00	24 000,00	30,00	24,00
500		12 000,00		24,00	

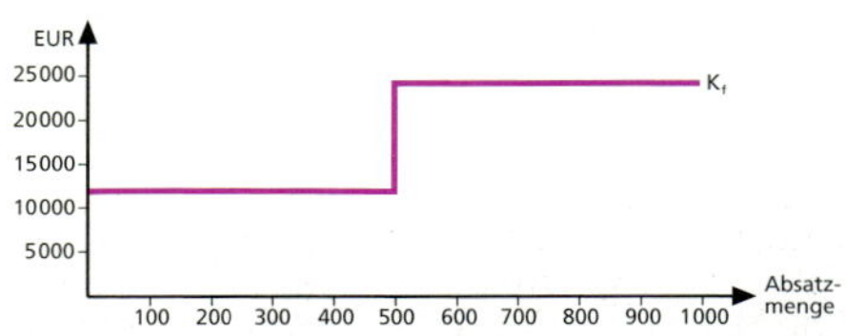

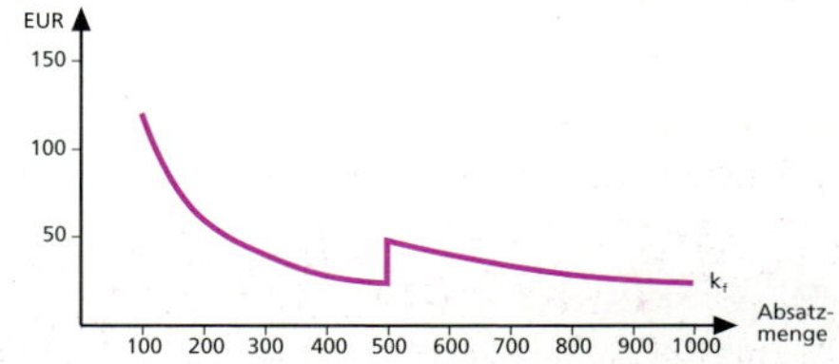

Fixe Gesamtkosten (K_f) bleiben innerhalb einer gegebenen Kapazität konstant. Da sie in der Kalkulation auf die Artikelpreise abgewälzt werden, belasten sie die Preise als Durchschnitts- oder Stückkosten **bei abnehmender Beschäftigung** stärker als bei zunehmender Beschäftigung. Wegen des sprunghaften Anstiegs der fixen Kosten je Absatzeinheit muss vor jeder Erweiterungsinvestition die künftige Auslastung bedacht werden.

▶ **Variable Kosten:** Mit Aufnahme der Absatztätigkeit entstehen neben den bereits gegebenen Kosten der Betriebsbereitschaft mit jeder Absatzeinheit zusätzliche Kosten. **Kosten,** die **in Abhängigkeit von der Absatzmenge (Beschäftigung)** entstehen, werden als **variable Kosten** bezeichnet. Variable Kosten können sich **proportional, degressiv** oder **progressiv** zu Beschäftigungsänderungen verhalten.

Proportional verhalten sich die Kosten, wenn das Verhältnis von Kosten zur Beschäftigung bei Beschäftigungsänderung gleich bleibt. Die Kosten je Einheit der Absatzmenge bleiben gleich.

Beispiele proportionaler Kosten eines Bürotisches Bezugspreis 190,00 EUR. Vertriebsprovision für den Handelsvertreter 10 % vom Verkaufspreis von 600,00 EUR (= 60,00 EUR).

Absatzmenge (x)		Variable Gesamtkosten (K_v) in EUR		Variable Stückkosten (k_v) in EUR	
1	2	1	2	1	2
0	3	–	750,00	–	250,00
1	4	250,00	1 000,00	250,00	250,00
2	5	500,00	1 250,00	250,00	250,00

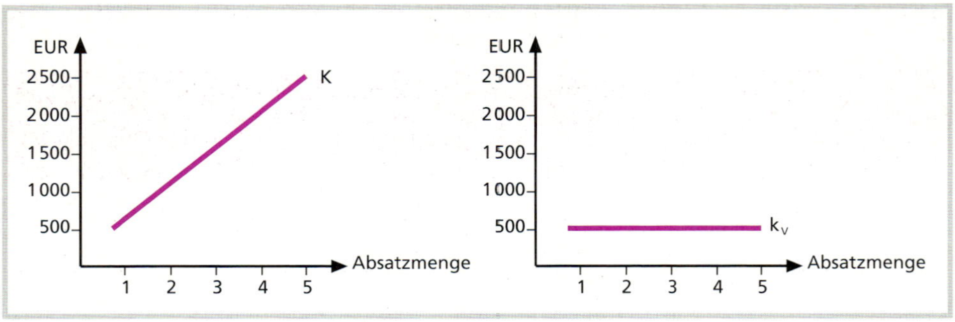

Degressive Kosten verhalten **sich unterproportional** zu einer **Beschäftigungsänderung.** Bei einer Beschäftigungsgradzunahme steigen die Kosten in geringerem Maße als die Absatzmenge. Der Anstieg der variablen Gesamtkosten verringert sich mit zunehmender Absatzmenge.

Beispiel Fallende Bezugspreise aufgrund gestaffelter Mengenrabatte beim Einkauf von Bürodrehstühlen zum Einzelpreis von 200,00 EUR

Absatzmenge (x)	Variable Gesamtkosten (K_v) in EUR	Variable Stückkosten (k_v) in EUR
1	–	200,00
100	19 000,00	190,00
200	36 000,00	180,00
300	51 000,00	170,00
400	64 000,00	160,00
500	75 000,00	150,00

Abnahmemenge in Stück	Rabatt in %
1 – 99	0
100 – 199	5
200 – 299	10
300 – 399	15
400 – 499	20
500 – 599	25

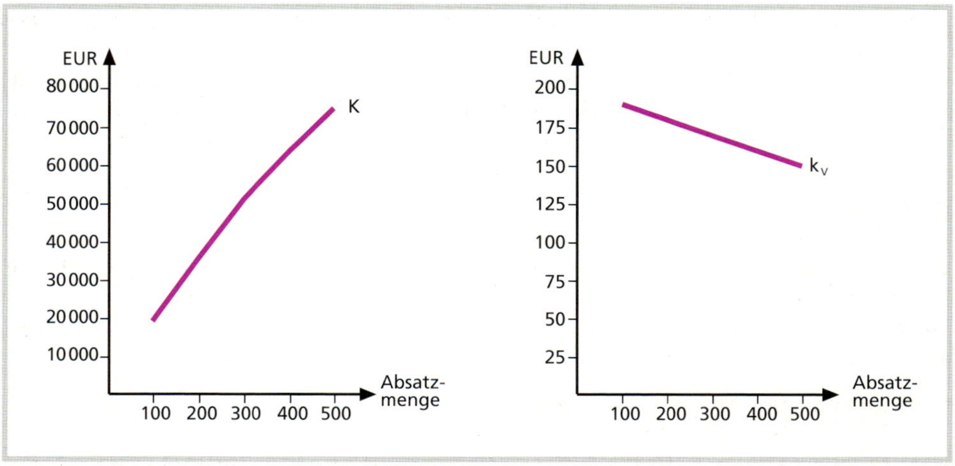

Progressive Kosten verhalten sich bei steigender Absatzmenge überproportional. Dadurch steigen die Stückkosten mit steigender Absatzmenge. Dabei steigen die Gesamtkosten prozentual stärker als die Absatzmenge. Der Anstieg der variablen Gesamtkosten nimmt mit zunehmender Absatzmenge zu.

Beispiele Erhöhter Benzinverbrauch bei überdurchschnittlicher Beanspruchung eines Pkw, Überstundenzuschläge, Anstieg der Reparaturkosten

Absatzmenge (x)		Variable Gesamtkosten (K_v) in EUR		Variable Stückkosten (k_v) in EUR	
1	2	1	2	1	2
0	3	–	18,00	–	6,00
1	4	4,00	28,00	4,00	7,00
2	5	10,00	40,00	5,00	8,00

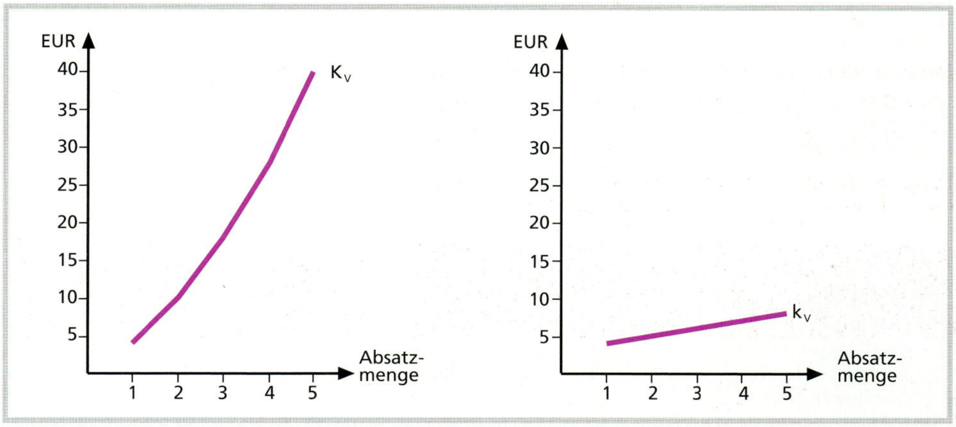

Beschäftigungsgrad

Die Auflösung der Kosten in fixe und variable ist wichtig, um Ursachen von Kostenschwankungen festzustellen. Die Verteilung der fixen Kosten auf unterschiedliche Absatzmengen zeigt, dass ihr Stückanteil von dem **Kapazitätsausnutzungs-** oder **Beschäftigungsgrad** abhängig ist.

$$\textbf{Kapazitätsausnutzungsgrad (Beschäftigungsgrad)} = \frac{\text{Tatsächlich genutzte Kapazität} \cdot 100}{\text{Verfügbare Kapazität}}$$

Die Kapazität kann gemessen werden

- am **Output,** z. B. an der möglichen Absatzmenge,
- am **Input,** z. B. an der notwendigen Zahl an Beschäftigten, Arbeitsstunden, Lagergröße, um einen bestimmten Umsatz zu erzielen.

Beispiel Bei voller Ausnutzung seiner Kapazität kann ein Großhändler einen Monatsumsatz von 800 000,00 EUR abwickeln. Zur Zeit beträgt der Monatsumsatz 656 000,00 EUR.

$$\text{Beschäftigungsgrad} = \frac{656\,000 \cdot 100}{800\,000} = 68\,\%$$

▶ **Abweichungen der Kosten bei geplantem und erreichtem Beschäftigungsgrad:** Ein niedrigerer Beschäftigungsgrad bewirkt, dass die gesamten fixen Kosten (z. B. Abschreibungen) auf eine verringerte Absatzmenge verteilt werden müssen und infolgedessen bei konstanten variablen Stückkosten höhere Gesamtkosten je Absatzeinheit verursachen. Umgekehrt werden mit steigendem Beschäftigungsgrad niedrigere Stückkosten erreicht.

Lineare Gesamtkosten

Die Kostenbetrachtung hat gezeigt, dass die Gesamtkosten sich aus unterschiedlichen Kostenarten zusammensetzen, die teilweise unabhängig von der Beschäftigungsänderung (K_f) sind, teilweise sich mit der Beschäftigung verändern (K_v). Unterstellt man eine proportionale Veränderung der variablen Kosten, lassen sich die Gesamtkosten mithilfe einer Gleichung für jeden Beschäftigungsgrad bestimmen:

Gesamtkosten = Fixe Kosten + (Variable Kosten je Stück · Absatzmenge)

$$K_g = K_f + (k_v \cdot x)$$

Beispiel Bei einem Beschäftigungsintervall von 500 Einheiten betragen die K_f 12 000,00 EUR. Die proportionalen Kosten betragen 250,00 EUR je Einheit. Die Gesamtkosten bei 40 Einheiten betragen 250,00 EUR je Einheit. Die Gesamtkosten bei 40 Einheiten betragen also nach der vorstehenden Gleichung:

$K_g = 12\,000 + (40 \cdot 250) = \underline{\underline{22\,000{,}00\ \text{EUR}}}$

Mängel der Vollkostenrechnung

- Fixe Gesamtkosten (K_f) bleiben innerhalb einer gegebenen Kapazität konstant. Da sie in der Kalkulation auf die Artikelpreise abgewälzt werden, belasten sie die Preise als Durchschnitts- oder Stückkosten (k_f) bei abnehmender Beschäftigung stärker als bei zunehmender Beschäftigung.
- Bei gegebener Kapazität muss es Ziel der Unternehmungsleitung sein, diese möglichst auszulasten, weil an der Kapazitätsgrenze die fixen Kosten je Stück am geringsten sind.
- Zu unterscheiden sind absolut fixe und sprungfixe Kosten.
- Die Belastung der Preise je Absatzeinheit hängt vom Beschäftigungsgrad ab.
- Variable Kosten entstehen in Abhängigkeit von der Absatzmenge (Beschäftigung).
- Variable Kosten können sich proportional, degressiv oder progressiv bei zunehmender Beschäftigung verhalten.
- Bei proportionalen variablen Kosten lassen sich die Gesamtkosten für jeden Beschäftigungsgrad durch folgende Gleichung bestimmen: $K_g = K_f + (k_v \cdot x)$

1 Nennen Sie je drei Beispiele für
a) proportionale Kosten,
b) degressive Kosten,
c) progressive Kosten,
d) fixe Kosten!

2 Der Absatz von 400 000 Primus Spezialordnern verursacht in der Primus GmbH 650 000,00 EUR Gesamtkosten.
a) Wie hoch sind die fixen Kosten, wenn die variablen Stückkosten 1,00 EUR betragen?
b) Stellen Sie den Verlauf der fixen Kosten, der variablen Kosten, der Gesamtkosten insgesamt und je Stück im Koordinatensystem dar!
c) Leiten Sie die Gleichung für die Gesamtkosten bei der angegebenen Absatzmenge ab!

3 Welche der unten angegebenen Kosten einer Möbelgroßhandlung, die Tische, Stühle und Schränke vertreibt, sind

a) Einzelkosten,
b) Gemeinkosten,
c) variable Kosten,
d) fixe Kosten?

1. Wareneinsatz Tische
2. Stromverbrauch des Betriebes
3. Kfz-Steuer für die Lkw
4. Büromaterial
5. Benzinverbrauch der Lkw
6. Umsatzprovision für Handelsvertreter
7. Abschreibung des Fuhrparks
8. Gehälter für die Angestellten
9. Miete für die Verwaltungsräume
10. Lohnzahlung an die Lagerarbeiter

4 Ein Glasgroßhändler setzte im Abrechnungsjahr insgesamt 100 000 m² Spiegelglas ab. Damit wurde der Absatz gegenüber dem Vorjahr durch bessere Kapazitätsauslastung um 25 % gesteigert. Die Gesamtkosten stiegen gegenüber dem Vorjahr um 16 % auf 580 000,00 EUR im Abrechnungsjahr.

a) Wie hoch sind die fixen Kosten, wenn die variablen Stückkosten in beiden Jahren gleich sind?

b) Wie erklären Sie sich die verhältnismäßig geringe Kostensteigerung im Vergleich zur Absatzsteigerung?

c) Im Vorjahr wurde ein Beschäftigungsgrad von 60 % erreicht. Wie hoch ist er im Abrechnungsjahr?

d) Bei welcher Ausbringung wäre die Kapazität voll ausgelastet?

5 Aufgrund von Aufzeichnungen ermittelt ein Unternehmer für den Pkw eines Reisenden folgende Kosten (aus Vereinfachungsgründen wurden einige Kostenarten nicht berücksichtigt) bei einer durchschnittlichen Fahrleistung von 48 000 km im Jahr:

Benzinverbrauch	4 000 l zu je 0,80 EUR/l
Ölverbrauch	1 l zu je 8,00 EUR je 1 000 km
Kfz-Steuer	180,00 EUR im Jahr
Versicherung/Vollkasko	480,00 EUR im Jahr
Garage	40,00 EUR im Monat
Reparaturen/Inspektionen	600,00 EUR im Jahr (fix)
Abschreibungen	6 000,00 EUR im Jahr

a) Ermitteln Sie

- die fixen Kosten je Monat,
- die variablen Kosten je 100 km,
- die Gesamtkosten im Jahr und je km!

b) Dem Reisenden soll der Pkw auch für private Zwecke gegen Berechnung einer km-Pauschale zu Selbstkosten zur Verfügung gestellt werden.

- Über welchen Betrag muss die km-Pauschale lauten, wenn davon ausgegangen wird, dass sich die Fahrleistung dadurch auf 60 000 km im Jahr erhöht?
- Vergleichen Sie das Ergebnis mit dem der Aufgabe a)! Worauf führen Sie den Unterschied zurück?
- Erläutern Sie die Problematik einer km-Pauschale aus der Sicht des Unternehmens und aus der Sicht des Reisenden!

3.6.2 Lösung mithilfe der Deckungsbeitragsrechnung

Frau Klein und Herr Zimmer diskutieren erneut über die Preisgestaltung bei Großaufträgen. Frau Klein meint, dass bei der Neuberechnung des Angebotspreises (vgl. S. 175) auf die Einrechnung von fixen Kosten verzichtet werden sollte.

Arbeitsauftrag Stellen Sie Argumente zusammen, die in dieser besonderen Situation dafür sprechen, die fixen Kosten bei der Preisermittlung nicht zu berücksichtigen.

HBL

Direkte Kosten als Preisuntergrenze

Die Deckungsbeitragsrechnung basiert auf der Aufteilung der gesamten Kosten in fixe und variable Bestandteile.

Da die fixen Kosten den einzelnen Artikeln nicht verursachungsgerecht zugerechnet werden können, verzichtet die Deckungsbeitragsrechnung ganz auf ihre Einbeziehung in die Preisfestsetzung der Artikel.

Es werden nur die vom einzelnen Artikel direkt verursachten variablen Kosten kalkuliert. Im Großhandel stimmen sie weitgehend mit den Einzelkosten überein. In der Deckungsbeitragsrechnung werden sie als direkte Kosten bezeichnet. Direkte Kosten oder Einzelkosten erkennt man daran, dass sie nur dann auftreten, wenn der bestimmte Artikel geführt wird. Fällt der Artikel weg, treten diese Kosten nicht auf.

Beispiele Wareneinsatz je Artikel, Versandverpackung für diesen Artikel, Umsatzprovision für den Handelsvertreter oder Handlungsreisenden.

Diese direkten Kosten bilden somit die absolute Preisuntergrenze, weil sie bei jeder Einheit ersetzt werden müssen.

HBL

Deckungsbeitrag

Jeder Preis, der über den variablen Kosten liegt, erbringt einen Beitrag zur Deckung der durch den Gesamtbetrieb verursachten fixen Kosten.

Deckungsbeitrag je Einheit = Verkaufspreis je Einheit – Variable Kosten

$$d_B = e - k_v$$

Beispiel Frau Klein hat mittlerweile die Dienste eines Marktforschungsinstitutes in Anspruch genommen. Es wurde ihr bestätigt, dass die Konkurrenten den von ihr mit 411,81 EUR angebotenen Computertisch zum Preis von 324,00 EUR abgeben. Das hätte die Primus GmbH auch gekonnt, wie folgende Rechnung zeigt:

Ermittlung des Rechnungsbetrages		
Verkaufspreis	e	324,00 EUR
– Bezugspreis, netto	k_v	210,00 EUR
= Deckungsbeitrag	d_B	114,00 EUR

Mit jeder Verkaufseinheit werden neben den variablen Stückkosten zusätzlich 114,00 EUR zur Deckung der fixen Kosten erwirtschaftet.

Gewinnschwelle, Break-even-Point

HBL

Deckt die Summe aller Deckungsbeiträge die fixen Kosten, erreicht der Betrieb die **Gewinnschwelle** oder den **Break-even-Point** **(toter Punkt, kritischer Punkt).**

Er zeigt die Absatzmenge (Beschäftigungsgrad), bei der der Gesamtdeckungsbeitrag (dB) die fixen Kosten deckt. Wird dieser Punkt nicht erreicht, bewegt sich der Betrieb in der Verlustzone, wird er überschritten, tritt er in die Gewinnzone ein.

Beispiel Nach dieser Rechnung könnte der Verkaufspreis kurzfristig sogar bis auf 210,00 EUR zurückgenommen werden. Langfristig müsste der Verkaufspreis aber über 210,00 EUR liegen, weil die Fixkosten des Unternehmens gedeckt werden müssen. Diese Erkenntnis hat Frau Klein trotz des ersten Misserfolges ermutigt. Wegen verstärkter Nachfrage plant sie sogar einen besonderen Ausstellungsraum für diese Computertische, der nach Berechnung der KLR im Jahr 20 800,00 EUR fixe Kosten verursachen würde.

Der Einführungspreis des Computertisches wird auf 314,00 EUR festgelegt.

1. Welcher Deckungsbeitrag je Verkaufseinheit wird erzielt?
2. Wie viel Computertische müsste die Abteilung verkaufen, damit sie ihre fixen Kosten deckt?

Mit jeder Verkaufseinheit wird ein Deckungsbeitrag (dB) von 104,00 EUR erzielt.

Die Absatzmenge zur Deckung der fixen Kosten und damit zur Erreichung der **Gewinnschwelle** lässt sich auf folgenden Wegen berechnen:

Absatzmenge am Break-even-Point $= \frac{K_f}{d_B}$ **Beispiel** $\frac{20\,800}{104} = 200$ Einheiten

Der Break-even-Point ist dadurch gekennzeichnet, dass die Umsatzerlöse sämtliche Kosten decken. Er kann somit durch folgende Gleichung definiert werden:

Umsatzerlöse (E)	=	Gesamtkosten (KG)
Preis je Einheit · Absatzmenge	=	Fixe Kosten + variable Kosten je Einheit · Absatzmenge
$e \cdot x$	=	$K_f + k_v \cdot x$

Beispiel $314 \cdot x = 20\,800 + 210 \cdot x$

$$104\,x = 20\,800$$

$$x = \frac{20\,800}{104}$$

$$x = \underline{\underline{200}}$$

Diese Zusammenhänge werden im Diagramm auf der folgenden Seite verdeutlicht.

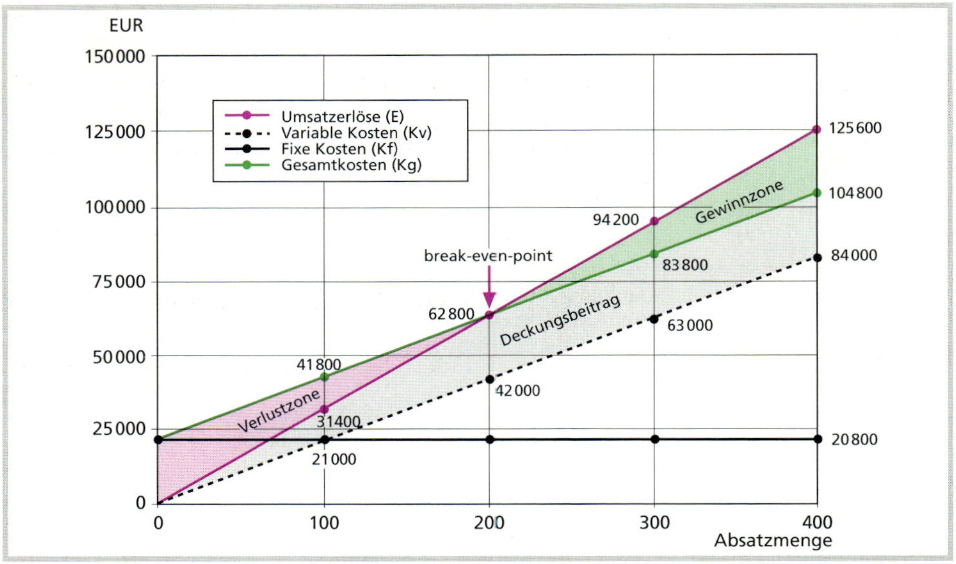

Bei Änderung der Verkaufsdaten können auf diesem Weg Auswirkungen auf die Gewinnschwellenmenge sofort abgelesen werden.

Veränderung der Verkaufsdaten		**Auswirkung auf die Gewinnschwellenmenge**	
		steigt	**fällt**
Verkaufspreis	steigt		x
	fällt	x	
Variable Kosten je Einheit (k_v)	steigen	x	
	fallen		x
Bereitschaftskosten (K_f)	steigen	x	
	fallen		x

Erfolgsermittlung in der Deckungsbeitragsrechnung

Ist der Deckungsbeitrag aller Artikel bekannt, kann der Gesamtdeckungsbeitrag der Abteilung oder des Betriebes ermittelt werden. Der Gewinn wird ermittelt, indem vom Gesamtdeckungsbeitrag (D_B) noch die Fixkosten (K_f) abgezogen werden.

Beispiel Frau Klein führt mittlerweile vier Computertische in dem neuen Ausstellungsraum, allerdings noch mit sehr unterschiedlichen Erfolgen im letzten Geschäftsjahr. Die Fixkosten von 20800,00 EUR im Jahr haben sich nicht geändert.

	A	B	C	D
Absatzmenge in Stück	600	250	120	100
Verkaufspreis (netto) in EUR	314,00	230,00	175,00	390,00
Bezugspreis in EUR	210,00	160,00	190,00	370,00
d_B je Einheit	104,00	70,00	– 15,00	20,00
D_B je Artikel in EUR	62400,00	17500,00	– 1800,00	2000,00
D_B insgesamt	80100,00			
Fixkosten (K_f)	20800,00			
Gewinn	59300,00			

Die Deckungsbeitragsrechnung kann als **Kostenträgerstückrechnung** oder als **Kostenträgerzeitrechnung** durchgeführt werden.

- **Kostenträgerstückrechnung:** Sie ermittelt die Deckungsbeiträge für bestimmte Kostenträger (Artikel, Warengruppen, Abteilungen).
- **Kostenträgerzeitrechnung:** Sie ermittelt die Deckungsbeiträge einzelner Kostenträger in einem bestimmten Beobachtungszeitraum (Monat, Quartal, Jahr).

Die Unternehmungsleitung kann auf der Grundlage dieser Ergebnisse absatz- und sortimentspolitische Entscheidungen treffen:

- Herausnahme von Artikeln mit negativem Deckungsbeitrag aus dem Sortiment (im Beispiel C)
- Pflege und Förderung von Artikeln mit positivem Deckungsbeitrag (Konditionenpolitik, Werbung u. a.)

Jeder Maßnahme muss jedoch eine Ursachenforschung vorausgehen.

Lösung mithilfe der Deckungsbeitragsrechnung

Deckungsbeitragsrechnung

Kostenträgerstücksrechnung

- berechnet den Deckungsbeitrag einzelner Artikel:
  $d_B = e - k_v$
- d_B = Beitrag zur Fixkostendeckung
- setzt Trennung fixer und variabler Kosten voraus
- Positive Deckungsbeiträge verbessern das Betriebsergebnis

Kostenträgerzeitrechnung

- berechnet in einem Beobachtungszeitraum
  - den Deckungsbeitrag einzelner Artikel
  - den Deckungsbeitrag der Sortimentsbereiche
  - die Summe der Deckungsbeiträge (D_B)
- stellt die Summe der D_B den Fixkosten des Betriebes zur Ergebnisermittlung gegenüber:
  Betriebsergebnis = $D_B - K_f$

1 Ein Haushaltsgerätegroßhandel setzte im abgelaufenen Rechnungsabschnitt drei Entsaftertypen ab.

a) Ermitteln Sie aus folgenden Angaben mithilfe der Deckungsbeitragsrechnung
1. den Jahreserfolg,
2. die Deckungsbeiträge je Stück der einzelnen Entsafter!

	Typ I	Typ II	Typ III
Variable Kosten (K_v) in EUR			
Wareneinsatz	36 000,00	56 100,00	197 500,00
Umsatzabhängige Vertreterprovision	1 800,00	2 805,00	9 875,00
Mengenabhängige Verpackung	3 000,00	495,00	2 625,00
Absatz (Stück)	1 200	1 100	2 500
Verkaufspreis in EUR	32,00	58,00	118,00
Fixkosten (Gemeinkosten) in EUR		45 000,00	

b) Nehmen Sie zu den Ergebnissen kritisch Stellung!

2 Ein Großhandelsbetrieb setzte im abgelaufenen Monat 50 000 Stück eines Massenartikels zum Preis von 3,20 EUR je Stück ab. Der Absatz verursachte 55 000,00 EUR K_v und 84 000,00 EUR K_f.

a) Ermitteln Sie
   1. den Stück- und Monatsdeckungsbeitrag,
   2. den Erfolg!

b) Bei welchem Absatz würde die Gewinnschwelle erreicht werden?

c) Wie hoch sind Umsatz und Kosten an der Gewinnschwelle?

3 Ein Großhandelsbetrieb ist gezwungen den Verkaufspreis eines Artikels um 30 % zu reduzieren, um seinen bisherigen Marktanteil behaupten zu können:

Absatzmenge	2 000 000 Stück
Verkaufspreis bisher	3,00 EUR
Variable Stückkosten (k_v)	1,80 EUR
Bereitschaftskosten (K_f)	480 000,00 EUR
Beschäftigungsgrad	80 %

a) Wie wirkt sich die Preissenkung bei angegebener Absatzmenge auf den Gewinn aus?

b) Wie hoch sind die Deckungsbeiträge vor und nach der Preissenkung?

c) Bestimmen Sie den Break-even-Point vor und nach der Preissenkung:
   1. Absatzmenge, 2. Beschäftigungsgrad, 3. Umsatz und Gesamtkosten!

d) Wie viel Prozent müssen nach der Preissenkung mehr verkauft werden um die Gesamtkosten zu decken?

e) Wie viel Stück müssten zusätzlich verkauft werden um bei vermindertem Preis keine Gewinneinbuße hinnehmen zu müssen?

4 Ein Großhändler verkauft Rasenkantensteine. Der Absatz von 50 000 Stück im letzten Monat verursachte bei einem Beschäftigungsgrad von 62,5 % 105 000,00 EUR Gesamtkosten. Der Anteil der K_f betrug 40 000,00 EUR. Der Umsatz belief sich auf 125 000,00 EUR. In dieser Situation hat das Unternehmen zu entscheiden, ob ein Auftrag der Gemeindeverwaltung von 10 000 Stück angenommen werden kann, wobei der Verkaufspreis von 1,90 EUR je Stück nicht überschritten werden darf.

a) Kann der Auftrag bei gegebener Kapazität angenommen werden?

b) Ermitteln Sie beim gegebenen Beschäftigungsgrad im Rahmen der Vollkostenrechnung
   1. die fixen Kosten je Stück,
   2. die variablen Kosten je Stück,
   3. die Gesamtkosten je Stück,
   4. den Verkaufspreis und den Gewinn je Stück!

c) Beurteilen Sie eine Kalkulation des Auftrages zu den gleichen Stückkosten!

d) Wie soll sich der Großhändler entscheiden?
   Begründen Sie Ihre Meinung mithilfe der Deckungsbeitragsrechnung!

5 Ein Großhandelsbetrieb mit einer Kapazität von 1 200 Einheiten ermittelt 36 000,00 EUR K_f und je Einheit 40,00 EUR k_v. Er rechnet bei einer Kapazitätsausnutzung von 75 % mit einem Gewinnzuschlagssatz von 15 % der Selbstkosten.

a) Berechnen Sie den Preis je Einheit und den erwarteten Gewinn bei 75 % Kapazitätsauslastung!

b) Berechnen Sie den eingetretenen Erfolg bei einer tatsächlichen Kapazitätsauslastung von 60 % und von 90 % und bestimmen Sie die Kostenunter- und -überdeckung in beiden Fällen!

c) Stellen Sie die Ergebnisse der Aufgaben a) und b) in einem Diagramm dar (vgl. Schaubild S. 184)!

d) Berechnen Sie den Deckungsbeitrag je Einheit und insgesamt den Erfolg bei 60 %, 75 % und 90 % Beschäftigungsgrad!

e) Berechnen Sie die Absatzmenge am Break-even-Point!

f) Stellen Sie die Ergebnisse der Aufgaben d) und e) in einem Schaubild (vgl. Schaubild S. 184) dar!

6 In einem Verbrauchermarkt wurden in der Haushaltswarenabteilung folgende vier Kaffee-Automaten verkauft:

Kaffee-Automat	A	B	C	D
Absatzmenge (Stück)	50	30	40	60
Verkaufspreis (netto) in EUR	105,00	130,00	95,00	85,00
Bezugspreis in EUR	60,00	84,00	59,00	54,00

Die fixen Kosten betrugen 5400,00 EUR.

Ermitteln Sie

a) den Deckungsbeitrag je Stück,

b) den Deckungsbeitag je Artikel A, B, C und D insgesamt,

c) den Deckungsbeitrag für alle Kaffee-Automaten insgesamt,

d) den Reingewinn für alle Kaffee-Automaten insgesamt!

7 Die angegebenen Absatzmengen verursachten folgende Gesamtkosten:

Absatzmenge (x)	0	1	2	3	4	5	6	7	8	9	10
Gesamtkosten (K_g) in EUR	40	51	64	85	120	175	256	369	520	715	960

a) Stellen Sie die Abhängigkeit zwischen Absatzmengen und K_g in einem Diagramm dar (Abszisse : 1 E = 1 cm, Ordinate : 100 EUR = 1 cm)!

b) Ermitteln Sie

1. die Gesamtstückkosten (k_g), 2. die variablen Stückkosten (k_v)!

c) Stellen Sie den Verlauf der Stückkosten im Diagramm dar (Abszisse : 1 E = 1 cm, Ordinate : 10 EUR = 1 cm)!

8 Der Absatz von 600 000 Kugelschreibern verursacht 180 000,00 EUR Gesamtkosten.

a) Wie hoch sind die fixen Kosten, wenn die variablen Stückkosten 0,20 EUR betragen?

b) Stellen Sie den Verlauf 1. der fixen Kosten, 2. der variablen Kosten und 3. der Gesamtkosten insgesamt und je Stück im Koordinatensystem dar!

9 Ein Holzgroßhandel setzte in einer Rechnungsperiode insgesamt 1 600 m^3 Weichhölzer ab. Damit wurde der Absatz gegenüber dem Vorjahr durch bessere Kapazitätsauslastung um 25 % gesteigert. Die Gesamtkosten stiegen gegenüber dem Vorjahr nur um 16 % auf 290 000,00 EUR.

a) Wie hoch sind die fixen Kosten, wenn die variablen Stückkosten in beiden Jahren gleich sind?

b) Wie erklären Sie sich die verhältnismäßig geringe Kostensteigerung im Vergleich zur Absatzsteigerung?

c) Im Vorjahr wurde ein Beschäftigungsgrad von 60 % erreicht. Wie hoch ist er in der zu untersuchenden Rechnungsperiode?

d) Bei welcher Absatzmenge (ganze Zahl) wäre die Kapazität voll ausgelastet?

4 Bestandteile und Inhalte des Jahresabschlusses

4.1 Ziele und Bestandteile des Jahresabschlusses

Der Geschäftsführer Herr Müller hat, nachdem Frau Lapp den vorläufigen Jahresabschluss erstellt hat, den Steuerberater der Primus GmbH aufgesucht. Wichtigstes Ergebnis ist, dass im Rahmen der Offenlegung des Jahresabschlusses die Vorschriften des HGB für kleine Kapitalgesellschaften zu beachten sind.

Arbeitsauftrag Stellen Sie fest, welche Konsequenzen sich für die Primus GmbH hinsichtlich des Jahresabschlusses und Lageberichtes ergeben!

Bestandteile des Jahresabschlusses

In zahlreichen Situationen suchen Großhandelsunternehmen nach aussagefähigen Messinstrumenten der Vermögens-, Ertrags- und Finanzlage anderer Unternehmen, um die momentane Kreditwürdigkeit und die künftige Zahlungsfähigkeit richtig zu bewerten.

HBL

Beispiel

- Bei Neukunden überprüft die Primus GmbH die **Bonität**, um das Kreditrisiko bei Zielverkäufen einzugrenzen.
- Überflüssige liquide Mittel versucht die Primus GmbH möglichst risikolos und gewinnbringend anzulegen. Für die Anlage sucht sie sich Unternehmen mit guten Ertragsaussichten aus.

Zu diesem Zweck hat der Gesetzgeber eine umfangreiche Rechnungslegung und Darstellung der Ergebnisse im **Jahresabschluss** vorgesehen, um den wirtschaftenden Kaufmann selbst und interessierte Dritte (Anteilseigner, Gläubiger, Fiskus u. a.) über die Vermögens-, Ertrags- und Finanzlage und über deren Entwicklung zu informieren. Vielfach machen diese von den ausgewiesenen Ergebnissen ihre künftigen Entscheidungen (Ziel-, Kreditgewährung, Geldanlage) abhängig.

AWL

Bestandteile des Jahresabschlusses in Einzelunternehmen und Personengesellschaften

Nach § 242 HGB müssen **alle Kaufleute** zum Ende des Geschäftsjahres zur Darstellung ihrer **Vermögens-, Kapital-** und **Ertragslage** einen Jahresabschluss erstellen.

Bei Einzelunternehmen und **Personengesellschaften** (OHG, KG) besteht der Jahresabschluss aus der **Bilanz** zum Ausweis der **Vermögenslage** und der **Gewinn- und Verlustrechnung** zur Darstellung der **Ertragslage.**

Bestandteile des Jahresabschlusses in Kapitalgesellschaften

AWL

Nach § 264 Abs. 1 HGB müssen **Kapitalgesellschaften** (AG, GmbH) einen Jahresabschluss erstellen, der aus der **Bilanz,** der **Gewinn- und Verlustrechnung** und dem **Anhang** besteht. Sie haben neben der **Vermögens-** und **Ertragslage** ihre **Finanzlage** darzustellen. Außerdem haben sie den Jahresabschluss durch einen **Lagebericht** zu ergänzen.

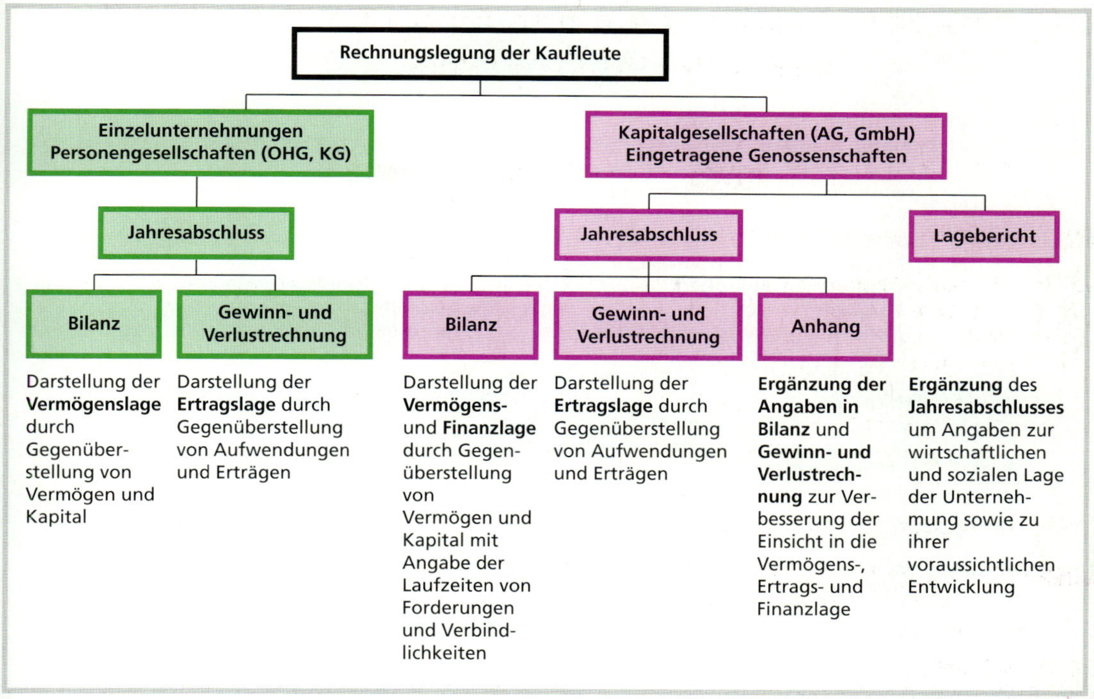

Rechtsvorschriften für den Jahresabschluss

Damit sich die unterschiedlichsten Interessenten, wie Anteils- und Kapitaleigner und Kreditgeber, an den Aussagen des Jahresabschlusses orientieren können, hat der Gesetzgeber zahlreiche Regelungen im dritten Buch des HGB für dessen Aufstellung festgelegt.

Diese beziehen sich einerseits auf die Höhe (**Bewertungsvorschriften**), andererseits auf die Gliederung der Darstellung und Zuordnung der Inhalte zu Einzelpositionen (**Ansatzvorschriften**).

Beherrschendes Prinzip der Bewertungsvorschriften ist das **Gläubigerschutzprinzip.** Es besagt, dass der Kaufmann sich nicht reicher darstellen soll, als er ist, und dass er Vermögen und Schulden möglichst vorsichtig bewerten **(Vorsichtsprinzip)** soll. Zudem enthält das Gesetz zahlreiche Vorschriften zur Gliederung der Einzelteile des Jahresabschlusses. Allerdings fallen diese je nach Unternehmungsform und Größe recht unterschiedlich aus.

▶ **Einzelunternehmungen** **und** **Personengesellschafte:** Das HGB enthält für **Einzelunternehmen und Personengesellschaften** nur **grobe Hinweise zur Gliederung** der Bilanz und der Gewinn- und Verlustrechnung. So müssen gemäß § 247 HGB in der Bilanz das **Anlage-** und das **Umlaufvermögen,** das **Eigenkapital,** die **Schulden** sowie die **Rechnungsabgrenzungsposten** gesondert ausgewiesen und hinreichend gegliedert werden. Da jedoch für solche Unternehmen auch der Grundsatz der Klarheit und Übersichtlichkeit gilt, sollten sich auch Einzelunternehmen und Personengesellschaften an den **Gliederungsvorschriften der Kapitalgesellschaften orientieren.** AWL

▶ **Kapitalgesellschaften** **:** Im Unterschied zu Einzelunternehmen und Personengesellschaften haben große und mittelgroße **Kapitalgesellschaften** die Positionen in der Bilanz und in der Gewinn- und Verlustrechnung nach den **Vorschriften des Handelsgesetzbuches** AWL

Bilanzierungsschema für große und mittelgroße Kapitalgesellschaften gemäß § 266 HGB

Aktivseite

A. Anlagevermögen
- I. Immaterielle Vermögensgegenstände
  1. Konzessionen, gewerbliche Schutzrechte und ähnliche Werte sowie Lizenzen an solchen Rechten und Werten
  2. Geschäfts- oder Firmenwert
  3. geleistete Anzahlungen
- II. Sachanlagen
  1. Grundstück, grundstücksgleiche Rechte und Bauten einschließlich der Bauten auf fremden Grundstücken
  2. technische Anlagen und Maschinen
  3. andere Anlagen, Betriebs- und Geschäftsausstattung
  4. geleistete Anzahlungen und Anlagen im Bau
- III. Finanzanlagen
  1. Anteile an verbundenen Unternehmen
  2. Ausleihungen an verbundene Unternehmen
  3. Beteiligungen
  4. Ausleihungen an Unternehmen, mit denen ein Beteiligungsverhältnis besteht
  5. Wertpapiere des Anlagevermögens
  6. sonstige Ausleihungen

B. Umlaufvermögen
- I. Vorräte
  1. Roh-, Hilfs- und Betriebsstoffe
  2. unfertige Erzeugnisse, unfertige Leistungen
  3. fertige Erzeugnisse und Waren
  4. geleistete Anzahlungen
- II. Forderungen und sonstige Vermögensgegenstände
  1. Forderungen aus Lieferungen und Leistungen
  2. Forderungen gegen verbundene Unternehmen
  3. Forderungen gegen Unternehmen, mit denen ein Beteiligungsverhältnis besteht
  4. sonstige Vermögensgegenstände
- III. Wertpapiere
  1. Anteile an verbundenen Unternehmen
  2. eigene Anteile
  3. sonstige Wertpapiere
- IV. Schecks, Kassenbestand, Bundesbank- und Postbankguthaben, Guthaben bei Kreditinstituten

C. Rechnungsabgrenzungsposten

Passivseite

A. Eigenkapital
- I. Gezeichnetes Kapital
- II. Kapitalrücklage
- III. Gewinnrücklagen
  1. gesetzliche Rücklage
  2. Rücklage für eigene Anteile
  3. satzungsmäßige Rücklagen
  4. andere Gewinnrücklagen
- IV. Gewinnvortrag/Verlustvortrag
- V. Jahresüberschuss/Jahresfehlbetrag

B. Rückstellungen
1. Rückstellungen für Pensionen und ähnliche Verpflichtungen
2. Steuerrückstellungen
3. sonstige Rückstellungen

C. Verbindlichkeiten
1. Anleihen, davon konvertibel
2. Verbindlichkeiten gegenüber Kreditinstituten
3. erhaltene Anzahlungen auf Bestellungen
4. Verbindlichkeiten aus Lieferungen und Leistungen
5. Verbindlichkeiten aus der Annahme gezogener Wechsel und der Ausstellung eigener Wechsel
6. Verbindlichkeiten gegenüber verbundenen Unternehmen
7. Verbindlichkeiten gegenüber Unternehmen, mit denen ein Beteiligungsverhältnis besteht
8. sonstige Verbindlichkeiten

D. Rechnungsabgrenzungsposten

Aktivseite — Offen zu legende Bilanz der mittelgroßen Kapitalgesellschaft	Passivseite
A. Anlagevermögen I. Immaterielle Vermögensgegenstände – Geschäfts- oder Firmenwert II. Sachanlagen – Grundstücke, grundstücksgleiche Rechte und Bauten einschließlich der Bauten auf fremden Grundstücken – technische Anlagen und Maschinen – andere Anlagen, Betriebs- und Geschäftsausstattung – geleistete Anzahlungen und Anlagen im Bau III. Finanzanlagen – Anteile an verbundenen Unternehmen – Ausleihungen an verbundene Unternehmen – Beteiligungen – Ausleihungen an Unternehmen, mit denen ein Beteiligungsverhältnis besteht **B. Umlaufvermögen** I. Vorräte II. Forderungen und sonstige Vermögensgegenstände – Forderungen gegen verbundene Unternehmen – Forderungen gegen Unternehmen, mit denen ein Beteiligungsverhältnis besteht III. Wertpapiere – Anteile an verbundenen Unternehmen – eigene Anteile IV. Schecks, Kassenbestand, Bundesbank- und Postbankguthaben, Guthaben bei Kreditinstituten **C. Rechnungsabgrenzungsposten**	**A. Eigenkapital** I. Gezeichnetes Kapital II. Kapitalrücklage III. Gewinnrücklagen IV. Gewinn-/Verlustvortrag V. Jahresüberschuss/Jahresfehlbetrag **B. Rückstellungen** **C. Verbindlichkeiten** – Anleihen, davon konvertibel – Verbindlichkeiten gegenüber Kreditinstituten – Verbindlichkeiten gegenüber verbundenen Unternehmen – Verbindlichkeiten gegenüber Unternehmen, mit denen ein Beteiligungsverhältnis besteht **D. Rechnungsabgrenzungsposten**

Aktivseite — Bilanz der kleinen Kapitalgesellschaften	Passivseite
A. Anlagevermögen I. Immaterielle Vermögensgegenstände II. Sachanlagen III. Finanzanlagen **B. Umlaufvermögen** I. Vorräte II. Forderungen und sonstige Vermögensgegenstände III. Wertpapiere IV. Schecks, Kassenbestand, Bundesbank- und Postbankguthaben, Guthaben bei Kreditinstituten **C. Rechnungsabgrenzungsposten**	**A. Eigenkapital** I. Gezeichnetes Kapital II. Kapitalrücklage III. Gewinnrücklagen IV. Gewinn-/Verlustvortrag V. Jahresüberschuss/Jahresfehlbetrag **B. Rückstellungen** **C. Verbindlichkeiten** **D. Rechnungsabgrenzungsposten**

(§ 266, 275 HGB) zu bezeichnen und anzuordnen. Diesbezüglich sieht der Gesetzgeber für kleine Kapitalgesellschaften wesentliche Erleichterungen vor.

Merkmale der Größenabgrenzung der Kapitalgesellschaften sind die **Bilanzsumme,** die **Umsatzerlöse** und die **Zahl der im Jahresdurchschnitt beschäftigten Arbeitnehmer** (§ 267 HGB).

Größenabgrenzung der Kapitalgesellschaften

Kapital-gesellschaft	Bilanzsumme Mio. EUR	Umsatzerlöse Mio. EUR	Zahl der Arbeitnehmer	Erläuterung
kleine	bis 3,438	bis 6,875	bis 50	zwei der drei Merkmale dürfen an den Abschlussstichtagen von zwei aufeinander folgenden Geschäftsjahren nicht überschritten werden
mittelgroße	bis 13,750	bis 27,500	bis 250	
große	über 13,750	über 27,500	über 250	zwei der drei Merkmale werden an den obigen Abschlussstichtagen überschritten

AWL

Bilanz der Kapitalgesellschaften

Kapitalgesellschaften müssen die Bilanz in der gem. § 266 HGB vorgeschriebenen Form gliedern. Dabei ist einmal die Gegenüberstellung von Aktiva (Vermögen) und Passiva (Kapital) in T-Kontenform, zum anderen die in § 266 Abs. 2 und 3 HGB vorgeschriebene Reihenfolge der einzelnen Bilanzposten einzuhalten. **Große** und **mittelgroße Kapitalgesellschaften** müssen dieses ausführliche Gliederungsschema benutzen (vgl. S. 190).

Für die Offenlegung sieht § 327 HGB für die **mittelgroßen Kapitalgesellschaften** Erleichterungen vor (vgl. S. 191).

Kleine Kapitalgesellschaften **können** die aus dem Schema gem. § 266 Abs. 1 HGB abgeleitete verkürzte Bilanz aufstellen (siehe S. 191).

▶ **Darstellung der Vermögenslage:** Für die Aktivseite fordert der Gesetzgeber eine strukturierte Gliederung des Vermögens in Anlage- und Umlaufvermögen und Posten der Rechnungsabgrenzung (siehe S. 190). Daraus können interessierte Dritte Schlüsse ziehen wie

- **Kapitalverwendung** und **Dauer der Kapitalbindung**: Im Anlagevermögen ist das Kapital langfristig oder dauerhaft gebunden, das Umlaufvermögen ist schneller liquidierbar und bindet, abgesehen von eisernen Warenbeständen, das Kapital nur kurzfristig.
- **Bedeutung der Vermögensteile für die Leistungserstellung:** Das Anlagevermögen bildet die Grundlage der Betriebsbereitschaft, das Umlaufvermögen ist der Gewinnträger.

▶ **Darstellung der Finanzlage:** Die Finanzlage wird auf der Passivseite der Bilanz durch Darstellung von Eigen- und Fremdkapital dokumentiert. Außenstehenden wird dadurch

- die **Herkunft des Kapitals** als Eigen- oder Fremdkapital,
- die **Rechtsstellung der Kapitalgeber** (Haftungskapital/Gezeichnetes Kapital) und der Schulden (Verpflichtungskapital – Tilgung, Zinsen)

sichtbar gemacht.

Für Kreditgeber und Kapitalanleger ergeben sich hieraus Hinweise auf das finanzielle Risiko. Dadurch, dass der Gesetzgeber im HGB (§§ 268 Abs. 5 und 285 Abs. 1) bei allen **Verbindlichkeiten** die Angabe von Anteilen **mit einer Restlaufzeit bis zu einem Jahr** und **mit einer Restlaufzeit über fünf Jahre** fordert, erhält der Außenstehende Einblick in die **Kapitalüberlassungsfristen.** So werden exaktere Aussagen über die künftige Liquiditätsbelastung erst möglich.

▶ **Eigenkapital der Unternehmungsformen:** Das Eigenkapital ist je nach Rechtsform in verschiedenen Positionen gegliedert darzustellen. Das hat seinen Grund darin, dass durch die Darstellung der Kapitalverhältnisse auf der Passivseite zugleich die **Haftungsverhältnisse** dokumentiert werden sollen. Daraus lässt sich bei einigen Gesellschaftsformen der Ausweis eines **konstanten Teils des Eigenkapitals** (Grundkapital bei der AG, Stammkapital bei der GmbH, Einlagen der Kommanditisten in der KG) und eines **variablen Teils** (Rücklagen bei den Kapitalgesellschaften, Vollhafterkapital der Kommanditgesellschaften) ableiten. AWL

Davon unterscheidet sich die Kapitaldarstellung der Einzelunternehmen und der vollhaftenden Gesellschafter in der OHG und KG. Die Position „Rücklagen" entfällt. Gewinne (soweit nicht ausgeschüttet) bzw. Verluste werden dort mit den Kapitaleinlagen des Einzelunternehmers bzw. der Vollhafter der Personengesellschaften anteilig verrechnet. Das Eigenkapital ist hier also insgesamt variabel.

▶ **Eigenkapital der Kapitalgesellschaften:** Nach § 266 Abs. 3 HGB ist das Eigenkapital der Kapitalgesellschaften folgendermaßen zu gliedern:

A. Eigenkapital

I. Gezeichnetes Kapital
II. Kapitalrücklage
III. Gewinnrücklagen
  1. gesetzliche Rücklagen
  2. Rücklage für eigene Anteile
  3. satzungsmäßige Rücklagen
  4. andere Gewinnrücklagen
IV. Gewinnvortrag/Verlustvortrag
V. Jahresüberschuss/Jahresfehlbetrag

- **Gezeichnetes Kapital:** Mit dem Gezeichneten Kapital ist das Grundkapital der AG bzw. das Stammkapital der GmbH gemeint. Das im Handelsregister eingetragene Gezeichnete Kapital repräsentiert die Summe der Nennbeträge aller durch die Gesellschaft ausgegebenen Anteile (Aktien, GmbH-Anteile), zu deren Einzahlung die Gesellschafter gegenüber der Kapitalgesellschaft verpflichtet sind. Es repräsentiert das **Haftungskapital** der Gesellschaft gegenüber den Gläubigern, das auch dann in seiner vollen Höhe auszuweisen ist, wenn es noch nicht ganz eingezahlt ist.

- **Rücklagen: Rücklagen** sind zusätzliches **Eigenkapital**. Zu unterscheiden sind offene und stille Rücklagen. HBL
  – **Offene Rücklagen** sind auf der Passivseite der Bilanz vom starren „Gezeichneten Kapital", dem Nominalkapital, als zusätzlich ausgewiesenes Eigenkapital zu unterscheiden.

Der Gesetzgeber hat sie nach ihrer Herkunft unterteilt in Kapital- und Gewinnrücklagen (siehe S. 195).

Beide werden gebildet um
- die Haftungsbasis zu verbessern,
- die Betriebsbereitschaft auch in strukturellen Krisen zu erhalten,
- Verluste ausgleichen zu können, ohne dass das feste Nominalkapital angegriffen wird,
- zukünftige außergewöhnliche Belastungen, die durch notwendige Erneuerungen oder Umstellungen hervorgerufen werden, finanzieren zu können.

- **Kapitalrücklagen:** Nach der Herkunft handelt es sich um Zuzahlungen der Gesellschafter zum Erwerb von Anteilen in Höhe des Agios.

Beispiel Die Gesellschafter einer Aktiengesellschaft haben 10000 Aktien zum Nennwert von 100,00 EUR zum Ausgabekurs von 120,00 EUR übernommen.

Das Aufgeld von 200000,00 EUR wird in die Kapitalrücklagen eingestellt:

A	Bilanz	P
	Eigenkapital	
	I. Gezeichnetes Kapital	1000000,00
	II. Kapitalrücklagen	200000,00

HBL

Kapitalrücklagen kommen also von den Gesellschaftern (Eigenfinanzierung als **Außenfinanzierung**).

- **Gewinnrücklagen:** Gewinnrücklagen werden aus dem Ergebnis des Geschäftsjahres oder früherer Jahre gebildet (§ 272 Abs. 3 HGB). Dieses Kapital wurde also von der Unternehmung selbst erwirtschaftet und zur Stärkung der Eigenkapitalbasis einbehalten. Es liegt ein klassischer Fall der **Selbstfinanzierung** vor.

- **Gesetzliche Rücklage:** Die Bildung einer gesetzlichen Rücklage ist nur für Aktiengesellschaften (§ 150 AktG) und Kommanditgesellschaften auf Aktien (§ 278 Abs. 3 i. V. mit § 150 AktG) vorgeschrieben.

  Gemäß § 150 Abs. 2 AktG ist der zwanzigste Teil des um einen Verlustvortrag aus dem Vorjahr geminderten Jahresüberschusses in die gesetzliche Rücklage einzustellen, bis diese zusammen mit den Kapitalrücklagen den zehnten oder den in der Satzung bestimmten höheren Teil des Grundkapitals erreichen.

- **Satzungsmäßige Rücklagen:** Gesellschaftsvertrag, Satzung oder Statut der Gesellschaft können die verantwortlichen Organe der Gesellschaft verpflichten,
  - **zweckgebundene** Rücklagen für langfristig immer anstehende Aufgaben zu bilden, wie für betriebliche Rationalisierungen, Modernisierungen und Erweiterungen oder
  - **zweckfreie** Rücklagen aus dem Jahresüberschuss zu bilden.

- **Andere Gewinnrücklagen:** Von den Organen der Kapitalgesellschaften können gem. § 58 AktG aus dem verbleibenden Jahresüberschuss bis zu 50 % des Jahresüberschusses in andere Gewinnrücklagen eingestellt werden.

- **Bilanzgewinn:** Nicht verteilte Gewinne werden als Bilanzgewinn in die Bilanz eingestellt. Die Hauptversammlung der AG oder die Gesellschafterversammlung der GmbH beschließt dann im folgenden Geschäftsjahr, ob weitere (andere) Rücklagen gebildet oder ob er an die Gesellschafter ausgeschüttet werden soll.

- **Gewinn- und Verlustvortrag:** Ein nicht verteilter Gewinnrest wird als Gewinnvortrag ausgewiesen. Entsprechend würde ein nicht gedeckter Verlust als Verlustvortrag bilanziert.

- **Jahresüberschuss/-fehlbetrag:** Es ist das in der GuV-Rechnung durch Gegenüberstellung der Erträge und Aufwendungen ermittelte Ergebnis. Damit das Haftungskapital erkennbar bleibt, wird das Jahresergebnis getrennt von diesem unter der Bezeichnung Eigenkapital ausgewiesen. Dies ist der Fall, wenn bis zur Bilanzerstellung keine Verteilung des Gewinnes vorgenommen wird.

Beispiel Die Golden-AG mit einem Grundkapital von 5 000 000,00 EUR, einer bestehenden gesetzlichen Rücklage von 120 000,00 EUR und einer „anderen Gewinnrücklage" von 200 000,00 EUR hatte im abgelaufenen Geschäftsjahr Erträge von 9 560 000,00 EUR und Aufwendungen von 9 120 000,00 EUR erzielt.

Vom Vorstand werden 5 % des Jahresüberschusses den gesetzlichen Rücklagen und 20 % des verbleibenden Jahresüberschusses den „anderen Gewinnrücklagen" zugewiesen. Der restliche Gewinn wird als Bilanzgewinn ausgewiesen. Vom Jahresüberschuss in Höhe von 440 000,00 EUR werden also 22 000,00 EUR in die gesetzlichen Gewinnrücklagen und 83 600,00 EUR in die anderen Gewinnrücklagen eingestellt.

A	Bilanz	H
	Eigenkapital	
	I. Gezeichnetes Kapital	5 000 000,00
	II. Kapitalrücklagen	
	III. Gewinnrücklagen	
	1. gesetzliche	142 000,00
	2. andere	283 600,00
	IV. Bilanzgewinn	334 400,00

- **Stille Rücklagen – nicht sichtbares Eigenkapital:** Stille Rücklagen, auch **stille Reserven** genannt, sind nicht aus der Bilanz ersichtlich. Sie entstehen HBL
  - **durch Unterbewertung der Aktiva,** z. B. durch zu hohe Abschreibung des Anlagevermögens,
  - **durch Überbewertung von Schulden,** z. B. durch Überbewertung von Rückstellungen (vgl. S. 214 ff.) und Verbindlichkeiten.

Beispiel Die Finanzbuchhaltung der Primus GmbH erstellte zum Ende des Geschäftsjahres folgendes Schlussbilanzkonto:

Soll		94 Schlussbilanzkonto			Haben
0210	Bebaute Grundstücke	400 000,00	0610	Gezeichnetes Kapital	600 000,00
0230	Gebäude	486 000,00	0650	Jahresüberschuss	109 639,50
0340	Fuhrpark	125 000,00	0820	Verbindlichkeiten gegenüber Kreditinstituten	500 000,00
0330	Geschäftsausstattung	110 000,00	1710	Verbindlichkeiten a. LL	161 360,50
3900	Warenbestand	130 000,00	1800	Umsatzsteuer	50 000,00
1010	Forderungen a. LL	70 000,00			
1310	Bankguthaben	80 000,00			
1320	Postbankguthaben	18 800,00			
1510	Kasse	1 200,00			
		1 421 000,00			1 421 000,00

Aktiva	Bilanz der Primus GmbH 31.12. ..		Passiva
A. Anlagevermögen		**A. Eigenkapital**	
I. Sachanlagen	1 121 000,00	I. Gezeichnetes Kapital	600 000,00
		II. Jahresüberschuss	109 639,50
B. Umlaufvermögen		**B. Verbindlichkeiten**	
I. Vorräte	130 000,00	I. Verbindlichkeiten gegenüber Kreditinstituten	500 000,00
II. Forderungen und sonstige Vermögensgegenstände	70 000,00	II. Verbindlichkeiten a. LL	161 360,50
III. Kassenbestand, Bank- und Postbankguthaben	100 000,00	III. Sonstige Verbindlichkeiten	50 000,00
	1 421 000,00		1 421 000,00

Gewinn- und Verlustrechnung der Kapitalgesellschaften

Während die Bilanz der Darstellung der Vermögens- und Finanzlage dient, ist es Aufgabe der **GuV-Rechnung,** die **Ertragslage** darzustellen. Kleine und mittelgroße Kapitalgesellschaften **dürfen** die Posten 1 bis 5 gem. § 275 Abs. 2 zu einem Posten unter der Bezeichnung **„Rohergebnis"** zusammenfassen (§ 276 HGB).

Das **Gliederungsschema gemäß § 275 Abs. 2 HGB** verdeutlicht die untereinander angeordneten unterschiedlichen **Erfolgsquellen** und die Zuordnung der Aufwandsarten und Ertragsarten zu den Positionen der Gewinn- und Verlustrechnung.

▶ **Das Betriebsergebnis:** Unter den Positionen 1 bis 4 werden Erträge, unter den Positionen 5 bis 8 Aufwendungen ausgewiesen.

Erträge des Handelsbetriebes werden artgemäß in Umsatzerlöse (Absatzleistungen) und sonstige betriebliche Erträge (z. B. Mieterträge, Provisionserträge) unterteilt.

Betriebliche Aufwendungen werden nach der Art der eingesetzten Produktionsfaktoren zusammengefasst und angeordnet: Aufwendungen für Waren (Wareneinsatz), Personalaufwand, Abschreibungen, sonstige betriebliche Aufwendungen. Das Betriebsergebnis zeigt die wichtigsten sachzielbezogenen Erfolgsquellen.

▶ **Das Finanzergebnis:** Das Finanzergebnis wird durch Gegenüberstellung der Erträge und Aufwendungen aus Finanzanlagen und Kreditgeschäften ermittelt. Es wird also der Erfolg der Finanzwirtschaft der Unternehmung ohne Beachtung ihrer Sachzielbezogenheit ermittelt.

▶ **Das Ergebnis der gewöhnlichen Geschäftstätigkeit:** Betriebsergebnis und Finanzergebnis ergeben zusammen das Ergebnis der gewöhnlichen Geschäftstätigkeit.

▶ **Das außerordentliche Ergebnis:** Das außerordentliche Ergebnis grenzt gegenüber dem Ergebnis der gewöhnlichen Geschäftstätigkeit Erfolge ab, die durch höhere Gewalt oder auf unternehmensexterne Einflüsse hervorgerufen werden. Es handelt sich um vielfach einmalige Aufwendungen oder Erträge, mit deren Wiederkehr nicht zu rechnen ist.

Beispiele Umweltschutzbestimmungen, kommunale Entscheidungen, Verluste aus Teilstilllegungen, organisatorische Umstellungen, Aufwand aufgrund von Katastrophen

Mit dem getrennten Ausweis will der Gesetzgeber verhindern, dass die Beurteilung des Ergebnisses der gewöhnlichen Geschäftstätigkeit verfälscht wird.

Ergebnisse	Position der Gewinn- und Verlustrechnung		Kontenarten des Kontenrahmens
Betriebsergebnis	1. Umsatzerlöse	+	801, 871
	2. Erhöhung oder Verminderung des Bestandes an fertigen und unfertigen Erzeugnissen[1]	+/–	–
	3. andere aktivierte Eigenleistungen	+	–
	4. sonstige betriebliche Erträge	+	242, 243, 246, 270, 271, 272, 274, 275, 276, 278, 872
	= als Zwischensumme kann zur Erleichterung der Erfolgsanalyse die **„Gesamtleistung"** ausgewiesen werden.		
	5. Aufwendungen für Waren	–	301
	= als Zwischensumme kann der Saldo aus der Gesamtleistung und dem Warenaufwand vermerkt werden, der als **„Rohergebnis"** bezeichnet wird.		
	6. Personalaufwand	–	401, 402
	7. Abschreibungen	–	491
	8. sonstige betriebliche Aufwendungen	–	202, 203, 204, 205, 206, 207, 231, 233, 234, 41, 426, 427, 428, 43, 44, 45, 46, 47, 48
	= als Zwischensumme kann der Saldo aus den Erträgen und den Aufwendungen als **„Betriebsergebnis"** ausgewiesen werden.		
Finanzergebnis	9. Erträge aus Beteiligungen	+	251
	10. Erträge aus anderen Wertpapieren und Ausleihungen des Finanzanlagevermögens	+	252, 253
	11. sonstige Zinsen und ähnliche Erträge	+	26
	12. Abschreibungen auf Finanzanlagen und auf Wertpapiere des Umlaufvermögens	+	493, 494
	13. Zinsen und ähnliche Aufwendungen	–	21
	= als Zwischensumme kann der Saldo aus den Finanzerträgen und -aufwendungen, das so genannte **„Finanzergebnis"**, ausgewiesen werden.		
	14. **Ergebnis der gewöhnlichen Geschäftstätigkeit (Betriebsergebnis + Finanzergebnis)**		
Außerordentliches Ergebnis	15. außerordentliche Erträge	+	241
	16. außerordentliche Aufwendungen	–	201
	17. **außerordentliches Ergebnis**		
	= Der Saldo aus dem Ergebnis der gewöhnlichen Geschäftstätigkeit und dem außerordentlichen Ergebnis ist das Ergebnis **vor** Steuern		
Steuern	18. Steuern vom Einkommen und vom Ertrag	–	22
	19. sonstige Steuern	–	421, 422, 424
Ergebnis nach Steuern	20. **Jahresüberschuss/Jahresfehlbetrag**		93

[1] Im Handelsbetrieb werden die Warenbestandsveränderungen mit dem Aufwand für Waren verrechnet (vgl. Pos. 5).

▶ **Das Ergebnis vor Steuern:** Das Ergebnis der gewöhnlichen Geschäftstätigkeit und das außerordentliche Ergebnis bilden zusammen das Ergebnis vor Steuern. Von diesem werden die Steuern vom Einkommen und vom Ertrag abgesetzt.

▶ **Jahresüberschuss/Jahresfehlbetrag:** Nach Abzug der Steuern ergibt sich ein **Jahresüberschuss** oder ein **Jahresfehlbetrag**.

Beispiel Ableitung der GuV-Rechnung der Primus GmbH aus dem GuV-Konto der Finanzbuchhaltung

Berechnung des Rohergebnisses:		EUR
	Umsatzerlöse	3 564 117,50
+	sonstige betriebliche Erträge	126 000,00
–	Aufwendungen für bezogene Waren	1 936 250,00
	Rohergebnis	1 753 867,50

GuV-Rechnung der Primus GmbH für die Zeit vom 1. Januar bis 31. Dezember ..		
1.	Rohergebnis	1 753 867,50
2.	Personalaufwand (Löhne und Gehälter)	1 092 500,00
3.	Abschreibungen	63 000,00
4.	sonstige betriebliche Aufwendungen	442 890,50
	Betriebsergebnis	155 477,00
5.	Zinsen u. ä. Erträge	16 875,00
6.	Zinsen u. ä. Aufwendungen	– 22 105,00
	Finanzergebnis	– 5 230,00
7.	**Ergebnis der gewöhnlichen Geschäftstätigkeit**	150 247,00
8.	Steuern vom Einkommen und vom Ertrag	40 607,50
	Jahresüberschuss	109 639,50

Anhang

Gleichrangiger Bestandteil des Jahresabschlusses der Kapitalgesellschaften ist neben Bilanz und Gewinn- und Verlustrechnung der Anhang. Seine Hauptaufgabe ist es, Angaben in der Bilanz und GuV-Rechnung insgesamt und zu Einzelpositionen zu erläutern. Die Inhalte des Anhangs sind in den §§ 284–288 HGB festgelegt:

▶ **Allgemeine Angaben zur Darstellung, Bilanzierung und Bewertung:**

Beispiele

- Abweichungen vom Gliederungsschema
- Änderung und Begründung von Bewertungsmethoden
- Nicht mit dem Vorjahr vergleichbare Beträge

▶ **Angaben und Erläuterungen zu Einzelpositionen der Bilanz:**

Beispiele

- Entwicklung der einzelnen Positionen des Anlagevermögens (Anschaffungswert, Zugänge, Abgänge, Abschreibungen des Jahres, Abschreibungen insgesamt, Buchwert)
- Abschreibungen des Geschäftsjahres, insbesondere außerplanmäßige Abschreibungen
- Einstellungen in freie Rücklagen
- Verbindlichkeitenspiegel (Gliederung der Verbindlichkeiten nach Restlaufzeiten)

▶ **Angaben und Erläuterungen zur Gewinn- und Verlustrechnung:**

Beispiele

- Aufgliederung der Umsätze nach Märkten und Tätigkeitsbereichen
- Erläuterung der außerordentlichen Aufwendungen und Erträge (z. B. durch Vertriebsverbot notwendige Sortimentsbereinigungen)

▶ Sonstige Angaben:

Beispiele

- Angaben zu Haftungsverhältnissen (Pfandrechte und sonstige Sicherheiten – Eventualverbindlichkeiten, z. B. mögliche Verbindlichkeiten aus der Übernahme von Bürgschaften)
- durchschnittliche Beschäftigtenzahl
- Namen aller Vorstandsmitglieder in der AG oder aller Geschäftsführer in der GmbH und der Mitglieder des Aufsichtsrates

Mit diesen Angaben soll der Einblick in die tatsächliche Vermögens-, Finanz- und Ertragslage verbessert werden.

Lagebericht

Der Lagebericht ergänzt den Jahresabschluss durch Informationen über Stand und Entwicklung der Unternehmung, insbesondere durch solche, die die künftige Vermögens-, Finanz- und Ertragslage beeinflussen:

Beispiele

- Marktstellung
- Beschäftigungsgrad
- Auftragslage
- Kapazitätserweiterungen
- Ausbildung (z. B. Schwerpunkte der Ausbildung, Zahl der Auszubildenden)
- Umstellung, Erweiterung/Einengung des Sortiments
- Entwicklung von Kosten, Erlösen, Rentabilität, Liquidität
- Besondere Ereignisse zwischen dem Ende des Geschäftsjahres und der Abschlusserstellung (z. B. Ausfall eines Großkunden, Wegfall eines Lieferers des Kernsortiments)
- Voraussichtliche Entwicklung der Unternehmung

Prüfung und Offenlegung des Jahresabschlusses

Die **Vermögens- und Ertragslage** von Kapitalgesellschaften ist von großem **Interesse** insbesondere **für**

- die Kapitalgeber – Aktionäre, GmbH-Gesellschafter – sowie
- die Gläubiger, denen als Haftungskapital das Gesellschaftsvermögen zur Verfügung steht.

Kapitalgeber und Gläubiger wollen informiert werden über

- die wirtschaftliche Lage und ihre Entwicklung,
- die Leistung der Geschäftsführung,
- Planungsvorhaben, wie Sortimentsgestaltung, Erschließung neuer Märkte, Forschung und Entwicklung.

Zur Information und zum Schutz dieser Personenkreise verpflichtet der Gesetzgeber die Kapitalgesellschaften zur **Veröffentlichung** (Publizierung) des Jahresabschlusses und des Lageberichtes **im Bundesanzeiger** sowie zur **Einreichung beim** zuständigen **Handelsregister.** Vorher müssen Jahresabschluss und Lagebericht durch unabhängige Abschlussprüfer geprüft werden. Dabei räumt der Gesetzgeber mittelgroßen und kleinen Kapitalgesellschaften (vgl. § 267 HGB) erhebliche Erleichterungen ein.

- Große Kapitalgesellschaften sind zur Veröffentlichung des Jahresabschlusses und des Lageberichtes im Bundesanzeiger sowie zur Einreichung der Unterlagen beim Handelsregister verpflichtet.
- Für mittelgroße und kleine Kapitalgesellschaften bestehen hinsichtlich der Publizierung erhebliche Erleichterungen (z. B. eine geringere Gliederungstiefe der Bilanz).

Jahresabschluss und Lagebericht der Kapitalgesellschaft

Gewinn- und Verlustrechnung	❑ in **Staffelform** ❑ nach dem **Gliederungsschema** gemäß § 275 HGB ❑ Zusammenfassung der Aufwands- und Ertragsarten nach **Erfolgsquellen** ❑ **Kleine Kapitalgesellschaften** dürfen die Posten Umsatzerlöse, sonstige betriebliche Erträge und Aufwand für Waren zum **Rohergebnis** zusammenfassen ❑ Ausweis des Gewinnes in der Bilanz als **Jahresüberschuss,** des Verlustes als **Jahresfehlbetrag,** getrennt vom **gezeichneten Kapital,** dem Haftungskapital
Bilanz	❑ in **Kontenform** ❑ nach dem **Gliederungsschema** gemäß § 266 Abs. 2 und 3 HGB ❑ **Kleine Kapitalgesellschaften** brauchen nur eine verkürzte Bilanz aufzustellen, in die nur die mit Großbuchstaben und römischen Ziffern bezeichneten Posten aufgenommen werden
Anhang	❑ gleichrangiger Bestandteil des Jahresabschlusses neben Bilanz und Gewinn- und Verlustrechnung ❑ Erläuterungen zur Bilanz und GuV-Rechnung insgesamt und zu Einzelpositionen

Lagebericht	❑ ergänzt den Jahresabschluss ❑ informiert über Stand und Entwicklung der Unternehmung ❑ informiert über Ereignisse und Maßnahmen, die die künftige Vermögens-, Finanz- und Ertragslage beeinflussen.

- Vorstand (AG) oder Geschäftsführer (GmbH) haben den Jahresabschluss (Bilanz, GuV-Rechnung, Anhang) unter Angabe des Datums der Fertigstellung zu unterzeichnen.
- Jahresabschluss und Lagebericht sind offen zu legen und 10 Jahre aufzubewahren.

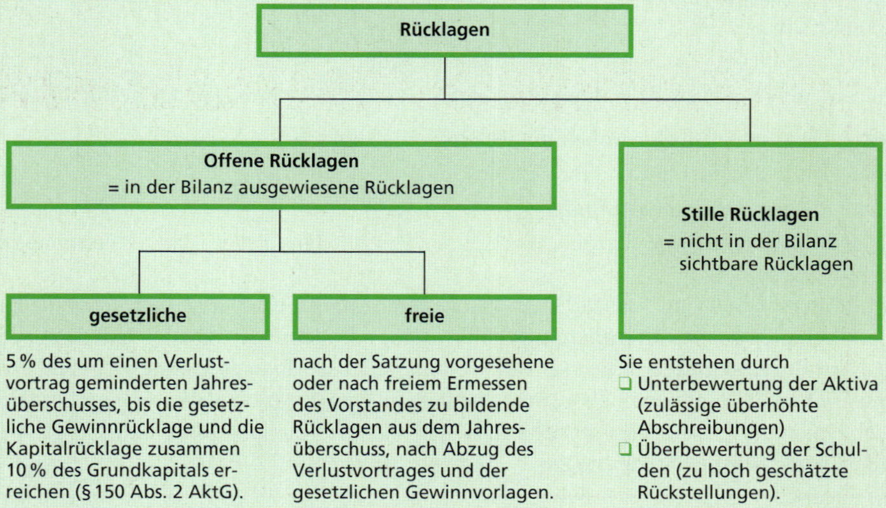

- Gewinnrücklagen werden aus dem Jahresüberschuss gebildet.
- Gesetzliche und freie Rücklagen sind Eigenkapitalpositionen, die getrennt vom gezeichneten Kapital in der Bilanz ausgewiesen werden.

1 Erstellen Sie für eine kleine Kapitalgesellschaft die Gewinn- und Verlustrechnung in Staffelform gemäß den Vorschriften des § 275 HGB aufgrund der Salden der Erfolgskonten:

Konto	Kontenbezeichnung	Soll	Haben
21	Zinsen u. ä. Aufwendungen	27 400,00	
22	Steuern vom Einkommen (Körperschaftssteuer)	368 600,00	
242	Betriebsfremde Erträge		24 000,00
26	Zinsen u. ä. Erträge		38 150,00
301	Wareneingang	2 398 100,00	
401	Löhne	1 550 800,00	
402	Gehälter	1 267 500,00	
421	Gewerbesteuer	28 850,00	
422	Kfz-Steuer	36 000,00	
426	Versicherungen	24 850,00	
43	Energie, Betriebsstoffe	46 550,00	
44	Werbe- und Reisekosten	35 600,00	
481	Bürobedarf	6 900,00	
482	Porto, Telefon, Telefax	4 500,00	
484	Rechts- und Beratungskosten	8 200,00	
491	Abschreibungen	206 600,00	
801	Warenverkauf		6 497 800,00
		6 010 450,00	6 559 950,00

2 Erstellen Sie für eine kleine Kapitalgesellschaft (GmbH) die Gewinn- und Verlustrechnung in Staffelform gemäß dem Gliederungsschema S. 198!

Konto	Kontenbezeichnung	Soll	Haben
21	Zinsen u. ä. Aufwendungen	19 800,00	
22	Steuern vom Einkommen (Körperschaftssteuer)	188 000,00	
242	Betriebsfremde Erträge		60 000,00
26	Zinsen u. ä. Erträge		16 100,00
301	Wareneingang	1 008 000,00	
401	Löhne	872 000,00	
402	Gehälter	580 000,00	
421	Gewerbesteuer	92 000,00	
426	Versicherungen	38 000,00	
43	Energie, Betriebsstoffe	47 200,00	
481	Bürobedarf	64 000,00	
484	Rechts- und Beratungskosten	54 000,00	
491	Abschreibungen	248 000,00	
801	Warenverkauf		3 450 000,00
		3 211 000,00	3 526 100,00

3 Erstellen Sie aufgrund der folgenden Kontensalden die Bilanz einer kleinen Kapitalgesellschaft gemäß den Gliederungsvorschriften des § 266 HGB (vgl. auch S. 191)!

Konto	Kontenbezeichnung	Soll	Haben
021	Grundstücke	432 000,00	
023	Bauten auf eigenen Grundstücken	1 565 000,00	
031	Technische Anlagen und Maschinen	181 000,00	
033	Betriebs- und Geschäftsausstattung	239 000,00	
034	Fuhrpark	253 000,00	
061	Gezeichnetes Kapital		1 880 000,00
065	Jahresüberschuss/-fehlbetrag		165 000,00
082	Verbindlichkeiten gegenüber Kreditinstituten		907 000,00
101	Forderungen a. LL	87 500,00	
131	Kreditinstitute	198 350,00	
132	Postbank	31 200,00	
151	Kasse	3 250,00	
171	Verbindlichkeiten a. LL		150 200,00
18	Umsatzsteuer		31 600,00
39	Warenbestände	143 500,00	
		3 133 800,00	3 133 800,00

4 a) Erläutern Sie die Bestandteile des Jahresabschlusses in Einzelunternehmen und in Kapitalgesellschaften!

b) Stellen Sie wesentliche Inhalte und Dokumentationsaufgaben der Bilanz, der GuV-Rechnung, des Anhangs und des Lageberichts zusammen!

4.2 Abgleich mit rechnerischen Sollbeständen

Frau Konski, die Abteilungsleiterin „Einkauf", überprüft Ende Dezember vor einer Bestellung von Verbrauchsmaterialien mithilfe der ausgedruckten Bestandsliste des Warenwirtschaftssystems die Lagerbestände. Sie ist entsetzt: Bei einigen Artikeln stellt sie erhebliche Abweichungen der tatsächlichen Bestände von den Beständen lt. Liste fest. Sie macht sich Gedanken im Hinblick auf den bevorstehenden Jahresabschluss.

Arbeitsauftrag

- ❑ Nennen Sie Gründe für die Abweichungen!
- ❑ Erläutern Sie die Auswirkung der Abweichungen auf den Jahresabschluss!
- ❑ Begründen Sie, welche Werte für den Jahresabschluss entscheidend sind!

Mithilfe des Jahresabschlusses soll einerseits eine Übersicht über die Bestände an Vermögen und Schulden, andererseits der Erfolg der Tätigkeit einer abgelaufenen Rechnungsperiode ermittelt werden. Vom Ergebnis werden Informationen erhofft, die frühere Entscheidungen bestätigen oder Grundlage für Korrekturen oder spätere Entscheidungen sein können. Das gilt gleichermaßen für die Unternehmensleitung, für die Eigentümer, für Gläubiger, für die Belegschaft u. a. Daher kommt der regelmäßigen Bestandskontrolle im Rechnungswesen große Bedeutung zu.

Das Kontrollsystem wird durch die doppelte Ermittlung der Bestände gekennzeichnet:

Ermittlung der Bestände lt. Inventur ⟷ **Fortschreibung der Bestände in der Buchhaltung**

Regelmäßig, mindestens einmal jährlich, muss dann eine Gegenüberstellung von Buch- oder **Sollbeständen** und **Istbeständen** erfolgen. Differenzen, die durch fehlerhafte Buchungen, Buchungsunterlassungen, Doppelbuchungen, aber auch durch falsche Zählung bei der Warenausgabe, Warenverderb, Diebstahl u. a. hervorgerufen werden können, müssen festgestellt, belegmäßig festgehalten und zur Anpassung der Sollbestände an die Istbestände im Rahmen der Umbuchungen erfasst werden. HBL

Beispiel Frau Konski stellt die Istbestände fest, stellt sie den Sollbeständen gegenüber und ermittelt die Abweichungen:

Artikel-Nr.	Artikelbezeichnung	Anschaffungswert in EUR	Sollbestand in Stück	Istbestand in Stück	Abweichungen in EUR
312B561	Seminarmarker Primus 270 Boardmarker 10 Stück	6,25	425	405	125,00
128B488	Primus Textmarker 5 Stück	1,15	280	270	11,50

Die tatsächlichen Bestände werden dann in das Inventar und somit in die Bilanz übernommen.

Die Differenzen erhöhen den Wareneinsatz und vermindern somit den Gewinn.

Auch andere Bestände müssen entsprechend abgeglichen werden, z. B. Bankguthaben, Bestände an Forderungen und Verbindlichkeiten durch Saldenbestätigung.

Eine Vielzahl von Beständen muss berechnet oder neu bewertet werden. Dies hängt damit zusammen, dass der Jahresabschluss im Leben der Unternehmung eine mehr oder weniger willkürlich gezogene Zwischenbilanz ist, die in regelmäßigen Abständen, jeweils nach einem Wirtschaftsjahr, zu erstellen ist. Zum Zeitpunkt dieser Zwischenbilanz sind daher viele Vorgänge und Prozesse noch nicht abgeschlossen, sodass die Auswirkungen von Verträgen und Entscheidungen nicht endgültig beurteilt werden können.

Beispiele

- Ein Lkw wurde für die Warenzustellung angeschafft. Anschaffungswert 90 000,00 EUR, Nutzungsdauer 6 Jahre. Jährlich sind Wertminderung und Anlagewert festzustellen.
- Waren, die im Dezember eingekauft wurden, werden teilweise erst im folgenden Geschäftsjahr verkauft und damit erst im folgenden Geschäftsjahr zum Wareneinsatz.
- Kredite wurden zur Finanzierung aufgenommen, Zinszahlungen werden erst in folgenden Rechnunsperioden fällig.

Im Jahresabschluss müssen daher Vermögens- und Schuldenteile zum Ende des Geschäftsjahres bewertet werden. Dabei ist der Werteverzehr (Aufwand) und Wertezuwachs (Ertrag) aus noch laufenden Vorgängen dem Abrechnungsjahr anteilig zuzurechnen (vgl. Abschnitt 4.3 und 4.4, S. 205 und 220 ff.). Dies führt im Rahmen des Jahresabschlusses zu zahlreichen Umbuchungen.

Abgleich mit rechnerischen Sollbeständen

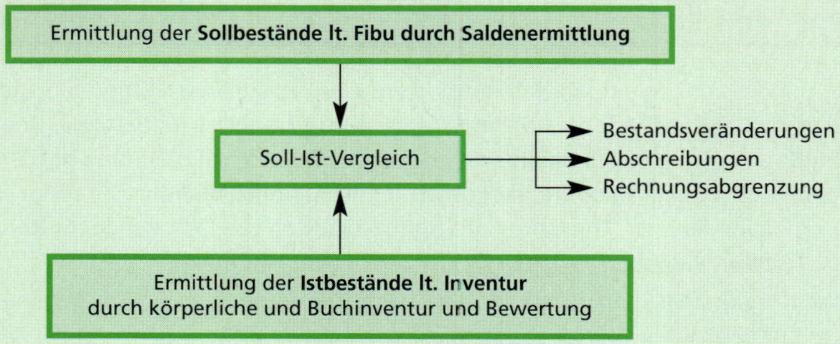

1 Das Hauptbuchkonto „Kasse" weist am Bilanzstichtag folgende Posten aus:

S	Kasse		H
EBK	1350,00	Miete	780,00
Bank	1500,00	Porto, Telefon, Telefax	150,00
		Löhne	1 250,00
		Büromaterial	510,00

a) Wie viel DM beträgt der Saldo auf dem Kassenkonto?

b) Der Kassenbestand beträgt lt. Inventur 150,00 EUR.
Wie viel EUR Kassenbestand sind in der Schlussbilanz auszuweisen?

2 Der Sollbestand eines Artikels mit einem Anschaffungswert von 98,00 EUR betrug lt. Warendatei 125 Stück, der Istbestand lt. Inventur betrug 117 Stück.

a) Ermitteln Sie
1. den Fehlbestand,
2. den Wert dieses Artikels in der Schlussbilanz!

b) Welche der nachfolgenden Aussagen erklären die Differenz?
1. Ein Abgang von 8 Stück wurde nicht erfasst.
2. Ein Abgang von 4 Stück wurde doppelt erfasst.
3. Ein Zugang von 8 Stück wurde nicht erfasst.
4. Ein Abgang von 4 Stück wurde als Zugang erfasst.
5. Ein Zugang von 8 Stück wurde als Abgang erfasst.

3 Geben Sie an, welcher Bilanzansatz für folgende Vermögensteile und Schulden zutrifft:

a) Anschaffungswert einer Ware am 30.09. .... 240,00 EUR
Marktpreis am 31.12. .... 210,00 EUR

b) Anschaffungswert einer Aktie, die zum Umlaufvermögen zählt...... 134,00 EUR
Kurswert zum 31.12. .... 160,00 EUR

c) Anschaffungswert eines Grundstücks am 03.02. .... 32 000,00 EUR
Verkehrswert zum 31.12. .... 46 000,00 EUR

d) Währungsverbindlichkeiten über 24 000,00 US-Dollar
Kurs am 09.11.: 1,17; Kurs am 31.12.: 1,20

4.3 Periodengerechte Erfolgsermittlung

4.3.1 Posten der Rechnungsabgrenzung

Am 28. August .. wurde die Feuerversicherungsprämie für Geschäftsgebäude und Inventar der Primus GmbH für die Zeit vom 1. September des laufenden Geschäftsjahres bis zum 31. August des nächsten Jahres in Höhe von 3 600,00 EUR durch Banküberweisung bezahlt. Nicole Höver hat den Geschäftsfall mit folgendem Buchungssatz erfasst:
426 Versicherungen an 131 Bank 3 600,00 EUR

Beim Jahresabschluss wurde dieser Aufwand in Höhe von 3 600,00 EUR in das GuV-Konto übernommen. Bei einer Betriebsprüfung durch die Finanzverwaltung wird diese Buchung beanstandet.

Arbeitsauftrag

- ❏ Suchen Sie nach Gründen, warum diese Buchung beanstandet wurde!
- ❏ Bilden Sie den Korrekturbuchungssatz!

Während des Geschäftsjahres fallen gelegentlich Zahlungen für Aufwendungen oder Erträge an, die ganz oder teilweise dem folgenden Geschäftsjahr zuzurechnen sind. In diesen Fällen sind die Aufwendungen und Erträge anteilig auf die Jahre zu verteilen, in denen sie entstanden sind **(periodengerechte Erfolgsermittlung)**.

Ausgaben oder **Einnahmen im laufenden Geschäftsjahr**, die für **Aufwendungen** oder **Erträge nach dem Bilanzstichtag** getätigt werden, sind als Posten der Rechnungsabgrenzung zu erfassen. Zu unterscheiden sind **aktive und passive Rechnungsabgrenzungsposten**, die von allen Kaufleuten gesondert in der Bilanz auszuweisen sind (§§ 247, 266 HGB).

§ 250 Abs. 1 HGB: Als Rechnungsabgrenzungsposten sind auf der Aktivseite Ausgaben vor dem Abschlussstichtag auszuweisen, soweit sie Aufwand für eine bestimmte Zeit nach diesem Tag darstellen [...].
Abs. 2 HGB: Auf der Passivseite sind als Rechnungsabgrenzungsposten Einnahmen vor dem Abschlussstichtag auszuweisen, soweit sie Ertrag für eine bestimmte Zeit nach diesem Tag darstellen.

● Aktive Rechnungsabgrenzung (ARA)

Wird im laufenden Geschäftsjahr eine **Ausgabe für einen Aufwand des folgenden Geschäftsjahres** getätigt, dann darf sich diese Ausgabe nicht auf den Erfolg des laufenden Geschäftsjahres auswirken. Sie ist als Aufwand erst im folgenden Jahr zu erfassen. Bis zu diesem Zeitpunkt wird sie daher in der Bilanz auf dem aktiven Bestandskonto **„091 Aktive Rechnungsabgrenzung“** (ARA) gespeichert. Diese zeitliche Abgrenzung des Aufwandes wird als vorbereitende Abschlussbuchung durchgeführt.

Beispiel Die Feuerversicherungsprämie für das Geschäftsgebäude und das Inventar (siehe Handlungssituation) betrifft den **Aufwand zweier Geschäftsjahre.** Zum Zwecke einer periodengerechten Erfolgsermittlung ist der Geschäftsfall so zu buchen, dass im alten Jahr nur 1200,00 EUR (Versicherungsprämie für vier Monate) **erfolgswirksam** werden. Die Versicherungsprämie für die acht Monate des neuen Geschäftsjahres, also 2400,00 EUR, dürfen erst im folgenden Geschäftsjahr erfolgswirksam werden.

Das Konto **„091 Aktive Rechnungsabgrenzung" führt** den Betrag von 2400,00 EUR **ins neue Geschäftsjahr hinüber** und **grenzt** somit den **Aufwand des alten Geschäftsjahres** vom **Aufwand des neuen Geschäftsjahres** ab.

Buchungen im alten Geschäftsjahr	Buchungen im neuen Geschäftsjahr
28.08.: Zahlung durch Bankscheck 426 Versicherungen an 131 Bank 3 600,00 EUR **31.12.: zeitliche Abgrenzung** 091 ARA an 426 Versicherungen 2 400,00 EUR **31.12.: Abschlussbuchungen** 93 GuV an 426 Versicherungen 1 200,00 EUR 94 Schlussbilanzkonto an 091 ARA 2 400,00 EUR	**02.01.: Eröffnung** 091 ARA an 91 EBK 2 400,00 EUR **02.01.: Auflösung der aktiven Rechnungsabgrenzung** 426 Versicherungen an 091 ARA 2 400,00 EUR

Kontenmäßige Darstellung der Buchungen im alten Geschäftsjahr:

S	426 Versicherungsbeiträge		H
131	3 600,00	091	2 400,00
		93	1 200,00
	3 600,00		3 600,00

S	091 ARA		H
426	2 400,00	94	2 400,00

S	93 Gewinn und Verlust		H
426	1 200,00		

S	94 Schlussbilanzkonto		H
091	2 400,00		

Kontenmäßige Darstellung der Buchungen im neuen Geschäftsjahr:

S	091 ARA		H
91	2 400,00	426	2 400,00

S	426 Versicherungsbeiträge		H
091	2 400,00		

Passive Rechnungsabgrenzung (PRA)

Wenn die Unternehmung im Laufe des Geschäftsjahres eine **Einnahme für einen Ertrag des folgenden Geschäftsjahres** erzielt, darf diese Einnahme den Erfolg des laufenden Geschäftsjahres nicht beeinflussen. Bis zu ihrer Erfassung als Ertrag wird sie daher auf dem passiven Bestandskonto **„093 Passive Rechnungsabgrenzung"** (PRA) gespeichert.

Beispiel Am 2. Juni des laufenden Geschäftsjahres hat ein Mieter eines Lagerraumes seine laut Vertrag im Voraus zu zahlende Miete für die Zeit vom 1. Juni bis zum 30. Mai d.f.J. in Höhe von 30 000,00 EUR durch Banküberweisung bezahlt.

Das Konto **„093 Passive Rechnungsabgrenzung"** führt den Betrag von 12 500,00 EUR ins neue Geschäftsjahr hinüber und **grenzt** somit den **Ertrag des alten Geschäftsjahres** vom **Ertrag des neuen Geschäftsjahres ab.**

altes Geschäftsjahr | 31. 12. Bilanzstichtag | **neues Geschäftsjahr**

1	2	3	4	5	6	7	8	9	10	11	12	1	2	3	4	5	6	7	8	9	10	11	12
					Ertrag im alten Jahr 17 500,00 EUR							Ertrag im neuen Geschäftsjahr 12 500,00 EUR											

Buchungen im alten Geschäftsjahr	Buchungen im neuen Geschäftsjahr
02.06.: Zahlung durch Banküberweisung 131 Bank an 242 Betriebsfremde Erträge 30 000,00 EUR **31.12.: zeitliche Abgrenzung** Betriebsfremde Erträge an 093 PRA 12 500,00 EUR **31.12.: Abschlussbuchungen** Betriebsfremde Erträge an 93 GuV 17 500,00 EUR 093 PRA an 94 SBK 12 500,00 EUR	**02.01.: Eröffnung** 91 EBK an 093 PRA 12 500,00 EUR **02.01.: Auflösung der passiven Rechnungsabgrenzung** 093 PRA an 242 Betriebsfremde Erträge 12 500,00 EUR

Kontenmäßige Darstellung der Buchungen im alten Geschäftsjahr:

S 242 Betriebsfremde Erträge H

S		H	
093	12 500,00	131	30 000,00
93	17 500,00		
	30 000,00		30 000,00

S 093 PRA H

S		H	
94	12 500,00	242	12 500,00

S 93 Gewinn und Verlust H

S		H	
		242	17 500,00

S 94 Schlussbilanzkonto H

S		H	
		093	12 500,00

Kontenmäßige Darstellung der Buchungen im neuen Geschäftsjahr:

S 242 Betriebsfremde Erträge H

S		H	
		093	12 500,00

S 093 PRA H

S		H	
242	12 500,00	91	12 500,00

Es ist durchaus üblich, die Rechnungsabgrenzung direkt bei der Erfassung der Ausgabe oder Einnahme vorzunehmen.

Posten der Rechnungsabgrenzung

Rechnungsabgrenzungsposten

Rechnungsabgrenzungsposten der Aktivseite (ARA)	Rechnungsabgrenzungsposten der Passivseite (PRA)
❑ Ausgaben vor dem Bilanzstichtag, die Aufwendungen für die Zeit nach dem Bilanzstichtag darstellen. ❑ Leistungsforderungen	❑ Einnahmen vor dem Bilanzstichtag, die Erträge für die Zeit nach dem Bilanzstichtag darstellen. ❑ Leistungsverbindlichkeiten

1 Die Kraftfahrzeugsteuer für fünf Vertreterfahrzeuge in Höhe von insgesamt 2 610,00 EUR wurde am 1. September .. für die Zeit vom 1. September .. bis zum 31. August .. per Banküberweisung an das Finanzamt bezahlt. Ein Geschäftsjahr dauert vom 1. Januar bis zum 31. Dezember eines Jahres.

a) Buchung bei Zahlung am 1. September ..

b) Buchung der zeitlichen Abgrenzung zum 31. Dezember ..

c) Buchung nach der Eröffnung der Bestandskonten im neuen Geschäftsjahr

2 Am 24. Oktober .. wird die Miete von insgesamt 5 400,00 EUR für einen gemieteten Ausstellungsraum für die Zeit vom 1. November bis 31. Januar des folgenden Jahres im Voraus mit Bankscheck bezahlt.

a) Buchung am 28. Oktober .. bei Lastschrift der Bank wegen Scheckeinlösung.

b) Buchung der zeitlichen Abgrenzung zum 31. Dezember ..

c) Buchung nach der Eröffnung der Bestandskonten im neuen Geschäftsjahr.

d) Begründen Sie die Notwendigkeit der Buchung zum Ende des Geschäftsjahres!

e) Geben Sie den Buchungssatz für den Fall an, dass die zeitliche Abgrenzung bereits bei Buchung der Zahlung vorgenommen worden wäre!

3 **Kontenplan:** 091, 093, 131,132,14, 151, 242, 41, 422, 481, 93, 94

Anfangsbestände

131 Bank	25 600,00 EUR	151 Kasse	2 460,00 EUR
132 Postbank	13 800,00 EUR		

Geschäftsfälle:

	EUR
1. **BA vom 25.07.:** Banküberweisung der Jahresprämie für Gebäudefeuerversicherung und Gebäudehaftpflicht für den Versicherungszeitraum 1. August bis 31. Juli	7 200,00
2. **BA vom 29.07.:** Banküberweisung der Halbjahresmiete für vermietete Geschäftsräume für die Zeit vom 1. August bis 31. Januar	4 800,00
3. **BA vom 26.10.:** Postüberweisung der Kraftfahrzeugsteuer für den Geschäftswagen für die Zeit vom 1. November bis 30. April	480,00
4. **KB vom 01.12.:** Barzahlung der Miete für eine gemietete Garage für die Monate Dezember bis einschließlich Februar	210,00
5. **BA vom 27.12.:** Postüberweisung der Bezugskosten für eine Fachzeitschrift für das 1. Quartal des folgenden Geschäftsjahres einschl. 7 % Umsatzsteuer	64,20

Stellen Sie die Salden der obigen Konten nach Durchführung der Abgrenzungen in einer Saldenliste zusammen.

4 Bilden Sie die Buchungssätze

a) bei Zahlung,

b) beim Jahresabschluss zum 31. Dezember,

c) nach Konteneröffnung im neuen Jahr:

1. Banküberweisung der Kfz-Versicherungsprämie am 31. August für die Zeit vom 1. September bis zum 31. August: 1 650,00 EUR
2. Für eine vermietete Garage geht die Januarmiete bereits am 28. Dezember auf das Bankkonto ein: 80,00 EUR
3. Für eine am 1. November gemietete Anlage wurde die Leasingrate für das erste Vierteljahr beim Vertragsabschluss mit Bankscheck gezahlt: 4 800,00 EUR
4. Am 28. April wird die Kfz-Steuer für einen Lkw für die Zeit vom 1. Mai bis zum 30. April durch Banküberweisung gezahlt: 4 500,00 EUR
5. Die im Voraus zu zahlende Jahresmiete für vermietete Büroräume geht am 30. April auf das Bankkonto ein: 21 600,00 EUR

4.3.2 Sonstige Verbindlichkeiten und Sonstige Forderungen

Am 31. Dezember stellt Frau Lapp fest, dass die Primus GmbH am 1. September ein Darlehen aufgenommen hat, für das am 31. August des folgenden Geschäftsjahres 600,00 EUR Zinsen zu zahlen sind. Frau Lapp ist sich nicht sicher, ob sie mit der Erfassung dieser Aufwendungen bis zur Vorlage eines Zahlungsbeleges im neuen Geschäftsjahr warten kann.

Arbeitsauftrag

- ❑ Begründen Sie die Notwendigkeit der Erfassung zum 31. Dezember!
- ❑ Stellen Sie den Unterschied dieses Falles zu den Posten der Rechnungsabgrenzung heraus!

Sonstige Verbindlichkeiten

Vielfach liegen am Bilanzstichtag **Aufwendungen** vor, **für die noch keine Zahlungen vorgenommen wurden**. Um eine periodengerechte Erfolgsermittlung sicherzustellen muss der Aufwand am Bilanzstichtag für das alte Geschäftsjahr erfasst werden. Dies geschieht im Rahmen der vorbereitenden Abschlussbuchungen.

Beispiel Am 1. September wurde ein Darlehen aufgenommen, für das am 31. August des folgenden Geschäftsjahres 600,00 EUR Zinsen zu zahlen sind.

Bis zum 31. Dezember (Bilanzstichtag) sind 200,00 EUR Zinsaufwendungen entstanden, die in der Gewinn- und Verlustrechnung des alten Geschäftsjahres zu berücksichtigen sind. Bis zum Tag der Zahlung sind die noch offen stehenden Ausgaben als **Sonstige Verbindlichkeiten** auszuweisen.

Buchungen im alten Geschäftsjahr	Buchungen im neuen Geschäftsjahr
31.12.: vorbereitende Abschlussbuchung 21 Zinsaufwendungen an 194 Sonstige Verbindlichkeiten 200,00 EUR	**02.01.: Eröffnung** 91 EBK an 194 Sonstige Verbindlichkeiten 200,00 EUR
31.12.: Abschlussbuchungen 93 Gewinn- und Verlust an 21 Zinsen u. ä. Aufwendungen 200,00 EUR 194 Sonstige Verbindlichkeiten 200,00 EUR an 94 SBK 200,00 EUR	**31.10.: Zahlung durch Banküberweisung** 194 Sonstige Verbindlichkeiten 200,00 EUR 21 Zinsen u. ä. Aufwendungen 400,00 EUR an 131 Bank 600,00 EUR

Sonstige Forderungen

Erträge des abzuschließenden **Geschäftsjahres, die noch nicht vereinnahmt wurden,** müssen wegen der periodengerechten Erfolgsermittlung als Ertrag des abgelaufenen Geschäftsjahres **erfasst** werden. Dies geschieht durch eine vorbereitende Abschlussbuchung.

Beispiel Für ein Darlehen über 40 000,00 EUR, das die Primus GmbH einem Kunden am 31. Juli gewährt hat, sind die Zinsen (9 %) jeweils jährlich nachträglich zu zahlen. Die Zahlung der Zinsen erfolgt also am 1. August des folgenden Jahres durch Banküberweisung.

Buchungen im alten Geschäftsjahr	Buchungen im neuen Geschäftsjahr
31.12.: vorbereitende Abschlussbuchung 113 Sonstige Forderungen an 26 Zinsen u. ä. Erträge 1 500,00 EUR **31.12.: Abschlussbuchungen** 26 Zinsen u.ä. Erträge an 93 Gewinn- und Verlust 1 500,00 EUR 94 SBK an 113 Sonstige Forderungen 1 500,00 EUR	**02.01.: Eröffnung** 113 Sonstige Forderungen an 91 EBK 1 500,00 EUR **01.08.: Banküberweisung der Zinsen** 131 Bank 3 600,00 EUR an 113 Sonstige Forderungen 1 500,00 EUR an 26 Zinsen u.ä. Erträge 2 100,00 EUR

Wesentlicher Unterschied der sonstigen Forderungen und sonstigen Verbindlichkeiten zu den Posten der Rechnungsabgrenzung besteht in der Auswirkung auf die Liquidität in der Zukunft. In den Fällen der Posten der Rechnungsabgrenzung trat die Liquiditätsänderung durch Einnahmen oder Ausgaben im alten Jahr ein. In den Fällen der sonstigen Forderungen und sonstigen Verbindlichkeiten tritt diese Liquiditätsänderung erst im folgenden Jahr ein:

Altes Jahr	31.12. Neues Jahr	Ausweis in der Bilanz
Ausgabe	Aufwand	Aktive Rechnungsabgrenzung (ARA)
Einnahme	Ertrag	Passive Rechnungsabgrenzung (PRA)
Aufwand	Ausgabe	Sonstige Verbindlichkeiten
Ertrag	Einnahme	Sonstige Forderungen

- Beide dienen der zeitlichen Rechnungsabgrenzung der Aufwendungen und Erträge und der periodengerechten Erfolgsermittlung.
- Aufwendungen und Erträge werden den Zeiträumen zugeordnet, die sie wirtschaftlich verursacht haben.

Sonstige Verbindlichkeiten und Sonstige Forderungen

Sonstige Verbindlichkeiten	Sonstige Forderungen
❑ Am Bilanzstichtag noch nicht erfolgte Ausgaben für einen genauen feststehenden Aufwand des abgelaufenen Geschäftsjahres ❑ Geldverbindlichkeiten, die nach dem Bilanzstichtag zu Ausgaben führen	❑ Am Bilanzstichtag noch nicht erfolgte Einnahmen für einen Ertrag aus dem abgelaufenen Geschäftsjahr ❑ Geldforderungen, die nach dem Bilanzstichtag zu Einnahmen führen

1 Für ein Darlehen über 12 000,00 EUR, das einem Kunden gewährt wurde, sind 8 % Zinsen vertragsgemäß halbjährlich nachträglich zu zahlen, und zwar am 30. April und 31. Oktober.

Wie ist zu buchen
a) am 31. Dezember (Bilanzstichtag),
b) zum 1. Januar bei Eröffnung der Konten,
c) am 30. April bei Banküberweisung der Zinsen durch den Kunden?

2 Beim Jahresabschluss wurde festgestellt, dass die Dezembermiete in Höhe von 850,00 EUR für einen gemieteten Lagerraum versehentlich noch nicht bezahlt worden ist.
a) Welche Buchung ist am 31. Dezember vorzunehmen?
b) Wie ist zu buchen, wenn am 2. Januar die rückständige Dezembermiete zusammen mit der Januarmiete durch die Bank überwiesen wird?

3 1. Die Primus GmbH hat einem Kunden ein kurzfristiges Darlehen von 36 000,00 EUR zu 9 % p. a. gewährt. Die Zinsen sind vertragsgemäß halbjährlich zu zahlen, und zwar jeweils am 1. April für den Darlehenszeitraum vom 30. September bis 31. März und am 1. Oktober für den Zeitraum vom 31. März bis 30. September.
   a) Wie ist am 31. Dezember zu buchen?
   b) Wie lautet die Buchung am 31. März bei Eingang der Zinszahlung durch Banküberweisung?

2. Die Miete für einen von der Primus GmbH gemieteten Lagerraum beträgt monatlich 2 500,00 EUR. Beim Jahresabschluss der Primus GmbH wird festgestellt, dass die Dezembermiete versehentlich noch nicht bezahlt worden ist.
   a) Welche Buchung muss noch mit Datum vom 31. Dezember vorgenommen werden?
   b) Wie ist zu buchen, wenn am 5. Januar die rückständige Dezembermiete zusammen mit der Januarmiete durch die Bank überwiesen wird?

3. Die Rechnung der Stadtwerke für den Stromverbrauch für Dezember steht noch aus. Aufgrund der Ablesung an den Zählern vom 31. Dezember hat die Primus GmbH einen Betrag von 7 800,00 EUR ermittelt.
   a) Wie lautet die Buchung am 31. Dezember?
   b) Wie ist zu buchen, wenn die Rechnung der Stadtwerke in Höhe von 13 200,00 EUR zuzüglich 2 112,00 EUR Umsatzsteuer am 23. Januar eingeht und sofort mit Postüberweisung bezahlt wird?

4. Die am 15. November fällige Gewerbesteuerschuld der Primus GmbH in Höhe von 5 000,00 EUR wurde vom Stadtsteueramt auf Antrag bis zum 15. Februar gestundet.
   a) Wie ist folglich noch am 31. Dezember zu buchen?
   b) Wie lautet die Buchung, wenn die rückständige Steuerschuld am 13. Februar durch Postüberweisung beglichen wird?

5. Für ein vermitteltes Geschäft stehen der Primus GmbH 1 500,00 EUR Provision zu. Hierfür wurde folgende Lastschriftanzeige erteilt:

Nettoprovision	1 500,00 EUR
+ 16 % Umsatzsteuer ..	240,00 EUR
	1 740,00 EUR

   a) Wie ist am 31. Dezember zu buchen?
   b) Welche Buchung ist vorzunehmen, wenn am 16. Januar der in Rechnung gestellte Betrag durch Postüberweisung bezahlt wird?

6. Dem Handelsvertreter stehen laut erfolgter Abrechnung für im Monat Dezember vermittelte Verkäufe 1 800,00 EUR Provision zu. Die hierauf entfallende Umsatzsteuer beträgt 288,00 EUR.
   a) Wie ist am 31. Dezember zu buchen?
   b) Wie lautet die Buchung, wenn der Handelsvertreter am 8. Januar über den Gesamtbetrag von der Primus GmbH einen Verrechnungsscheck erhält?

4 Ein Kunde erhielt am 1. April .. ein Darlehen in Höhe von 80 000,00 EUR zu dem günstigen Zinssatz von 6 % p.a. Die Zinsen sind jedoch halbjährlich im Voraus zahlbar am 1. Oktober und am 1. April eines Jahres. Die letzte Zinszahlung für die Zeit vom 30. September bis zum 30. März des folgenden Geschäftsjahres erfolgte per Banküberweisung in Höhe von 2 400,00 EUR am 1. Oktober des Geschäftsjahres.

a) Buchung der Zinszahlung am 1. Oktober des Geschäftsjahres!
b) Buchung der zeitlichen Abgrenzung zum 31. Dezember ..!
c) Buchung nach der Eröffnung der Bestandskonten im neuen Geschäftsjahr!
d) Stellen Sie fest, ob die Buchung der zeitlichen Abgrenzung einen vorliegenden positiven Unternehmungsgewinn mindert, mehrt oder unverändert lässt.

5 Prüfen Sie die Richtigkeit folgender Aussagen, indem Sie Ihre Entscheidung begründen! Es wird unterstellt, dass vor Buchung der zeitlichen Abgrenzung ein Unternehmungsgewinn vorlag.

a) Aktive Rechnungsabgrenzungsposten speichern Aufwendungen des folgenden Geschäftsjahres!
b) Die Buchung der aktiven Rechnungsabgrenzung führt zur Vermögensmehrung und zur Mehrung des Unternehmungsgewinns.
c) Würde eine notwendige passive Rechnungsabgrenzung nicht vorgenommen, dann ergäbe sich ein zu hoher Unternehmungsgewinn.
d) Im Voraus erhaltene Miete führt zur Notwendigkeit einer aktiven Rechnungsabgrenzung!
e) Mit der Buchung „ARA an Aufwandskonten" sind die für das kommende Geschäftsjahr im Voraus gezahlten Aufwendungen abzugrenzen!

6 **Kontenplan:** 091, 093, 131, 132, 14, 151, 242, 41, 422, 426, 481, 93, 94
Anfangsbestände: 131 Bank 12 400,00 EUR, 132 Postbank 3 600,00 EUR, 151 Kasse 1 640,00 EUR

a) Buchen Sie folgende Geschäftsfälle 1 bis 5 am Tage der Ausgabe bzw. Einnahme!
b) Führen Sie beim Abschluss die erforderliche Abgrenzung durch!
c) Geben Sie die Buchungssätze zum Abschluss der Konten an!
d) Eröffnen Sie im neuen Geschäftsjahr die Konten 091 und 093!
e) Lösen Sie die Posten der Rechnungsabgrenzung auf!

Geschäftsfälle:	EUR
1. **BA vom 25. 07.:** Banküberweisung der Jahresprämie für Gebäudefeuerversicherung und Gebäudehaftpflicht für den Versicherungszeitraum 1. August bis 31. Juli	480,00
2. **BA vom 29. 07.:** Banküberweisung der Halbjahresmiete für vermietete Geschäftsräume für die Zeit vom 1. August bis 31. Januar	2400,00
3. **PBA vom 26. 10.:** Postüberweisung der Kraftfahrzeugsteuer für den Geschäftswagen für die Zeit vom 1. November bis 30. April	240,00
4. **KB vom 01.12.:** Barzahlung der Miete für eine gemietete Garage für die Monate Dezember bis einschließlich Februar	210,00
5. **PBA vom 27.12.:** Postüberweisung der Bezugskosten für eine Fachzeitschrift für das 1. Quartal des folgenden Geschäftsjahres Bezugsgebühren einschließlich 7 % Umsatzsteuer	64,20

7 Einige Sachkonten eines Unternehmens weisen zum Jahresabschluss folgende Werte aus:

	Soll EUR	**Haben** EUR
091 Aktive Rechnungsabgrenzung	1500,00	1500,00
093 Passive Rechnungsabgrenzung	940,00	940,00
21 Zinsen u. ä. Aufwendungen	1200,00	
242 Betriebsfremde Erträge		5200,00
422 Kfz-Steuer	1420,00	
426 Versicherungen	2400,00	

Abschlussangaben:

Führen Sie aufgrund folgender Informationen die zeitlichen Abgrenzungen durch!

1. Für einen vermieteten Geschäftsraum wurde die Halbjahresmiete in Höhe von 2400,00 EUR für die Zeit vom 1. August bis 31. Januar vertragsgemäß im Voraus gezahlt.
2. Die Gebäudefeuerversicherungsprämie in Höhe von 360,00 EUR war am 28. August für den Versicherungszeitraum 1. September bis 31. August an die Versicherung überwiesen worden.
3. Am 30. September wurden die Halbjahreszinsen in Höhe von 1200,00 EUR für eine Darlehensschuld im Voraus bezahlt.
4. Die Kfz-Steuer über 120,00 EUR wurde am 30. November für die Zeit vom 1. Dezember bis 28. Februar bezahlt.

Stellen Sie die Salden der obigen Konten nach Durchführung der Abgrenzungen in einer Saldenliste zusammen.

8 a) Erläutern Sie die Unterschiede zwischen den Posten der Rechnungsabgrenzung und den sonstigen Forderungen und Verbindlichkeiten!

b) Die Jahresmiete über 6000,00 EUR für die Lagerräume wurde am 1. Juli für ein Jahr im Voraus bezahlt und über das Konto 41 Mieten gebucht. Am Ende des Jahres wurde der ganze Betrag auf das Konto 93 GuV übertragen. Bei einer Steuerprüfung im folgenden Geschäftsjahr wird diese Buchung beanstandet. Wie erklären Sie sich diese Kritik?

9 Die Gold GmbH ermittelte ein vorläufiges positives Unternehmensergebnis von 176000,00 EUR. Sie hatte bei ihrer Erfolgsermittlung folgenden Sachverhalt noch nicht berücksichtigt:

Am 1. Juni des folgenden Geschäftsjahres sind Zinsen für den Kreditzeitraum 30. November bis zum 31. Mai in Höhe von 8 % p.a. an ein Kreditinstitut für einen durch eine Grundschuld gesicherten Kredit von 240000,00 EUR zu zahlen.

Prüfen Sie die Richtigkeit folgender Aussagen:

a) Die Berücksichtigung des obigen Sachverhalts führt zu einer Erhöhung der Aufwendungen des Geschäftsjahres um 9 600,00 EUR.

b) Die Gold GmbH hat beim Jahresabschluss noch eine Geldverbindlichkeit von 1 600,00 EUR zu erfassen.

c) Das Unternehmungsergebnis würde bei Beachtung des Sachverhalts 184 000,00 EUR betragen.

d) Da es sich bei den Zinsen um Aufwendungen des folgenden Geschäftsjahres handelt, ist eine aktive Rechnungsabgrenzung durchzuführen.

e) Die Berücksichtigung des obigen Sachverhalts führt zu einer Verminderung des Unternehmungsergebnisses und zu einer Erhöhung der ausgewiesenen Verbindlichkeiten.

10 Ordnen Sie die unten stehenden Sachverhalte den folgenden Inhalten ordnungsgemäß zu:

a) Aktive Rechnungsabgrenzung
b) Passive Rechnungsabgrenzung
c) Sonstige Forderungen
d) Sonstige Verbindlichkeiten
e) kein Vorgang der zeitlichen Abgrenzung

Sachverhalte:

1. Zum Geschäftsjahresende noch nicht erhaltene Einnahmen für Erträge des kommenden Geschäftsjahres
2. Ausgaben vor dem Geschäftsjahresende für Aufwendungen des kommenden Geschäftsjahres
3. Zum Geschäftsjahresende noch nicht erhaltene Einnahmen für Erträge des Geschäftsjahres
4. Aufwendungen des Geschäftsjahres, die erst im kommenden Geschäftsjahr zu einer Ausgabe führen
5. Ausgaben im Geschäftsjahr für Aufwendungen des Geschäftsjahres
6. Zum Geschäftsjahresende bereits vorliegende Einnahmen für Erträge des folgenden Geschäftsjahres

4.3.3 Rückstellungen

Aufgrund der Betriebsprüfung durch das Finanzamt muss die Primus GmbH mit einer Gewerbesteuernachzahlung rechnen. Herr Müller weist Frau Lapp an diese Tatsache bei der Erstellung des Jahresabschlusses zu berücksichtigen. Frau Lapp weiß nicht, wie sie die mögliche Nachzahlung erfassen soll, zumal ihr auch ein entsprechender Beleg fehlt.

Arbeitsauftrag

- Erläutern Sie die Auswirkungen auf den Jahresabschluss, wenn Frau Lapp die Nachzahlung nicht berücksichtigt!
- Bilden Sie den erforderlichen Buchungssatz!

Ungewisse Verbindlichkeiten für Aufwendungen des Geschäftsjahres

Für zahlreiche Aufwendungen, die dem abgelaufenen Rechnungsjahr zugerechnet werden müssen, stehen zum Jahresabschluss **Höhe** bzw. **Fälligkeit** der zu leistenden Ausgabe noch nicht fest.

Beispiele gemäß § 249 Abs. 1 HGB

- Ungewisse Verbindlichkeiten, wie mögliche Garantieverpflichtungen, zu erwartende Steuernachveranlagungen, zu erwartende Prozesskosten
- Unterlassene Aufwendungen für Instandsetzung, die in den ersten drei Monaten des folgenden Geschäftsjahres nachgeholt werden, wie Dach- oder Kfz-Reparaturen
- Gewährleistungen, die ohne rechtliche Verpflichtung erbracht wurden (Kulanzleistungen)
- Pensionsverpflichtungen (Vorsorgeaufwendungen für leitende Angestellte)

Zum Zwecke einer **periodengerechten** und **vorsichtigen Erfolgsermittlung müssen** für solche Aufwendungen Beträge geschätzt und als **Verbindlichkeiten in Form von Rückstellungen** auf der Passivseite der Bilanz ausgewiesen werden.

Außerdem dürfen nach § 249 Abs. 2 HGB **Rückstellungen** für genau umschriebene andere **Aufwendungen** (Aufwandsrückstellungen), die dem Geschäftsjahr oder einem früheren Geschäftsjahr zuzuordnen sind, gebildet werden **(Wahlrecht).**

Beispiele Aufwendungen für die Entsorgung von Lösungsmitteln, Aufwendungen für Großreparaturen am Gebäude, Aufwendungen für Generalüberholungen von Verwaltungsgebäuden

Rückstellungen sind Verbindlichkeiten für Aufwendungen, deren Höhe bzw. Fälligkeit am Bilanzstichtag noch nicht feststehen.

Bildung von Rückstellungen

HBL

Die Höhe einer **Rückstellung** muss **geschätzt** werden. Wegen der Unsicherheit bei der Bemessung besteht

- die **Gefahr der Unterbewertung** (zu niedriger Ansatz der Rückstellung),
- die **Möglichkeit der Überbewertung** (Bildung stiller Reserven durch zu hohen Ansatz der Rückstellung).

Bei der Bildung der Rückstellung wird der geschätzte Betrag als Aufwand erfasst und dem entsprechenden Rückstellungskonto im Haben gutgeschrieben. Nach § 266 HGB sind für den Ausweis der Rückstellungen drei Konten vorgesehen:

0721 Pensionsrückstellungen
0722 Steuerrückstellungen
0724 Sonstige Rückstellungen

Auswirkung von Rückstellungen

Rückstellungen werden für Aufwendungen gebildet. Dadurch wird der Gewinn der Rechnungsperiode um diesen Betrag gemindert. Entsprechend vermindern sich die **Steuern,** die vom Gewinn berechnet werden (z. B. Körperschaftsteuer bei GmbH und AG), und die **Ausschüttungen** an die Gesellschafter.

Beispiel Frau Lapp hat aufgrund ihrer Schätzungen folgenden Beleg über die erwartete Gewerbesteuernachzahlung erstellt:

Buchungsbeleg-Nr. 37653 — PRIMUS GmbH

Datum	Buchungstext	SOLL Konto	SOLL EUR	HABEN Konto	HABEN EUR
..-12-31	Die Gewerbesteuerabschlusszahlung für das Geschäftsjahr .. wird auf 8 000,00 EUR geschätzt.	421	8 000,00	0722	8 000,00

Ausgestellt: ..-12-22 Genehmigt: ..-12-31 Gebucht: ..-01-15 S. 736/3

Buchung zum Bilanzstichtag:

421 Gewerbesteuer	an 0722 Steuerrückstellungen	8 000,00 EUR
93 GuV	an 421 Gewerbesteuer	8 000,00 EUR
0722 Steuerrückstellungen	an 94 SBK	8 000,00 EUR

S 0722 Steuerrückstellungen H

S		H	
94	8 000,00	421	8 000,00

S 421 Gewerbesteuer H

S		H	
0722	8 000,00	93	8 000,00

S 94 SBK H

S		H	
		0722	8 000,00

S 93 GuV H

S		H	
421	8 000,00		

Auflösung von Rückstellungen

Eine Rückstellung ist aufzulösen, wenn **der Grund für ihre Bildung weggefallen ist** und damit der angenommene Aufwand und die geschätzte Schuld nicht entstehen (§ 249 Abs. 2 HGB).

Die Auflösung der Rückstellung im Folgejahr macht in den folgenden Fällen **erfolgswirksame Korrekturbuchungen** notwendig.

Zahlungsverpflichtung > Rückstellung	Zahlungsverpflichtung < Rückstellung
Buchung des bisher nicht erfassten Aufwandes als periodenfremden Aufwand	Buchung eines Ertrages aus der Auflösung von Rückstellungen als periodenfremden Ertrag

Beispiel Am 10. Februar des folgenden Geschäftsjahres geht ein Steuerbescheid über 7 500,00 EUR vom Steueramt der Stadt Duisburg ein.
Der Betrag wird sofort an die Stadtkasse durch Bank überwiesen.

Buchung:

0722 Steuerrückstellungen	8 000,00 EUR	an 131 Bank	7 500,00 EUR
		an 243 Periodenfremde Erträge	500,00 EUR

Ist die **Zahlung höher** (z. B. 9 000,00 EUR) **als die gebildete Rückstellung** (8 000,00 EUR), ergibt sich folgende Buchung:

0722 Steuerrückstellungen	8 000,00 EUR		
203 Periodenfremde Aufwendungen	1 000,00 EUR	an 131 Bank	9 000,00 EUR

Rückstellungen

- Rückstellungen sind Verbindlichkeiten, die im Gegensatz zu den anderen ausgewiesenen Verbindlichkeiten der **Höhe** und/oder **Fälligkeit** nach am Bilanzstichtag noch **nicht feststehen;** sie werden daher geschätzt.

1 Der Kunde Herstadt Warenhaus GmbH hat am 15. Dezember des Geschäftsjahres erhebliche Mängel an zu Beginn des Jahres gelieferten Büromöbeln mit einer 2 Jahre-Garantie gemeldet.

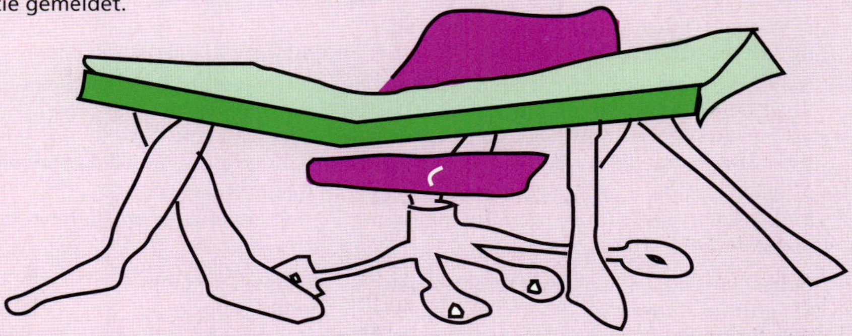

Die Primus GmbH schätzt die im folgenden Geschäftsjahr zu übernehmenden Instandsetzungsaufwendungen für diese Schäden auf etwa 17 000,00 EUR. Am 17. März des folgenden Geschäftsjahres trat der Garantiefall ein. Die Rechnung einer beauftragten Unternehmung zur Durchführung der Reparatur belief sich auf 16 200,00 EUR zuzüglich 16 % Umsatzsteuer. Sie wurde sofort per Bankscheck bezahlt.

Bilden Sie die Buchungssätze

a) zum 31. Dezember, b) zum 17. März!

2 Die Miete für einen gemieteten Lagerraum beträgt monatlich 2 400,00 EUR. Beim Jahresabschluss wird festgestellt, dass die Dezembermiete versehentlich noch nicht bezahlt wurde.

a) Welche Buchung muss noch mit Datum vom 31. Dezember vorgenommen werden?

b) Wie ist zu buchen, wenn die rückständige Dezembermiete am 2. Januar zusammen mit der Januarmiete durch die Bank überwiesen wird?

3 Die Rechnung der Stadtwerke für den Stromverbrauch für Dezember steht noch aus. Aufgrund der Ablesung an den Zählern am 31. Dezember wird ein Betrag von 4 800,00 EUR ermittelt.

a) Wie lautet die Buchung am 31. Dezember?

b) Wie ist zu buchen, wenn am 23. Januar die Rechnung der Stadtwerke in Höhe von 6 200,00 EUR zuzüglich 992,00 EUR Umsatzsteuer eingeht und sofort mit Postüberweisung bezahlt wird?

4 Zum 31. Dezember wurde festgestellt, dass dringende Reparaturarbeiten am Lagergebäude nicht durchgeführt worden sind. Nach den vorliegenden Kostenvoranschlägen werden die Aufwendungen wahrscheinlich etwa 42 000,00 EUR betragen. Die Instandsetzungsarbeiten sollen im Monat Februar des folgenden Geschäftsjahres durchgeführt werden. Nach Erledigung der Reparaturarbeiten im Februar wurde die Rechnung über 43 100,00 EUR zuzüglich 16 % Umsatzsteuer sofort per Postüberweisung beglichen.

a) Wie lautet die Buchung am 31. Dezember?

b) Wie lautet die Buchung bei Zahlung der Rechnung im Februar des folgenden Geschäftsjahres?

5 Wegen einer strittigen Vertragsabwicklung mit einem Lieferer befindet sich die Primus GmbH zum Ende des Geschäftsjahres in einem Rechtsstreit mit diesem Lieferer. Da der Ausgang des Prozesses ungewiss ist, können möglicherweise Rechtskosten in Höhe von 16 000,00 EUR entstehen. Im Juni des folgenden Geschäftsjahres lag die Abrechnung für den Prozess vor:

Gerichtskosten		4 600,00 EUR
Rechtsanwaltskosten	12 000,00 EUR	
+ 16 % Umsatzsteuer	1 920,00 EUR	13 920,00 EUR

Die Zahlung der Rechnung erfolgte per Banküberweisung.

a) Wie lautet die Buchung am 31. Dezember?
b) Wie lautet die Buchung bei Bezahlung der Rechnungen im Juli des folgenden Jahres?

6 Die Gewerbesteuerabschlusszahlung für das laufende Jahr wird zum 31. Dezember auf 52 000,00 EUR geschätzt. Laut Gewerbesteuerbescheid vom 18. März des folgenden Geschäftsjahres beträgt die restliche Gewerbesteuer 54 000,00 EUR. Die Zahlung der restlichen Gewerbesteuer für das vergangene Geschäftsjahr erfolgte per Banküberweisung.

a) Wie lautet die Buchung zum 31. Dezember des Geschäftsjahres?
b) Wie lautet die Buchung bei Bezahlung per Banküberweisung am 18. März des folgenden Jahres?

7 Geben Sie die Buchungssätze zum Geschäftsjahresende an für eine

a) Sonstige Forderung,
b) Sonstige Verbindlichkeit,
c) Aktive Rechnungsabgrenzung,
d) Passive Rechnungsabgrenzung!

Benutzen Sie zur Formulierung des Buchungssatzes folgende Konten:

113	Sonstige Forderungen	091	Aktive Rechnungsabgrenzung
194	Sonstige Verbindlichkeiten	093	Passive Rechnungsabgrenzung
242	Betriebsfremde Erträge	41	Miete, Pacht, Leasing

8 Ein Großhandelsbetrieb bildet am 31. Dezember für eine einem Kunden gegenüber eingegangene Garantieverpflichtung für eine an ihn gelieferte Maschine eine Rückstellung von 2 500,00 EUR.
Der Kunde musste im neuen Geschäftsjahr einen Mangel an der Maschine durch Reparatur beseitigen lassen. Die quittierte Rechnung über die durchgeführte Maschinenreparatur überreicht er uns am 4. Februar mit der Bitte um Erstattung:

Maschinenreparatur, netto	2 800,00 EUR	
+ 16 % Umsatzsteuer	448,00 EUR	3 248,00 EUR

a) Wie lautet die Buchung zur Bildung der Rückstellung?
b) Wie lautet die Buchung zum Abschluss des Kontos Rückstellungen?
c) Wie lautet die Buchung, wenn dem Kunden am 4. Februar wegen der Maschinenreparatur eine Gutschrift zugeschickt wird?

9 Bilden Sie die Buchungssätze für die folgenden Geschäftsfälle:

10

Geschäftsfälle:	**9** EUR	**10** EUR
1. a) Aufgrund einer Buch- und Betriebsprüfung durch das Finanzamt ist für das abzuschließende Geschäftsjahr mit einer Gewerbesteuernachzahlung zu rechnen von	6 000,00	10 000,00
b) Wie ist am 24. März zu buchen, wenn der Nachveranlagungsbescheid über ... lautet und durch Banküberweisung bezahlt wird?	7 500,00	9 000,00
2. a) Für die noch zu erwartende Jahresabschlusszahlung an die Berufsgenossenschaft wegen der Unfallversicherung wird am 31. Dezember eine Rückstellung gebildet über	5 000,00	3 500,00

	EUR	EUR
b) Aufgrund der Jahresabschlussrechnung der Berufsgenossenschaft vom 29. Januar werden für das vergangene Geschäftsjahr als Beitrag zur Berufsgenossenschaft durch die Bank überwiesen.	4500,00	4500,00
3. a) Für einen schwebenden Rechtsstreit, der sich zu unseren Ungunsten entwickelt hat, wird am 31. Dezember eine Rückstellung in Höhe von . . . . gebildet.	15000,00	12000,00
b) Wie ist zu buchen, wenn wir am 27. April des folgenden Geschäftsjahres an die Gerichtskasse und an den Prozessgegner durch Postüberweisung zahlen	13000,00	13000,00
4. a) Aufgrund einer Warenlieferung für die wir eine einjährige Garantieverpflichtung eingegangen sind, wird eine Rückstellung gebildet von.	3000,00	5000,00
b) **zu Aufgabe 9:** Der Käufer hat innerhalb der Garantiefrist an uns keine Ansprüche gestellt. Wie ist am Ende des folgenden Geschäftsjahres zu buchen?		
zu Aufgabe 10: Der Käufer hat uns aufgrund der Garantieverpflichtung in Anspruch genommen und für durchgeführte Nachbesserungsarbeiten Rechnung erteilt . .		3200,00
+ 16 % Umsatzsteuer		512,00
Den Rechnungsbetrag haben wir mit Verrechnungsscheck beglichen.		3712,00

11 Wie verändern die folgenden noch zu buchenden Geschäftsfälle ein vorläufiges positives Unternehmungsergebnis?
Geben Sie die Buchungssätze an und stellen Sie fest, ob das Unternehmungsergebnis a) erhöht, b) vermindert oder c) nicht beeinflusst wird.

1. **31.12.:** Es wird festgestellt, dass am 1. November des Geschäftsjahres Zinsen für die Zeit vom 30. Oktober des Geschäftsjahres bis zum 30. April des folgenden Geschäftsjahres von uns im Voraus bezahlt wurden.
2. **30.12.:** Die Januarmiete für eine vermietete Lagerhalle wurde durch Postüberweisung bezahlt.
3. **31.12.:** Es wird festgestellt, dass am 1. Dezember des Geschäftsjahres der Mieter die Miete für eine gemietete Garage für drei Monate im Voraus an uns überwies.
4. **31.12.:** Es wird festgestellt, dass am 1. November des Geschäftsjahres die Kfz-Steuer für einen Lkw von uns im Voraus für die Zeit vom 1. November des Geschäftsjahres bis zum 30. Oktober des folgenden Geschäftsjahres überwiesen wurde.
5. **20.12.:** Eine fällige Lieferrechnung wurde mit Bankscheck bezahlt.
6. **31.12.:** Die Reparaturaufwendungen für die Instandsetzung einer Lagertransportanlage sollen laut Kostenvoranschlag 4000,00 EUR betragen. Die Instandsetzung soll im Februar des folgenden Geschäftsjahres durchgeführt werden.
7. **31.12.:** Es wird festgestellt, dass die betrieblichen Stromkosten laut Zählerstand für den Monat Dezember des Geschäftsjahres insgesamt 14000,00 EUR betragen werden. Die Rechnung ist noch nicht eingetroffen.
8. **31.12.:** Es wird festgestellt, dass die Zinsen für eine Darlehensforderung an uns nachträglich am 1. November des Geschäftsjahres und am 1. Mai des folgenden Geschäftsjahres zahlbar sind.
9. **10.12.:** Die Umsatzsteuerzahllast für den Monat November des Geschäftsjahres wurde an das Finanzamt mit Bankscheck bezahlt.
10. **31.12.:** Die Gewerbesteuerabschlusszahlung für das Geschäftsjahr wird auf 25000,00 EUR geschätzt.

4.4 Grundsätze und Ziele der Bewertung des Vermögens und der Schulden nach Handelsrecht

Zur Vorbereitung des Jahresabschlusses wird in der Primus GmbH Inventur gemacht. Frau Lapp und Herr Müller haben bereits alle Aufnahmelisten eingesammelt und mit der Bewertung der Vermögensteile und der Schulden begonnen. Bei manchen Wertansätzen sind sie sich nicht einig: Den erwarteten großen Gewinn möchte Herr Müller verstecken und daher das Vermögen möglichst niedrig bewerten. Frau Lapp möchte jedoch einige Vermögensteile, die als Sicherheiten für beantragte Kredite in Frage kommen, möglichst hoch bewerten.

Arbeitsauftrag

- Versuchen Sie Argumente für beide Auffassungen zu finden!
- Stellen Sie die Auswirkungen beider Bewertungsauffassungen an folgenden Beispielen gegenüber:
  1. Ein Grundstück, das vor zwei Jahren für 80 000,00 EUR gekauft wurde, hat am Bilanzstichtag einen geschätzten Verkehrswert von 120 000,00 EUR.
  2. Zu Beginn des Geschäftsjahres wurde eine Verpackungsmaschine für 60 000,00 EUR angeschafft. Die betriebsgewöhnliche Nutzungsdauer beträgt zehn Jahre.

Notwendigkeit der Bewertung

Im Rahmen der **Inventur** muss der Kaufmann zur Aufstellung des Inventars und der Bilanz **Vermögen** und **Schulden bewerten.** Bewerten heißt entscheiden, mit welchen Geldwerten die einzelnen Vermögensteile und Schulden zu inventarisieren oder zu bilanzieren sind. Schwierigkeiten bereitet die Bewertung vor allem bei solchen Wirtschaftsgütern,

- die Preisschwankungen unterliegen (Waren),
- die Wertminderungen (Anlagevermögen wird abgenutzt) erleiden,
- die aufgrund gesetzlich eingeräumter Wahlrechte unterschiedlich hoch angesetzt (Rückstellungen, vgl. S. 214 ff.) werden können.

Die festgelegten Werte gehen in den **Jahresabschluss** ein. Er besteht aus Bilanz, GuV-Rechnung und Anhang. Mit diesen Bestandteilen des Jahresabschlusses sollen der Unternehmer selbst und außenstehende Dritte (Kapitalgeber, Finanzverwaltung, Belegschaft u. a.) über

- **die Vermögenslage**
- **die Ertragslage**
- **die Finanzlage**

informiert werden (vgl. S. 188 ff.).

Daher ist zu beachten, dass ein den tatsächlichen Verhältnissen entsprechendes Bild vermittelt und eine zu hohe oder zu niedrige Bewertung vermieden wird.

Zu hohe Bewertung des Vermögens und zu niedrigere Bewertung der Schulden können die Gläubiger und Kapitalgeber zu falschen Entscheidungen veranlassen.

Jedoch ist zu beachten, dass eine zu niedrige Bewertung des Vermögens und eine zu hohe Bewertung der Schulden wegen des geringeren steuerpflichtigen Gewinns gegen die Interessen der Finanzverwaltung verstoßen. Bewertungsentscheidungen müssen daher im Rahmen handels- und steuerrechtlicher Vorschriften erfolgen.

Bewertungsvorschriften	
nach dem Handelsrecht	**nach dem Steuerrecht**
❑ Die grundlegenden Vorschriften sind im **3. Buch des HGB** (Handelsbücher) enthalten. ❑ Sie gelten für **alle** Vollkaufleute, die Vermögen und Erfolg ermitteln müssen. ❑ Sie dienen dem **Gläubigerschutz,** weil Vermögen und Schulden möglichst **vorsichtig** (wichtigster Grundsatz) bewertet werden müssen.	❑ Grundlegende Vorschriften finden sich im **Einkommensteuergesetz** ❑ Sie gelten für alle, die nach steuerrechtlichen Vorschriften Bücher führen oder Aufzeichnungen machen müssen. ❑ Sie sollen bewirken, dass der **Gewinn als Steuerbemessungsgrundlage** nach **einheitlichen Grundsätzen** ermittelt wird. Damit dienen sie der **gerechten Besteuerung.**

Die Wertansätze in der Handelsbilanz sind grundsätzlich auch für die Steuerbilanz maßgeblich **(Maßgeblichkeitsgrundsatz).**

Allgemeine Bewertungsgrundsätze

Im § 252 HGB ist ein Katalog von allgemeinen Bewertungsgrundsätzen ausgewiesen:

▶ **Bilanzidentität (Bilanzgleichheit):** Die Eröffnungsbilanz eines Geschäftsjahres muss als Ganzes und in den einzelnen Positionen und Werten mit der Schlussbilanz des vorangegangenen Geschäftsjahres übereinstimmen.

▶ **Fortführung der Unternehmenstätigkeit (going concern):** Bei der Bewertung ist von der Fortführung der Unternehmenstätigkeit auszugehen, nicht von der Veräußerung des Wirtschaftsgutes oder von der Auflösung des Unternehmens.

▶ **Einzelbewertung:** Jedes Wirtschaftsgut und jede Schuld ist grundsätzlich einzeln zu bewerten. Aus diesem Grundsatz leitet sich ein **Saldierungsverbot** ab.

Beispiel Forderungen und Verbindlichkeiten dürfen nicht miteinander verrechnet werden. Dadurch würden Vermögens- und Finanzlage verfälscht.

Der Gesetzgeber hat unter bestimmten Bedingungen davon abweichende Bewertungsvereinfachungsverfahren zugelassen (vgl. § 240 Abs. 3 und 4 HGB).

▶ **Vorsichtsprinzip, Gläubigerschutzprinzip:** Es sind alle vorhersehbaren Risiken und Verluste im Jahresabschluss zu berücksichtigen, um einen zu hohen Vermögens- und einen zu niedrigen Schuldenausweis zu vermeiden. Demnach dürfen Gewinne infolge von Wertsteigerungen nur berücksichtigt werden, wenn sie am Abschlusstag realisiert sind **(Realisationsprinzip).**

Beispiel Das Grundstück mit dem Anschaffungswert von 80 000,00 EUR und einem Verkehrswert von 120 000,00 EUR darf nicht mit 120 000,00 EUR angesetzt werden, weil 40 000,00 EUR Wertsteigerung nicht realisiert sind. Die Realisierung erfolgt erst durch den Verkauf des Grundstücks.

Drohende Wertverluste müssen dagegen berücksichtigt werden, obwohl sie noch nicht eingetreten sind. Wegen der unterschiedlichen Behandlung nicht realisierter Gewinne und Verluste spricht man auch vom **Imparitätsprinzip** (Imparität = Ungleichheit).

Die Beachtung des Vorsichtsprinzips verhindert, dass Vermögen und Gewinn zu hoch ausgewiesen werden. Unangemessene Besteuerung und Gewinnausschüttung werden verhindert. Die Haftungssubstanz gegenüber den Gläubigern wird realistisch dargestellt. Das Vorsichtsprinzip findet seinen Ausdruck in speziellen Vorschriften zur Bewertung des Vermögens und der Schulden (siehe unten).

▶ **Periodenabgrenzung:** Aufwendungen und Erträge des Geschäftsjahres sind unabhängig von den Zeitpunkten der entsprechenden Zahlungen im Jahresabschluss zu berücksichtigen (vgl. Posten der Rechnungsabgrenzung, S. 205 ff.).

▶ **Bewertungsstetigkeit (Kontinuität):** Die auf den vorhergehenden Jahresabschluss angewandten Bewertungsmethoden sollen beibehalten werden. Mit diesem Grundsatz soll der Übergang zu anderen Bewertungsmethoden aus bilanztaktischen Erwägungen verhindert und die **Vergleichbarkeit der Jahresabschlüsse** gesichert werden.

Beispiel Die einmal gewählte Abschreibungsmethode für ein Anlagegut muss beibehalten werden.

Von diesen Grundsätzen darf nur in begründeten Ausnahmefällen abgewichen werden (§ 252 Abs. 2 HGB).

Besondere Bewertungsgrundsätze für Vermögen und Schulden

Neben den allgemeinen Bewertungsgrundsätzen, die für alle Vollkaufleute gelten, werden im § 253 HGB Bewertungsgrundsätze für das Vermögen und die Schulden konkretisiert, die alle Ausdruck des Vorsichts- und Gläubigerschutzprinzips sind.

▶ **Anschaffungskostenprinzip bei der Bewertung des Vermögens:** Vermögensgegenstände sind höchstens mit ihren Anschaffungskosten zu bewerten. Die Anschaffungskosten bilden die Wertobergrenze, auch wenn am Bilanzstichtag der Wert über den Anschaffungskosten liegt.

Beispiel Der Anschaffungswert eines durch die Primus GmbH im November gekauften Grundstückes betrug 78 000,00 EUR. Am Bilanzstichtag beträgt der Marktpreis 84 000,00 EUR. Der Wertansatz im Inventar und in der Bilanz muss zum Anschaffungswert von 78 000,00 EUR erfolgen. 6000,00 EUR stellen nicht realisierte Gewinne dar, die nicht ausgewiesen werden dürfen.

Unter **Anschaffungskosten** ist der Wert zu verstehen, den ein Betrieb aufwenden muss, um ein Wirtschaftsgut zu beschaffen und – das gilt für Anlagegüter – um es in einen betriebsbereiten Zustand zu versetzen (§ 255 Abs. 1 HGB). Zu den Anschaffungskosten zählen somit auch die Anschaffungsnebenkosten wie Fracht, Rollgeld, Transportversicherung, Transportverpackung und bei Anlagen die Kosten der Fundamentierung, der Montage, des Anschlusses, der TÜV-Abnahme dazu.

Bei **Anlagegütern, die der Abnutzung unterliegen**, sind die Anschaffungskosten jährlich um **planmäßige Abschreibungen** (siehe S. 69 ff.) zu kürzen (**fortgeführte Anschaffungskosten**). Bei Unterschreitung der Anschaffungskosten bzw. der fortgeführten Anschaffungskosten kommt das **Niederstwertprinzip** zur Anwendung, das für Anlage- und Umlaufvermögen unterschiedlich ausgestaltet ist.

▶ **Strenges Niederstwertrinzip bei der Bewertung des Umlaufvermögens:** Liegt der Tageswert (Börsen- oder Marktpreis) zum Bilanzstichtag unter dem Anschaffungswert, **muss** nach Handelsrecht der niedrigere Wert angesetzt werden.

Beispiel
Anschaffungswert des Taschenrechners Datenbank SF-4300 B, Art.-Nr. 229 B 906 32,92 EUR.
Niedrigerer Wert zum Bilanzstichtag 31,00 EUR.
Wertansatz in der Bilanz gem. § 253 Abs. 3 HGB 31,00 EUR.

▶ **Gemildertes Niederstwertprinzip bei der Bewertung des Anlagevermögens:** Beim Anlagevermögen muss der niedrigere Wert nur dann angesetzt werden, wenn eine voraussichtlich dauernde Wertminderung vorliegt. Bei vorübergehender Wertminderung kann der niedrigere Wert angesetzt werden (gilt bei Kapitalgesellschaften nur für Finanzanlagen). Es liegt also ein **Bewertungswahlrecht** vor.

- ❑ **Wertbeibehaltungswahlrecht:** Einzelunternehmen und Personengesellschaften können den niedrigeren Wertansatz auch dann beibehalten, wenn die Gründe für die Wertminderung fortgefallen sind. Eine Zuschreibung und damit verbundene Auflösung stiller Reserven ist als nicht zwingend vorgesehen.
- ❑ **Wertaufholungsgebot bei Kapitalgesellschaften:** Kapitalgesellschaften müssen nach § 280 HGB, also nach Handelsrecht, bei einer Wertsteigerung den höheren Wert ansetzen (Wertaufholungsgebot). Bei einer Zuschreibung ist aber das Anschaffungskostenprinzip in jedem Falle zu beachten. Das bedeutet, dass eine Zuschreibung bis zum Anschaffungswert (beim AV bis zum Anschaffungswert abzüglich planmäßiger Abschreibungen) und damit verbundene Auflösung stiller Reserven vorzunehmen ist.

  Beispiel

Anschaffungskosten einer Aktie:	400,00 EUR
Wertansatz in der Bilanz des Vorjahres:	375,00 EUR
Kurs zum Bilanzstichtag:	410,00 EUR
Wertansatz in der Bilanz der Einzelunternehmung:	375,00 bis 400,00 EUR

  Die Kapitalgesellschaft **muss** nach Handelsrecht den Wert von 400,00 EUR ansetzen.

▶ **Höchstwertprinzip bei der Bewertung der Schulden:** Schulden sind grundsätzlich mit ihrem Nennwert lt. Vertrag oder Rechnung zu bewerten. Liegen die Schulden am Bilanzstichtag jedoch über diesem Nennwert, müssen die drohenden Verluste ausgewiesen werden, indem der höhere Wert angesetzt wird (§ 253 HGB).

Beispiel Die Primus GmbH kaufte am 13. November .. Personalcomputer im Werte von 20 000 $, Ziel 60 Tage; Geldkurs für den $ am 13. November ..: 1 EUR = 1,01 $

a) **Geldkurs für den $ am 31. Dezember ..:** 1 EUR = 0,98 $

Da Verbindlichkeiten gemäß § 253 Abs. 1 Satz 2 HGB mit ihrem Rückzahlungsbetrag anzusetzen sind, muss aus **Vorsichtsgründen** am 31. Dezember .. (vgl. § 252 Abs. 1 Nr. 4 HGB) zum Geldkurs von 1,10 bewertet werden. In der Bilanz wird die Verbindlichkeit daher mit 20 408,16 EUR ausgewiesen **(Höchstwertprinzip).**

b) **Geldkurs für den $ am 31. Dezember ..:** 1 EUR = 1,04 $

Der niedrigere Geldkurs zum Bilanzstichtag bewirkt einen Rückzahlungsbetrag, der kleiner ist als der Nennwert der ursprünglichen Verbindlichkeit (19 230,77 EUR zu 19 801,98 EUR). Da gem. § 252 Abs. 1 Nr. 4 HGB Gewinne nur dann zu berücksichtigen sind, wenn sie zum Abschlussstichtag realisiert sind, darf der sich rechnerisch ergebende Gewinn noch nicht berücksichtigt werden. In der Bilanz sind die Verbindlichkeiten mit 19 801,98 EUR auszuweisen **(Realisationsprinzip).**

Bewertung nach Handelsrecht

- **Bewertungsgrundsätze**
  - ❑ **Allgemeine Bewertungsgrundsätze:** Bilanzidentität, Unternehmensfortführung (Going Concern), Einzelbewertung, Vorsicht (Realisationsprinzip, Imparitätsprinzip)
  - ❑ **Besondere Bewertungsgrundsätze für Vermögen und Schulden:**
    - Anschaffungskostenprinzip für das Vermögen (Anschaffungskosten als Wertobergrenze),
    - strenges Niederstwertprinzip für das Umlaufvermögen,

- gemildertes Niederstwertprinzip für das Anlagevermögen,
- Höchstwertprinzip für die Schulden,
- Wertbeibehaltungswahlrecht für Einzelunternehmen und Personengesellschaften
- Wertaufholungsgebot (Zuschreibung) bei Wertaufholungen für Kapitalgesellschaften

- Realisations-, Anschaffungskosten-, Niederstwertprinzip- und Höchstwertprinzip sind Ausdruck kaufmännischer Vorsicht.
- Zielsetzungen der Bewertung sind Gläubigerschutz, Vermeidung zu hoher Gewinnausschüttung und -versteuerung und Erhaltung der Haftungssubstanz.
- **Bewertung des Anlagevermögens (AV)**
  - **abnutzbares AV:** Anschaffungskosten (AK)
    - planmäßige Abschreibung = **Fortgeführte AK**
    - außerplanmäßige Abschreibung bei kurzfristiger Unterschreitung möglich **(Bewertungswahlrecht)**, bei voraussichtlich dauernder Unterschreitung zwingend
  - **nicht abnutzbares AV:** Anschaffungskosten
    - Abschreibung auf den niedrigeren Wert möglich bzw. zwingend (siehe abnutzbares AV)
- **Bewertung des Umlaufvermögens (UV)**
  - Anschaffungs- oder Herstellungskosten
  - niedrigerer Wert, wenn der Tageswert niedriger ist **(strenges Niederstwertprinzip)**
  - Liegt der Tageswert am Bilanzstichtag über dem bisherigen Bilanzansatz, ist eine Zuschreibung bis zum Tageswert (höchstens bis zu den AK) bei Einzelunternehmen und Personengesellschaften möglich, jedoch zwingend bei Kapitalgesellschaften
- **Bewertung der Schulden**
  - Anschaffungskosten (AK), Nennwert
  - Liegt der Rückzahlungsbetrag am Bilanzstichtag über den AK, ist der höhere Wert anzusetzen **(Höchstwertprinzip).**

1 Ein Großhandelsunternehmen erwarb Anfang Januar .. ein Grundstück gegen Zahlung mit Bankscheck für 40 000,00 EUR. An das Finanzamt wurden 3,5 % Grunderwerbsteuer per Banküberweisung bezahlt. Die Notariatskosten für den Grundstückskaufvertrag in Höhe von 1 200,00 EUR zuzüglich 192,00 EUR USt. wurden bar bezahlt.
Zum Ende des Geschäftsjahres betrug der Verkehrswert (Tageswert) für dieses Grundstück laut der Grundstückspreisentwicklung in diesem Gebiet 50 000,00 EUR.

a) Berechnen Sie die Anschaffungskosten des Grundstücks und begründen Sie Ihre Entscheidung!
b) Entscheiden Sie über die Bewertung des Grundstücks zum 31. Dezember!
Erläutern Sie in diesem Zusammenhang das Anschaffungskosten- und das Realisationsprinzip!

2 Im Januar des Geschäftsjahres (1. Januar – 31. Dezember) wurde ein 2 000 qm großes unbebautes Grundstück von einer Holzgroßhandlung erworben.

Vertrag, BA: Kauf eines Grundstücks gegen Zahlung mit Bankscheck . .		180 000,00 EUR
BA: Banküberweisung der Grunderwerbsteuer für den Grundstückserwerb an das Finanzamt: 3,5 % des Kaufpreises.		6 300,00 EUR
KB: Gerichtskosten für die Grundbucheintragung bar bezahlt.		1 200,00 EUR
ER, BA: Banküberweisung der Notariatskosten, netto . . .	3 200,00 EUR	
+ 16 % Umsatzsteuer	512,00 EUR	3 712,00 EUR

Informationen zum 31. Dezember des Geschäftsjahres:
Die Grundstückspreise stiegen in dieser Lage im Laufe der vergangenen Monate erheblich, weil in diesem Gebiet ein modernes Gewerbezentrum errichtet werden soll. Der qm-Preis ist inzwischen für vergleichbare Grundstücke in diesem Gebiet auf 105,00 EUR gestiegen. Die Unternehmungsleitung ist der Auffassung, dass das 2000 qm große Grundstück der Unternehmung entsprechend zu bewerten ist.

a) Berechnen Sie die Anschaffungskosten des Grundstücks insgesamt und je qm!
b) Mit welchem Wert ist das Grundstück zum Bilanzstichtag zu bewerten?

3 In der **Bilanz zum 31. Dezember des Vorjahres** wurde ein unbebautes Grundstück von 2000 qm mit folgenden Anschaffungskosten bewertet ..... 188 000,00 EUR
Wegen der Änderung des Bebauungsplanes wurden im laufenden Geschäftsjahr nur noch Grundstückspreise von etwa 70,00 EUR je qm in diesem Gebiet bezahlt. Aufgrund dieser Entwicklung wurde das Grundstück mit dem niedrigeren Wert von .... 140 000,00 EUR
in der **Bilanz zum 31. Dezember des laufenden Geschäftsjahres** angesetzt.
Es ist anzunehmen, dass diese Preissenkung **voraussichtlich langfristig** andauern wird.
In der **zweiten Jahreshälfte des folgenden Geschäftsjahres** stiegen die Grundstückspreise in diesem Gebiet wieder an, weil eine Autobahnauffahrt in unmittelbarer Nähe neu eingerichtet wird. Die Grundstückspreise stiegen dadurch für vergleichbare Grundstücke auf 120,00 EUR je qm.

a) Begründen Sie den Bilanzansatz des unbebauten Grundstücks in der Bilanz des Vorjahres!
b) Bewerten Sie das unbebaute Grundstück zum 31. Dezember des folgenden Geschäftsjahres!
   1. Unterstellen Sie bei Ihrer Entscheidung, dass es sich um eine Einzelunternehmung bzw. Personengesellschaft handelt!
   2. Unterstellen Sie bei Ihrer Entscheidung, dass es sich um eine Kapitalgesellschaft handelt!

4 In der Finanzbuchhaltung einer Großhandlung sind folgende Fälle der Beschaffung von Wirtschaftsgütern des Anlagevermögens zu bearbeiten:

ER, BA vom 10.01.: Kauf von zehn Personalcomputern

Listenpreis, netto	20 170,30 EUR		
– Messerabatt 8 %	1 613,62 EUR	18 556,68 EUR	
+ 16 % USt.		2 969,07 EUR	21 525,75 EUR
–3 % Skonto			645,77 EUR
Scheckbetrag			20 879,98 EUR

ER, KB vom 12. Januar ..: Barzahlung der Fracht für die Anlieferung der PC, netto

Anlieferung der PC, netto	981,44 EUR	
Transportversicherung	18,56 EUR	1 000,00 EUR
+ 16 % USt.		160,00 EUR
		1 160,00 EUR

Die betriebsgewöhnliche Nutzungsdauer der Personalcomputer beträgt vier Jahre. Zum Ende des zweiten Nutzungsjahres wird festgestellt, dass die Anschaffungskosten für einen PC dieser Ausstattung aufgrund der technischen Entwicklung nur noch 1 200,00 EUR betragen.

a) Berechnen Sie die Anschaffungskosten für einen Personalcomputer und begründen Sie Ihre Berechnung!
b) Berechnen Sie die fortgeführten Anschaffungskosten der Personalcomputer zum Ende des Geschäftsjahres bei linearer AfA!
c) Erläutern Sie die Auswirkung der Informationen über die Preisentwicklung solcher Computer auf den Bilanzansatz zum 31. Dezember des zweiten Nutzungsjahres!

5 Bei der Inventur des Lagerbestandes einer Elektrogerätegroßhandlung entstand folgendes Bewertungsproblem:

70 Waschmaschinen, Marke „Öko", Anschaffungkosten .... à 600,00 EUR
90 Waschmaschinen, Marke „Super-Spar", Anschaffungskosten ...... à 500,00 EUR

Die Anschaffungskosten solcher Waschmaschinen betrugen jedoch zum Zeitpunkt der Bilanzierung:

Waschmaschine, Marke „Öko" .... 450,00 EUR
Waschmaschine, Marke „Super-Spar" .... 570,00 EUR

a) Berechnen Sie den Wertansatz der 160 Waschmaschinen im Inventar und begründen Sie Ihre Entscheidung!

b) Erläutern Sie die Auswirkung Ihrer Bewertung auf die Bilanz und die Gewinn- und Verlustrechnung des Geschäftsjahres!

6 Bei der Inventur des Lagerbestandes eines Möbelgroßhandels entstand folgendes Bewertungsproblem:

Im **November des Geschäftsjahres** waren folgende Einkäufe zu buchen:

1. **ER, BA:** Einkäufe von Möbeln von verschiedenen Lieferern gegen sofortige Zahlung mit Bankscheck
2. **ER, KB:** Barzahlung der Frachtkosten für den Bezug der drei Möbellieferungen

Warenart	Listenpreis, netto	Rabatt	Skonto	Fracht, netto	Umsatzsteuer
12 Tische	6 513,24 EUR	6 %	2 %	240,00 EUR	16 %
10 Schränke	8 247,42 EUR	5 %	3 %	400,00 EUR	16 %
10 Regale	3 116,88 EUR	12,5 %	1 %	300,00 EUR	16 %

Zum Zeitpunkt der Inventur waren die im November gekauften Möbel noch vorhanden!
Wiederbeschaffungskosten dieser Möbel zum Bilanzstichtag:

Tische .... à 430,00 EUR
Schränke .... à 850,00 EUR
Regale .... à 180,00 EUR

a) Berechnen Sie die Anschaffungskosten der Tische, Schränke und Regale und begründen Sie Ihre Berechnung!

b) Bewerten Sie diese Bestände zum Bilanzstichtag und begründen Sie Ihre Bewertung!

7 In der Finanzbuchhaltung eines Autozubehörgroßhändlers ist folgender Bewertungsvorgang zu entscheiden:

Bei der Inventur des Warenbestandes zum 31. Dezember .. (Gesch.-J.: 1. Januar – 31. Dezember) wurden u. a. 350 Allwetterreifen, 175/70 R 14 T, gezählt.
Die Anschaffungskosten für diesen Autoreifen betrugen zum
Zeitpunkt der Beschaffung: .... 120,00 EUR je Reifen

a) Wie ist der Warenposten zum 31. Dezember des Geschäftsjahres zu bewerten, wenn die Wiederbeschaffungskosten eines solchen Reifens zum Bilanzstichtag betrugen:
   1. .... 150,00 EUR   2. .... 102,00 EUR

b) Begründen Sie die von Ihnen getroffenen Entscheidungen!

8 Eine Maschinengroßhandlung kaufte am 10. Dezember .. gegen Zielgewährung von 60 Tagen in den USA Waren im Werte von 150 000 $ zum Kurs von 1,02 $ für 1 EUR.
Mit welchem Wert ist die Verbindlichkeit in der Bilanz anzusetzen, wenn der Kurs zum 31. Dezember .. a) 0,97 bzw. b) 1,05 beträgt? Begründen Sie Ihre Entscheidung!

9 Die Ruhr-Stahlhandel GmbH, Duisburg, erhielt im November gegen Gewährung eines Zahlungsziels von 60 Tagen Stahl aus Kanada zum Rechnungsbetrag von .... 270 000,00 kanad. Dollar
Der **Devisenkurs bei Lieferung** betrug .... 1 EUR = 1,75 kanad. Dollar
Am **Bilanzstichtag** war der Devisenkurs. .... 1 EUR = 1,80 kanad. Dollar

1. Bewerten Sie die Verbindlichkeit zum Bilanzstichtag! Begründen Sie Ihre Entscheidung!
2. Bewerten Sie die Verbindlichkeit für den Fall, dass der Devisenkurs zum Bilanzstichtag 1 EUR = 1,68 kanad. Dollar betragen hätte!

10 Kauf einer Hebeanlage ab Werk, Listenpreis 200 000,00 EUR abzüglich 5 % Sonderrabatt, Transportkosten 2 800,00 EUR, Fundamentierungskosten eines Schraubsockels 2 200,00 EUR, Montage 2 000,00 EUR. Zur Skontoausnutzung von 4 % auf den Bruttorechnungsbetrag einschließlich 16 % Umsatzsteuer überzieht der Betrieb das Bankkonto. Dabei entstehen Finanzierungskosten (Zinsen) in Höhe von 700,00 EUR.
Berechnen Sie
a) die Anschaffungskosten,
b) den Betrag, der insgesamt vom Bankkonto abgebucht wird!

11 Wegen angekündigter Preissteigerungen wurden am 3. Juli d. J. zwei Warenposten gekauft:

	Listenpreis	Rabatt	Skonto binnen 10 Tagen	Anschaffungsnebenkosten
Posten I	60 000,00 EUR	10 %	2 %	1 200,00 EUR
Posten II	40 000,00 EUR	$12\frac{1}{2}$ %	3 %	400,00 EUR

a) Zu welchem Wert wurden die Posten am 3. Juli d. J. aktiviert?
b) Mit welchem Wert sind die Waren am 31. Dezember d. J. zu bilanzieren, wenn die Wiederbeschaffungskosten für Ware I auf 62 000,00 EUR gestiegen, für Ware II unerwartet auf 33 000,00 EUR gefallen sind?

12 Eine Farbengroßhandlung bezieht 12 000 kg Lack, Listenpreis 6,00 EUR je kg, Rabatt 15 %, Skonto 3 %, Fracht 542,00 EUR, Versicherung 8‰ des Rechnungspreises, Umsatzsteuer 16 %.
Berechnen Sie die Anschaffungskosten der Sendung.

13 Eine Holzgroßhandlung kauft 2 000 Stück Spanplatten zu je 68,00 EUR Listenpreis (netto) + 16 % Umsatzsteuer. Der Lieferer gewährt 12,5 % Mengenrabatt und 2 % Skonto. Die Bezugskosten betragen 1 380,00 EUR zuzüglich 16 % Umsatzsteuer.
a) Mit welchem Wert ist die einzelne Spanplatte zum Jahresabschluss zu bewerten?
b) Welcher Wert ist anzusetzen, wenn der Anschaffungswert zum 31. Dezember
   1. auf 56,00 EUR gefallen ist,
   2. auf 62,00 EUR gestiegen ist?

14 Die Stahlgroßhandlung Wega GmbH, Köln, erhielt im November eine Lieferung hochwertigen Stahls aus Kanada zum Rechnungsbetrag von 750 000,00 kanad. Dollar. Der Devisenkurs bei Lieferung betrug 1 EUR = 1,74 kanad. Dollar.
a) Mit welchem Wert muss die Verbindlichkeit in der Bilanz ausgewiesen werden?
b) Wie lauten die Buchungen?
c) Begründen Sie die Wahl des Bilanzansatzes über die dafür wesentlichen Bewertungsgrundsätze und -vorschriften!
d) Mit welchem Wert hätte die Verbindlichkeit ausgewiesen werden müssen, wenn der Devisenkurs zum Bilanzstichtag 1 EUR = 1,70 kanad. Dollar betragen hätte?

5 Aufgaben zur Prüfungsvorbereitung

5.1 Zwischenprüfung

Aufgabensatz 1

1 Stellen Sie bei den folgenden Geschäftsfällen fest, ob sie
1. einen Aktivtausch,
2. einen Passivtausch,
3. eine Aktiv-Passiv-Mehrung,
4. eine Aktiv-Passiv-Minderung

bewirken!

Geschäftsfälle:

a) Banküberweisung an einen Lieferer zum Ausgleich einer fälligen Rechnung
b) Kauf eines Computers gegen Bankscheck
c) Ein Kunde überweist den fälligen Rechnungsbetrag auf das Postbankkonto.
d) Die Hausbank bucht die fällige Tilgungsrate für das Hypothekendarlehen aus dem Guthaben des Bankkontos ab.
e) Gehaltszahlung durch Banküberweisung
f) Wareneinkauf auf Ziel
g) Warenverkauf auf Ziel
h) Abschreibung auf Fuhrpark
i) Banküberweisung der Umsatzsteuerzahllast an das Finanzamt

2 Ein Großhandelsbetrieb hatte am Ende des Geschäftsjahres 900 000,00 EUR Vermögen und 420 000,00 EUR Schulden. Im Laufe des Jahres entstanden 1 180 000,00 EUR Aufwendungen und 1 300 000,00 EUR Erträge.
Ermitteln Sie
a) das Eigenkapital am Jahresende,
b) den Jahreserfolg,
c) das Eigenkapital am Jahresanfang!

3 Welche der folgenden Aussagen treffen zu
1. nur auf aktive Bestandskonten,
2. nur auf passive Bestandskonten,
3. auf alle Bestandskonten,
4. nur auf Aufwandskonten,
5. nur auf Ertragskonten,
6. auf alle Erfolgskonten?

Aussagen:

a) Sie haben keinen Anfangsbestand.
b) Der Saldo steht im Haben und wird auf das GuV-Konto übertragen.
c) Auf diesen werden Eigenkapitalmehrungen gebucht.
d) Der Anfangsbestand steht im Haben.
e) Es sind Unterkonten des Eigenkapitalkontos.
f) Auf diesen Konten werden Eigenkapitalminderungen gebucht.
g) Der Saldo wird auf die Sollseite des SBK eingetragen.
h) Sie erteilen Auskunft über die Vermögensänderungen.
i) Sie haben keinen Endbestand.
j) Ihre Salden werden im Haben des GuV-Kontos gesammelt.

4 Welche der folgenden Aussagen treffen zu auf
1. die Vorsteuer, 2. die Umsatzsteuer, 3. die Umsatzsteuerzahllast?
a) Sie wird auf Eingangsrechnungen ausgewiesen.
b) Sie erhöht die Zahllast.

c) Sie vermindert die Zahllast.
d) Sie stellt eine Forderung gegenüber dem Finanzamt dar.
e) Sie wird auf Ausgangsrechnungen ausgewiesen.
f) Sie ist bis zum 10. des folgenden Monats an das Finanzamt abzuführen.
g) Sie ist am Jahresende zu passivieren.
h) Bei einem Überhang ist sie zu aktivieren.

5 Ein Lkw, der im Januar für 75 000,00 EUR + 16 % Umsatzsteuer gekauft wurde, soll über die betriebsgewöhnliche Nutzungsdauer von fünf Jahren linear abgeschrieben werden.

a) Welcher Betrag ist am Ende des 1. Nutzungsjahres abzuschreiben?
b) Welchen Buchwert hat der Lkw am Ende des 3. Nutzungsjahres?
c) Wie viel Prozent des Anschaffungswertes sind jährlich abzuschreiben?
d) Bilden Sie die Buchungssätze
   1. beim Einkauf – Ziel 60 Tage,
   2. bei Abschreibung,
   3. beim Abschluss des Kontos „Abschreibungen",
   4. beim Abschluss des Kontos „Fuhrpark"!

6 Bestimmen Sie bei unten stehenden Geschäftsfällen, ob die Sollbuchung auf einem 1. Erfolgs- oder 2. einem Bestandskonto erfolgt (Umsatzsteuer bleibt unberücksichtigt)!

Geschäftsfälle:

a) Barkauf von Büromaterial
b) Lastschrift der Hausbank für Darlehenstilgung
c) Überweisung der Gewerbesteuer
d) Lastschrift der Hausbank für betriebliche Gebäudeversicherung
e) Einlösung eines Schecks zum Ausgleich einer Lieferrechnung
f) Belastung des Bankkontos mit Sollzinsen
g) Wareneinkauf auf Ziel

7 Die Warenkonten 301 Wareneingang, 39 Warenbestände und 801 Warenverkauf der Schneider GmbH sind unter Berücksichtigung eines Warenendbestandes lt. Inventur von 620 000,00 EUR abzuschließen.

S	390 Warenbestand		H
910	580 000,00		

S	801 Warenverkauf		H
		101	43 200 000,00

S	301 Wareneingang		H
171	24 040 000,00		

a) Ermitteln Sie
   1. den Wareneinsatz,
   2. den Rohgewinn!

b) Bilden Sie die Buchungssätze
   1. zur Erfassung der Bestandsveränderungen,
   2. zum Abschluss des Kontos 301 Wareneingang (Bruttoabschluss),
   3. zum Abschluss des Kontos 801 Warenverkauf,
   4. zum Abschluss des Kontos 39 Warenbestände!

8 Wie wird der Vorsteuerüberhang in der Bilanz ausgewiesen?

a) als Posten des Anlagevermögens
b) als Posten des Umlaufvermögens
c) als kurzfristige Verbindlichkeit
d) als langfristige Verbindlichkeit

9 Eine Großhandelsunternehmung legt am Ende des Geschäftsjahres folgende Werte vor:

Konten		Soll EUR	Haben EUR
02–03	Anlagevermögen	750 000,00	
06	Eigenkapital		800 000,00
10–15	Forderungen, liquide Mittel	240 000,00	
17	Verbindlichkeiten		250 000,00
242	Mieterträge		30 000,00
301	Wareneingang	1 560 000,00	
39	Warenbestände	200 000,00	
40	Personalkosten	740 000,00	
41–49	verschiedene Aufwendungen	260 000,00	
801	Warenverkauf		2 670 000,00

Warenbestand am Ende des Geschäftsjahres: 260 000,00 EUR

Ermitteln Sie jeweils in TEUR

a) den Wareneinsatz,
b) den Erfolg,
c) den Rohgewinn,
d) das Eigenkapital am Jahresende,
e) die Bilanzsumme!

10 Bestimmen Sie, welche der folgenden Geschäftsfälle

1. die Bilanzsumme vergrößern,
2. die Bilanzsumme vermindern,
3. die Bilanzsumme nicht verändern.

Geschäftsfälle:

a) Kauf einer Abfüllanlage zuzüglich Umsatzsteuer gegen Verrechnungsscheck
b) Aufnahme eines Darlehens bei der Bank, das auf dem Bankkonto bereitgestellt wird
c) Gehaltszahlung durch Banküberweisung
d) Warenverkauf auf Ziel zuzüglich Umsatzsteuer
e) Ein Kunde reicht zum Ausgleich einer fälligen Forderung einen Verrechnungsscheck ein.
f) Abschreibung auf Betriebs- und Geschäftsausstattung
g) Wareneinkauf zuzüglich Umsatzsteuer auf Ziel

11 a) Berechnen Sie den Umsatzsteueranteil aus Beleg Nr. 431.
b) Kontieren Sie die Belege 430 und 431 vor!

Zum goldenen Hirsch

HOTEL · RESTAURANT

Zum goldenen Hirsch, Grunaer Straße 18, 01069 Dresden

Eigentümer M. und H.A. Porschke

Bürodesign GmbH
z. H. Herrn Müller
Koloniestraße 2–4

47057 Disburg

Grunaer Straße 18
01069 Dresden
Telefon 0351 290211

Beleg-Nr. 430

Rechnung

Rechnungs-Nr.	Tisch-Nr.	Kellner	Personen	Datum
3001	TW020	07	1	. . - 07 - 14

1 Einzelzimmer mit Frühstück am 13.07.	82,00 EUR
1 Einzelzimmer mit Frühstück am 14.07.	82,00 EUR
1 Abendessen	15,80 EUR
	179,80 EUR

Im Rechnungsbetrag sind 16% USt = 24,80 EUR enthalten.

Vielen Dank für Ihren Besuch!

CITY-TANKSTELLE
Inh. Britte Huber e. K.
Bahnhofstraße 34
47138 Duisburg
Tel.: 0203 543464

Beleg-Nr. 431

SUPER BLEIFREI	50,22 EUR
ZP 5	62,00 LTR
MWST-BRUTTOUMS	50,22 EUR
IM BETRAG SIND	
16 % UST ENTHALTEN	
TOTAL	50,22 EUR

69022 . . - 12 - 13 13:53
VIELEN DANK UND GUTE FAHRT

Aufgabensatz 2

1 Durch welche der untenstehenden Geschäftsfälle wird
1. ein Aktivtausch,
2. ein Passivtausch,
3. eine Aktiv-Passiv-Mehrung,
4. eine Aktiv-Passiv-Minderung

hervorgerufen?

a) Barzahlung von Löhnen
b) Barverkauf eines gebrauchten Pkw zum Buchwert
c) Banküberweisung an einen Lieferer
d) Banküberweisung eines Kunden
e) Warenverkauf auf Ziel
f) Umwandlung einer Verbindlichkeit in ein Darlehen
g) Tilgung einer Darlehensrate durch Banküberweisung
h) Zinsgutschrift der Bank
i) Wareneinkauf auf Ziel

2 Stellen Sie bei folgenden Geschäftsfällen fest, ob sie
1. die absetzbare Vorsteuer vergrößern,
2. die absetzbare Vorsteuer vermindern,
3. die Umsatzsteuer vergrößern,
4. die Umsatzsteuer verkleinern,
5. Vorsteuer und Umsatzsteuer nicht verändern!

Geschäftsfälle:

a) Warenverkauf auf Ziel
b) Wareneinkauf auf Ziel
c) Kauf von Postwertzeichen bar
d) Kauf eines PC gegen Bankscheck
e) Verkauf eines gebrauchten Pkw zum Buchwert
f) Gehaltszahlung durch Banküberweisung
g) Ausgleich einer fälligen Eingangsrechnung durch Banküberweisung
h) Kunde gleicht Ausgangsrechnung durch Banküberweisung aus

3 Ein Großhandelsunternehmen ermittelte für das abgelaufene Jahr folgende Werte in EUR:

Kto-Nr.	Konteninhalt	Soll	Haben
14	Vorsteuer	990 000,00	
18	Umsatzsteuer	560 000,00	1 650 000,00
301	Wareneingang	6 615 000,00	
39	Warenbestände	800 000,00	
801	Warenverkauf		11 000 000,00

Abschlussangabe: Warenendbestand lt. Inventur 700 000,00 EUR

a) Ermitteln Sie aus diesen Angaben
   1. den Wareneinsatz der Rechnungsperiode in TEUR,
   2. die durchschnittliche Lagerdauer (die Umschlagshäufigkeit ist auf eine ganze Zahl aufzurunden),
   3. die Umsatzsteuerzahllast des Abschlussmonats in TEUR!

b) Bilden Sie aufgrund obiger Angaben die Buchungssätze für folgende Umbuchungen:
   1. Vorsteuer
   2. Warenbestandsveränderungen

c) Bilden Sie aufgrund obiger Angaben die Buchungssätze für folgende Abschlussbuchungen:
   1. Wareneingang
   2. Warenverkauf
   3. Umsatzsteuer
   4. Warenbestand

4 Gemäß Anlagendatei wird eine Abfüllanlage im Laufe ihrer Nutzungsdauer wie folgt bewertet:

Anschaffungswert 176 000,00 EUR
Buchwert nach dem 1. Jahr 154 000,00 EUR
Buchwert nach dem 2. Jahr 132 000,00 EUR
Buchwert nach dem 3. Jahr 110 000,00 EUR

a) Welche betriebsgewöhnliche Nutzungsdauer wird unterstellt?
b) Wie hoch ist der Abschreibungssatz?
c) Mit welchem Wert steht die Anlage nach dem 7. Nutzungsjahr in der Anlagendatei?
d) Bilden Sie die Buchungssätze
   1. zur Erfassung der Abschreibung,
   2. zum Abschluss des Kontos „Abschreibungen",
   3. zum Abschluss des Kontos „Technische Anlagen und Maschinen"!

5 Ein Großhandelsunternehmen hat eine Bilanzsumme von 30 000 TEUR. Das Vermögen besteht zu 50 % aus Anlagevermögen, zu 10 % aus liquiden Mitteln, zu 15 % aus Forderungen a. LL. Den restlichen Teil bilden die Warenvorräte.

Das Gesamtvermögen wird zu 40 % mit Eigenkapital, zu 30 % mit langfristigem Fremdkapital und zu 30 % mit kurzfristigem Fremdkapital finanziert.

Ermitteln Sie

a) das Anlagevermögen,
b) das Umlaufvermögen,
c) die liquiden Mittel,
d) das Eigenkapital,
e) die kurzfristigen Verbindlichkeiten!

6 Führen die folgenden Geschäftsfälle zu

1. einer Mehrung des Eigenkapitals,
2. einer Minderung des Eigenkapitals,
3. keiner Auswirkung auf das Eigenkapital?

Geschäftsfälle:

a) Wareneinkauf auf Ziel
b) Kauf eines Personalcomputers für das Personalbüro
c) Zinsgutschrift der Bank
d) Banküberweisung an Lieferer zwecks Ausgleich der ER 86
e) Warenverkauf auf Ziel
f) Tilgung eines Bankdarlehens

7 In der Schlussbilanz steht den Vermögenswerten von 2 076 000,00 EUR ein Fremdkapital von 950 000,00 EUR gegenüber. Die Gewinn- und Verlustrechnung weist 4 644 000,00 EUR Aufwendungen und 4 900 000,00 EUR Erträge aus.

Ermitteln Sie

a) den Reingewinn in TEUR,
b) das Anfangskapital in TEUR,
c) die Verzinsung des Anfangskapitals in Prozent!

8 In einem Rechnungsbetrag von 754,00 EUR sind 16 % Umsatzsteuer enthalten.

a) Wie viel EUR beträgt der Warenwert?
b) Die Rechnung wird unter Abzug von 2 % Skonto beglichen. Über wie viel EUR lautet der Überweisungsbetrag?

9 Ein Großhändler entnimmt seiner Umsatz- und Absatzstatistik folgende Daten eines Artikels:

	Umsatz in EUR	Absatz in Stück
Vorjahr	6 370 000,00	9 100
Berichtsjahr	6 401 850,00	9 555

a) Um wie viel Prozent ist der Umsatz gegenüber dem Vorjahr gestiegen?
b) Um wie viel Prozent ist der Absatz gegenüber dem Vorjahr gestiegen?
c) Um wie viel Prozent veränderte sich der Stückpreis gegenüber dem Vorjahr?

10 Der Buchwert eines Anlagegutes zeigt folgende Entwicklung:

Anschaffungswert	495 000,00 EUR
Buchwert nach dem 1. Jahr	462 000,00 EUR
Buchwert nach dem 2. Jahr	429 000,00 EUR
Buchwert nach dem 3. Jahr	396 000,00 EUR

Ermitteln Sie

a) den Abschreibungssatz,
b) die betriebsgewöhnliche Nutzungsdauer,
c) den Buchwert nach dem 4. Nutzungsjahr!

5.2 Abschlussprüfung

Aufgabensatz 1

1 Folgende Warenkonten der Primus GmbH sind unter Berücksichtigung eines Warenendbestandes lt. Inventur von 155 000,00 EUR abzuschließen:

S	390 Warenbestand		H
910	145 000,00		

S	801 Warenverkauf		H
		101	10 800 000,00

S	301 Wareneingang		H
171	6 010 000,00		

a) Ermitteln Sie
1. den Wareneinsatz,
2. den Rohgewinn,
3. den Kalkulationszuschlagssatz,
4. den durchschnittlichen Lagerbestand,
5. die Umschlagshäufigkeit,
6. die durchschnittliche Lagerdauer!

b) Bilden Sie die Buchungssätze
1. zur Erfassung der Bestandsveränderungen,
2. zum Abschluss des Kontos 301 Wareneingang,
3. zum Abschluss des Kontos 801 Warenverkauf!

2 Mit welchen Werten sind folgende Vermögensteile und Schulden im Inventar zu bewerten?

a) Eine Ware, die am 3. Oktober zu einem Anschaffungspreis von 198,00 EUR gekauft, mit einem Verkaufspreis von 278,00 EUR ausgezeichnet wurde und einen Marktpreis von 178,00 EUR am Bilanzstichtag (31. Dezember) hat.

b) Ein Lkw mit einem Anschaffungswert von 150 000,00 EUR vor genau 3 Jahren und einer jährlichen Abschreibung von 20 % des Anschaffungswertes.

c) Ein Grundstück mit einem Anschaffungswert von 8 000,00 EUR vor 15 Jahren und einem Tageswert von 130 000,00 EUR am Bilanzstichtag.

d) Eine Verbindlichkeit a. LL gegenüber einem Lieferer aus den USA aufgrund der Eingangsrechnung über 20 000,00 US-$ bei einem Dollarkurs von 0,90 bei Rechnungserteilung, einem Dollarkurs von 0,95 am Bilanzstichtag.

3 Bilden Sie die Buchungssätze zu den folgenden Sachverhalten im Rahmen der Jahresabschlussarbeiten.

Sachverhalte:

a) Sollbestand lt. Warenbeständekonto ist kleiner als der Istbestand,
   1. Buchung der Warenbestandsveränderung,
   2. Buchung des Warenendbestandes.

b) Abschluss des Kontos GuV beim Überwiegen der Erträge

c) Abschluss des Kontos Vorsteuer bei einem Vorsteuerüberhang

d) Abschluss des Kontos Verbindlichkeiten a. LL

e) Abschluss des Kontos Wareneingang/Wareneinsatz (Bruttoabschluss)

f) Abschluss des Kontos Warenverkauf

4 Ein Artikel wurde bisher zu einem Nettoverkaufspreis von 1 470,00 EUR je Stück verkauft und brachte einen Gewinn von 210,00 EUR. Die noch vorhandene Ware kann nur mit einem Sonderrabatt von 279,30 EUR je Stück verkauft werden.

a) Wie viel EUR betrugen die Selbstkosten

b) Wie viel EUR beträgt der Verlust je Stück nach Gewährung des Sonderrabattes?

c) Wie viel Prozent beträgt der Verlust?

5 Im Zusammenhang mit folgendem Geschäftsfall sind nachstehende Fragen zu beantworten:

Geschäftsfall:

Bankkontoauszug vom 31. August ..: Lastschrift über 6 400,00 EUR;
Gebäudefeuerversicherungsprämie für die Zeit vom 1. September .. bis zum 31. August .. des folgenden Jahres.

a) Wie lauten die Buchungen
   1. zum 31. August ..,
   2. zum 31. Dezember .. zwecks zeitlicher Abgrenzung?

b) Welcher Betrag ist zum 31. Dezember abzugrenzen?

6

Konto	Kontoauszug		Auszug	Blatt
360058796	STADTSPARKASSE DUISBURG	BLZ 350 500 00	232	1

Buch.-Tag	Wert	PN	Erläuterung/Verwendungszweck	Umsätze
25.11.	25.11.	0853	STADTVERWALTUNG DUISBURG KD-NR 8135, RG-NR 29463 V. ..-09-29 EINSCHL. 7% VERZUGSZINSEN FÜR 55 TAGE	28 351,32 H

KREDITZUSAGE EUR 80 000

IHR AKTUELLER KONTOSTAND UM 15:15 UHR EUR 117 821,52 H

Beleg-Nr. 808

BS	Letzter Auszug	Auszugsdatum	Alter Kontostand	Neuer Kontostand
44	..-11-24	..-11-26	EUR 89 470,00 H	EUR 117 821,52 H

PRIMUS GMBH, KOLONIESTRASSE 2-4, 47057 DUISBURG

a) Über welchen Betrag lautete die Ausgangsrechnung?

b) Wie lautet die Buchung, wenn dem Kunden die Verzugszinsen eine Woche vorher in Rechnung gestellt wurden?

7 Stellen Sie fest, ob durch unten stehende Gechäftsfälle

1. die Vorsteuer gemehrt,
2. die Vorsteuer gemindert,
3. die Umsatzsteuer gemehrt,
4. die Umsatzsteuer gemindert,
5. die Zahllast gemehrt,
6. die Zahllast gemindert

wird.

Geschäftsfälle:

a) Wareneinkauf auf Ziel

b) Verkauf eines gebrauchten Pkw gegen Bankscheck

c) Einkauf von Büromaterial bar

d) Warenverkauf auf Ziel

e) Eine Eingangsrechnung wurde doppelt gebucht. Es ist eine entsprechende Stornobuchung vorzunehmen.

f) Einkauf eines PC gegen Bankscheck

8 Am Jahresende ermittelte ein Großhandelsunternehmen folgende Werte in TEUR:

S	93 GuV		H
301 WE	15000	801 WV	25500
Kl. 4, Kosten	9250		
06 EK	1250		
	25500		25500

S	94 SBK		H
AV	6000	EK	7250
UV	9000	FK	7750
	15000		15000

Die Abschreibungen auf Anlagen von durchschnittlich 12,5 % sind noch nicht berücksichtigt.

Berechnen Sie die Abschreibung und ermitteln Sie folgende Werte:

a) Anlagevermögen in TEUR,

b) Umlaufvermögen in TEUR,

c) Eigenkapital in TEUR,

d) Schulden in TEUR,

e) Bilanzsumme in TEUR,

f) Aufwand in TEUR,

g) Ertrag in TEUR,

h) Gewinn in TEUR,

i) %-Anteil der Abschreibungen an den Gesamtaufwendungen,

j) die Eigenkapitalrentabilität!

9 Ein Großhandelsunternehmen verkaufte im letzten Jahr bei einem Beschäftigungsgrad von 65 % 19 500 Stück eines Artikels zum Verkaufspreis von 798,00 EUR. Der Artikel verursachte variable Kosten von 448,00 EUR je Stück und fixe Kosten von insgesamt 4 567 500,00 EUR.

Ermitteln Sie

a) den Stückdeckungsbeitrag,

b) die Gewinnschwellenmenge,

c) den Erfolg,

d) die Kapazität in Stück,

e) die Kosten, die Erlöse und den Beschäftigungsgrad bei der Gewinnschwelle!

10 Nachstehende Kalkulation eines Bücherregals soll in einer Möbelgroßhandlung vervollständigt und zur Kalkulation von 140 verschiedenen Artikeln desselben Lieferers ausgewertet werden:

	EUR
Listeneinkaufspreis	....
8% Mengenrabatt	....
Zieleinkauf	....
2,5% Lieferskonto	....
Bareinkaufspreis	....
Bezugskosten	4,74
Bezugspreis	....
50% Handlungskosten	....
Selbstkostenpreis	....
12% Gewinn	....
Barverkaufspreis	882,00
2% Kundenskonto	....
Zielverkaufspreis	....
10% Kundenrabatt	....
Listenverkaufspreis	....

Ermitteln Sie

a) den Listenverkaufspreis,
b) den Bezugspreis,
c) den Listeneinkaufspreis,
d) den Kalkulationszuschlagssatz (auf eine Stelle nach dem Komma runden),
e) den Kalkulationsfaktor (fünf Stellen nach dem Komma),
f) die Handelsspanne!

11 Ermitteln Sie aus unten stehenden Daten einer GmbH in TEUR

a) das Anlagevermögen,
b) das Umlaufvermögen,
c) das Eigenkapital,
d) das Fremdkapital,
e) den Aufwand,
f) den Ertrag,
g) den Jahresüberschuss!

Gebäude, Grundstücke	800	Bankguthaben	200
Gezeichnetes Kapital	800	Personalaufwand	8000
Warenbestände	300	Sonstige Erträge	1000
Forderungen a. LL	570	Rücklagen	350
Hypothekenschulden	400	Darlehensschulden	250
Umsatzerlöse	25000	Rückstellungen	270
Betriebs- und Geschäftsausstattung	180	Wareneingang	14400
Abschreibungen	600	Fuhrpark	450
Verbindlichkeiten a. LL	430	Sonstige Aufwendungen	2400

12 Stellen Sie fest, ob bei den unten stehenden Sachverhalten zum Bilanzstichtag (31. Dezember ..) eine

1. Aktive Rechnungsabgrenzung,
2. Passive Rechnungsabgrenzung,
3. Sonstige Forderung,
4. Sonstige Verbindlichkeit,
5. Rückstellung,
6. Rücklage

auszuweisen ist.

a) Die am 20. September fällige Gewerbesteuerschuld wurde auf Antrag für ein halbes Jahr gestundet.

b) Die Gebäudeversicherungsprämie wurde am 27. Oktober für die Zeit vom 1. November dieses Jahres bis zum 31. Oktober nächsten Jahres gezahlt.

c) Die Jahreszinsen für ein aufgenommenes Bankdarlehen sind am Ende des Geschäftsjahres noch nicht gezahlt worden.

d) Die Zinsgutschrift der Bank für die Zeit vom 1. Oktober bis 31. Dezember steht zum Jahresende noch aus.

e) Ein Darlehensschuldner hat die laut Vertrag nachträglich fälligen Jahreszinsen am 5. April des folgenden Jahres zu zahlen.

f) Am 27. November hat ein Mieter die laut Vertrag vierteljährlich im Voraus zu zahlende Miete für die Monate Dezember, Januar und Februar überwiesen.

g) Eine Dachreparatur wird von Dezember auf Januar verschoben.

h) Ein Teil des Jahresüberschusses wird von einer GmbH für eine Neuinvestition einbehalten.

Aufgabensatz 2

1 Ein Großhändler verkauft an einen Einzelhändler Waren zum Listenpreis von 10 000,00 EUR. Es werden 20 % Rabatt gewährt und 3 % Skonto vom Kunden in Anspruch genommen. Die Umsatzsteuer beträgt 16 %.

a) Wie viel EUR beträgt der Zielverkaufspreis?

b) Über wie viel EUR lautet die Rechnungssumme?

c) Wie viel EUR werden vom Kunden auf das Bankkonto überwiesen?

2 Welcher der folgenden Geschäftsfälle wird

1. auf dem Konto Vorsteuer,
2. auf dem Konto Umsatzsteuer,
3. weder auf dem Konto Vorsteuer noch auf dem Konto Umsatzsteuer gebucht?

Geschäftsfälle:

a) Wareneinkauf auf Ziel

b) Kunde begleicht AR 203 durch Banküberweisung

c) Verkauf eines gebrauchten Pkw gegen Bankscheck

d) Banküberweisung an Lieferer zwecks Ausgleich der ER 86

e) Bareinkauf von Büromaterial

f) Gehaltszahlung durch Banküberweisung

Computec GmbH & Co. KG
Hard- und Softwarevertrieb, Bürogeräte

Computec GmbH & Co. KG, Volksparkstraße 12–20, 22525 Hamburg

Primus GmbH
Koloniestraße 2–4

47057 Duisburg

Computec GmbH & Co. KG
Volksparkstraße 12–20, 22525 Hamburg
Telefon 040 22446-69
Telefax 040 22446-64

Bei Zahlung bitte Rechnungs-Nr. und Kunden-Nr. angeben!

Bank: Hamburger Handelsbank
BLZ 200 205 00
Kto-Nr.: 671 190 870

Beleg-Nr. 342

Rechnung

Ihre Bestellung vom	Kunden-Nr.	Rechnungs-Nr.	Rechnungstag
	05839	19230	..-07-17

Pos.	Artikel-Nr.	Artikelbezeichnung	Menge	Einzelpreis EUR	Gesamtpreis EUR
1	237064	Drehsäule für Aktenordner 3 Etagen	60	192,25	11 535,00

Warenwert netto	Verpackung	Fracht	Entgelt netto	USt-%	USt-EUR	Gesamtbetrag
11 535,00			11 535,00	16	1 845,60	13 380,60

Lieferung: Ab Werk
Zahlung: 30 Tage Ziel, netto

PRIMUS GmbH
Groß- und Außenhandel für Bürobedarf

Primus GmbH, Koloniestraße 2–4, 47057 Duisburg

Bürofachgeschäft
Herbert Blank
Cäcilienstraße 86

46147 Oberhausen

Anschrift: Koloniestraße 2–4
47057 Duisburg

Telefon: 0203 44536-90
Telefax: 0203 44536-98

Banken: Stadtsparkasse Duisburg
BLZ 350 500 00 · Kto-Nr.: 360 058 796
Postbank Dortmund
BLZ 440 100 46 · Kto-Nr.: 286 778-431

Beleg-Nr. 343

KOPIE

Ihr Auftrag vom

Rechnung

Kunden-Nr.	Rechnungs-Nr.	Rechnungstag
8671	52498	..-07-18
Bei Zahlung bitte angeben		

Pos.	Artikel-Nr.	Artikelbezeichnung	Menge	Einzelpreis EUR	Gesamtpreis EUR
1	335B927	Faxgerät FX640TI	40	499,50	19 980,00

Warenwert netto	Verpackung	Fracht	Entgelt netto	USt-%	USt-EUR	Gesamtbetrag
19 980,00			19 980,00	16	3 196,80	23 176,80

Zahlbar binnen 30 Tagen ohne Abzug oder innerhalb von 10 Tagen mit 2 % Skonto.

Beleg-Nr. 344

J. F. CASPERS
GmbH & Co.
Am Deichtor 1, 47059 Duisburg

seit über 135 Jahren

Fachgeschäft für Büroausstattung, Buch- und Offsetdruckerei, Adressbuch- und Telefonbuchverlag

Primus GmbH
Koloniestr. 2–4, 47057 Duisburg

	Datum ..-07-27	EUR	EUR	Cent
10	Ordner	2,00	20	00
15	Alleskleber	2,88	43	20
10	Register	1,40	14	00
			77	20

Betrag dankend erhalten
Duisburg, den 27. Juli ..
J. F. CASPERS

Vielen Dank für Ihren Einkauf. **Bitte kommen Sie bald wieder!**

Bei Irrtümern oder Umtausch bitte diesen Zettel vorlegen.

Verk. 3

4557-8

Betrag einschl. 16 % Mehrwertsteuer

3 a) Buchen Sie die drei Belege Nr. 342, 343 und 344!

b) Ermitteln Sie aus den drei Belegen
1. die absetzbare Vorsteuer,
2. die Umsatzsteuerzahllast!

4 Der Kalkulationszuschlagssatz beträgt 25 %.
a) Wie viel Prozent beträgt die Handelsspanne?
b) Wie lautet der Kalkulationsfaktor?

5 Die Buchhaltung ermittelte folgende Daten für die 4 Quartale des Geschäftsjahres (Werte in TEUR):

	1. Quartal	2. Quartal	3. Quartal	4. Quartal
Warenanfangsbestand	400	450	380	420
Warenendbestand	450	380	420	350
Wareneingang	800	680	750	720
Warenverkauf (Umsatz)	1350	1350	1278	1422

Ermitteln Sie

a) den Wareneinsatz der einzelnen Quartale,

b) den Wareneinsatz des Jahres,

c) den Jahresumsatz und -rohgewinn,

d) den Kalkulationszuschlagssatz!

6

Konto 360058796 — Kontoauszug STADTSPARKASSE DUISBURG BLZ 350 500 00 — Auszug 182, Blatt 1

Buch.-Tag	Wert	PN	Erläuterung/Verwendungszweck	Umsätze
28.06.	28.06.	0853	JAHRESMIETE JULI BIS JUNI D.F.J. FUER AUSSTELLUNGSHALLE MOEBELZENTRUM	28 200,00 H
28.06.	28.06.	0960	FINANZKASSE STADT DUISBURG KFZ-STEUER DU-PR-111 JULI BIS JUNI D.F.J.	2 880,00 S

KREDITZUSAGE EUR 80 000

IHR AKTUELLER KONTOSTAND UM 12:30 JHR EUR 282 156,00 H

BS	Letzter Auszug	Auszugsdatum	Alter Kontostand	Neuer Kontostand
44	..-06-27	..-06-29	EUR 256 836,00 H	EUR 282 156,00 H

PRIMUS GMBH, KOLONIESTRASSE 2-4, 47057 DUISBURG

a) Ermitteln Sie
   1. den Posten der Rechnungsabgrenzung aufgrund der Mietzahlung,
   2. den Posten der Rechnungsabgrenzung aufgrund der Kfz-Steuerzahlung!

b) Bilden Sie die Buchungssätze
   1. Miete von Möbelzentrum GmbH unter Berücksichtigung der Rechnungsabgrenzung
   2. Zahlung der Kfz-Steuer an die Finanzkasse unter Berücksichtigung der Rechnungsabgrenzung

7 S — 930 Gewinn und Verlust des Bürofachgeschäfts Herbert Blank e. K. — H

S		H	
211 Zinsaufwendungen	11500,00	801 Warenverkauf	1194441,00
301 Wareneingang	597220,50		
400 Personalkosten	225250,00		
420 Steuern/Versicherungen	9220,50		
430 Energie	13550,00		
440 Werbung	42700,00		
480 AVK	33550,00		
490 Abschreibungen	47500,00		

Das Eigenkapital betrug zu Beginn des Geschäftsjahres 1 400 000,00 EUR.

a) Ermitteln Sie
   1. den Rohgewinn,
   2. den durchschnittlichen Kalkulationszuschlagssatz,
   3. den durchschnittlichen Handlungskostenzuschlagssatz (auf zwei Stellen genau),
   4. den Reingewinn in EUR,
   5. den Gewinnzuschlagssatz (auf zwei Stellen genau),
   6. die Eigenkapital- oder Unternehmerrentabilität, bezogen auf das Anfangskapital des Geschäftsjahres (auf zwei Stellen genau),
   7. das Eigenkapital zum Jahresende!

b) Bilden Sie die Buchungssätze zum Abschluss des Kontos
   1. Gewinn und Verlust,
   2. Eigenkapital!

8 Bewerten Sie folgende Wirtschaftsgüter der Primus GmbH zum Bilanzstichtag für die Bilanz:

a) **Verbindlichkeit** über 136 000 USD ($) lt. ER vom 02. 12., Kurs: 1 EUR = 1,01 $.
   Kurs am 31. 12.:
   1. 1,05 $ für 1 EUR
   2. 0,96 $ für 1 EUR

b) **Grundstück,** Anschaffungswert 150 000,00 EUR; Verkehrswert zum 31. 12.:
   1. 180 000,00 EUR. Es ist mit einer weiteren Wertsteigerung zu rechnen.
   2. 80 000,00 EUR. Ursache ist eine erfolgreiche Bürgerinitiative zugunsten eines Naturschutzgebietes.

c) **Lkw**
   1. **Bewertung bei der Anschaffung,** Listenpreis 120 000,00 EUR, Sonderrabatt 4 %, Skonto 2 %, Überführungs- und Zulassungskosten 3 584,00 EUR, Kfz-Steuer 8 500,00 EUR, Kfz-Versicherung 4 500,00 EUR.
   2. **Bewertung am Ende des 1. Nutzungsjahres:** betriebsgewöhnliche Nutzungsdauer fünf Jahre, lineare Abschreibung.

d) **Warenposten:**
   Anschaffungswert am 14. 12.: 4 000,00 EUR
   Tageswert zum 31. 12.:
   1. 3 700,00 EUR
   2. 4 200,00 EUR

9 Der Buchhaltung einer Elektrowarengroßhandlung entnehmen wir folgende Werte (in EUR):

Anfangsbestand an Waren	1 215 000,00
Warenendbestand lt. Inventur	1 800 000,00
Wareneinkäufe	6 210 000,00
Warenverkäufe	7 875 000,00
Allgemeine Geschäftskosten/Handlungskosten	675 000,00

Berechnen Sie

a) den Einstandspreis (Bezugspreis) der verkauften Waren = Wareneinsatz in TEUR,
b) den Handlungskostensatz,
c) die Umsatzrentabilität,
d) den Kalkulationszuschlagssatz,
e) die Handelsspanne (auf eine Stelle nach dem Komma runden)!

10 **Nach Eröffnung** der Konten am **Geschäftsjahresanfang** .. sind aufgrund folgender Aufzeichnungen der Finanzbuchhaltung entsprechende Umbuchungen vorzunehmen. Zu jeder Umbuchung ist der Betrag in EUR anzugeben.

Anfangsbestände:	EUR
Aktive Posten der Rechnungsabgrenzung	17 600,00
Passive Posten der Rechnungsabgrenzung	14 400,00
Sonstige Forderungen	27 200,00
Sonstige Verbindlichkeiten	40 800,00

Aufzeichnungen:

a) Die Gebäudefeuerversicherungsprämie über 7 200,00 EUR wurde am 27. Dezember .. für das folgende Jahr überwiesen.

b) Am 29. Dezember .. gingen Mieten über 12 000,00 EUR für Januar aus Werkswohnungen ein.

c) Die Kfz-Versicherungsprämien über 20 800,00 EUR wurden am 1. Juli .. für 1 Jahr im Voraus gezahlt.

d) Am 1. Oktober .. gingen Jahreszinsen über 3 200,00 EUR für ein gewährtes Darlehen im Voraus ein.

11

BÜRODESIGN GMBH

Herstellung von Büromöbeln

Bürodesign GmbH, Stolberger Straße 188, 50933 Köln

Primus GmbH
Koloniestraße 2–4

47057 Duisburg

Anschrift: Stolberger Straße 188
50933 Köln

Telefon: 0221 668-3550
Telefax: 0221 668-357

Postbank: Köln BLZ 370 100 50 · Kto-Nr.: 03240 66-506

Banken: Stadtsparkasse Köln
BLZ 370 501 98 · Kto-Nr.: 85 313 948
Deutsche Bank Köln
BLZ 370 700 60 · Kto-Nr.: 25 203 488

Ihr Zeichen, Ihre Nachricht vom	Unser Zeichen, unsere Nachricht vom	Telefon, Name	Datum
	kö-be	35 20 Frau König	..-07-28

Ihre Anfrage vom 24. Juli .. nach „Schreibtisch Chef 2000“

Sehr geehrte Frau Konski,

wir danken Ihnen für Ihr Interesse an unserem

Schreibtisch Chef 2000, Bestell-Nr. 100 300,

den wir Ihnen heute noch zum Listenpreis von 324,00 EUR abzüglich 5 % Einführungsrabatt anbieten können. Darüber hinaus gewähren wir bei einer Abnahme von 10 Stück einen Mengenrabatt von 4 %. Die Preise gelten ab Werk Köln. Bei Lieferungen mit unseren eigenen Werkfahrzeugen berechnen wir eine Lieferpauschale von 40,00 EUR.

Zum Rechnungsausgleich gewähren wir Ihnen ein Zahlungsziel von 50 Tagen, bei Zahlung innerhalb von 14 Tagen 2 % Skonto.

Erfüllungsort und Gerichtsstand ist Köln.

Wir erwarten Ihre Bestellung und sichern Ihnen eine Lieferung binnen 10 Tagen zu.

Mit freundlichen Grüßen

i. A. Behrendt

Helmut Behrendt

a) Werten Sie das Angebot der Bürodesign GmbH für die Kalkulation aus und ermitteln Sie
   1. den Bezugspreis für einen Schreibtisch „Chef 2000" bei einer werkseitigen Lieferung der Bürodesign GmbH und einer Abnahmemenge von zehn Stück,
   2. den Verkaufspreis unter Berücksichtigung von 50 % Handlungskosten, 20 % Gewinn, 2 % Kundenskonto, 10 % Kundenrabatt (auf zwei Stellen genau),
   3. den Effektivzinssatz, der dem angebotenen Skontosatz entspricht (auf zwei Stellen genau)!

b) Im Rahmen der Einführung soll der Verkaufspreis von 549,00 EUR nicht überschritten werden. Ermitteln Sie
   1. den Kalkulationszuschlagssatz (auf zwei Stellen genau),
   2. den Kalkulationsfaktor (auf vier Stellen genau)
   3. den Gewinn in EUR und in Prozent (auf zwei Stellen genau)!

12 Ein Handelsvertreter der Primus GmbH benötigt für Kundenbesuche in der Schweiz 2 720,00 Sfrs. Die Hausbank des Handelsvertreters tauschte zu folgenden Kursen um:

Geld 1,59 Brief 1,62

Nach der einwöchigen Reise tauscht der Handelsvertreter 540,00 Sfrs bei derselben Bank ein und erhält 337,67 EUR zurück.

a) Wie viel EUR benötigt der Handelsvertreter zum Umtausch in Sfrs (auf zwei Stellen genau)?

b) Welchen Kurs berechnet die Bank beim Rücktausch von Sfrs in EUR?

Aufgabensatz 3

1 Stellen Sie bei den folgenden Geschäftsfällen fest, welche Bilanzveränderung sie bewirken:

1. einen Aktivtausch
2. einen Passivtausch
3. eine Aktiv-Passivmehrung
4. eine Aktiv-Passivminderung

Geschäftsfälle:

a) Ausgleich einer fälligen Eingangsrechnung durch Banküberweisung
b) Kauf einer Büromaschine gegen Bankscheck + 16 % USt
c) Ein Kunde überweist den fälligen Rechnungsbetrag auf das Postbankkonto
d) Die Bank bucht die fällige Tilgungsrate für ein Hypothekendarlehen aus dem Guthaben ab.
e) Wareneinkauf auf Ziel + 16 % USt
f) Warenverkauf auf Ziel + 16 % USt
g) Abschreibung auf Fuhrpark
h) Banküberweisung der Umsatzsteuerzahllast an das Finanzamt
i) Gehaltszahlung durch Banküberweisung

2

S	930 Gewinn und Verlust der Textilgroßhandlung Peter Klein e. K.		H
301 Wareneingang	2 440 000,00	801 Warenverkauf	5 490 000,00
400 Personalkosten	1 450 000,00		
410 Mieten/Leasing	400 000,00		
420 Steuern/Versicherungen	280 000,00		
430 Energie	120 000,00		
440 Werbung	250 000,00		
460 Kosten der Warenabgabe	34 000,00		
480 AVK	50 000,00		
490 Abschreibungen	100 000,00		
?	?		
	?		?

Das Eigenkapital betrug zu Beginn des Geschäftsjahres 3 000 000,00 EUR.

a) Ermitteln Sie
   1. den Rohgewinn in TEUR,
   2. den durchschnittlichen Kalkulationsfaktor,
   3. den durchschnittlichen Handlungskostenzuschlagssatz,
   4. den Gewinnzuschlagssatz (auf zwei Stellen genau),
   5. die Eigenkapital- oder Unternehmerrentabilität, bezogen auf das Anfangskapital des Geschäftsjahres,
   6. das Eigenkapital zum Jahresende in TEUR!

b) Bilden Sie die Buchungssätze zum Abschluss des Kontos
   1. Gewinn und Verlust,
   2. Eigenkapital!

3 Von zwei Anlagegütern der Primus GmbH, die linear abgeschrieben werden, werden am Ende des 3. Nutzungsjahres folgende Angaben gemacht:

Anlagegüter	Anschaffungswert	Abschreibungen insgesamt	Abschreibung des Jahres	Buchwert	Buchwert des Vorjahres
Lkw	110 000,00	66 000,00	22 000,00	44 000,00	
computergesteuerte Lagertransportanlage	270 000,00		22 500,00		225 000,00

a) Ermitteln Sie für den Lkw
   1. den Abschreibungssatz,
   2. die betriebsgewöhnliche Nutzungsdauer,
   3. den Buchwert des Vorjahres,
   4. wie viel Prozent abgeschrieben sind!

b) Ermitteln Sie für die computergesteuerte Lagertransportanlage
   1. den Buchwert des Geschäftsjahres,
   2. die betriebsgewöhnliche Nutzungsdauer,
   3. die Abschreibung insgesamt,
   4. wie viel Prozent abgeschrieben sind!

4 Eine Maschine wird einem Großhändler zu folgenden Bedingungen angeboten:

Rabatt 25 %, Sondernachlass vom Restbetrag 25 %, Skonto 2 %.

Wie viel Prozent Nachlass, gemessen am Listenpreis, erhält der Großhändler unter Ausnutzung aller Preisvergünstigungen insgesamt?

5 Erfassen Sie folgende Vorgänge auf den Konten Wareneingang, verschiedene Aufwendungen, Warenbestände und Warenverkauf und stellen Sie den Bruttoabschluss dar (Werte in EUR):

1. Warenanfangsbestand	280 000,00
2. Warenverkäufe auf Ziel	460 000,00
3. Warenverkäufe gegen Bankscheck	200 000,00
4. Wareneinkauf auf Ziel	400 000,00
5. Warenverkauf bar	60 000,00
6. Verschiedene betriebliche Aufwendungen durch Banküberweisung	216 000,00
7. Warenendbestand lt. Inventur	320 000,00

Ermitteln Sie

a) den Wareneinsatz,

b) den Rohgewinn,

c) den Handlungskostenzuschlagssatz,

d) den Gewinnzuschlagssatz,

e) den Kalkulationszuschlagssatz,

f) die Handelsspanne,

g) den Kalkulationsfaktor!

6

Konto	Kontoauszug			Auszug	Blatt
360058796	STADTSPARKASSE DUISBURG	BLZ 350 500 00		189	1

Buch.-Tag	Wert	PN	Erläuterung/Verwendungszweck	Umsätze
25.10.	25.10.	0853	HANS CASPER GARTENGESTALTER, FRANKFURT KD-NR 32765, RG-NR 61358 V. ..-08-23 ZUZUEGL. 7% VERZUGSZINSEN FUER 60 TAGE	9 857,68 H

KREDITZUSAGE EUR 80 000

IHR AKTUELLER KONTOSTAND UM 13:30 UHR EUR 148 323,68 H

BS	Letzter Auszug	Auszugsdatum	Alter Kontostand	Neuer Kontostand
44	..-10-24	..-10-26	EUR 138 466,00 H	EUR 148 323,68 H

PRIMUS GMBH, KOLONIESTRASSE 2-4, 47057 DUISBURG

a) Über welchen Betrag lautete die Ausgangsrechnung?

b) Wie lautet die Buchung, wenn dem Kunden die Verzugszinsen eine Woche vorher in Rechnung gestellt wurden?

7 Bestimmen Sie, in welchen der Spalten 1 bis 8 der Abgrenzungsrechnung lt. folgender Grafik die unten stehenden Sachverhalte der Primus GmbH erfasst werden:

Abgrenzungsrechnung / Aufwands- und Ertragspositionen	I		II		III		IV	
	Werte der Finanzbuchhaltung		Unternehmungsbezogene Abgrenzungsrechnung		Betriebsbezogene Abgrenzungsrechnung		Kosten- und Leistungsarten	
	1	2	3	4	5	6	7	8
Bezeichnung	Aufwendungen	Erträge	betriebsfr. Aufwendungen	betriebsfr. Erträge	betr. a. o. Aufwendungen	betr. a. o. Erträge	Kosten	Leistungen

Sachverhalte:

a) Umsatzerlöse/Warenverkäufe
b) Wareneinsatz
c) Bilanzmäßige Abschreibung
d) Instandhaltung vermieteter Gebäudeteile
e) Kalkulatorische Abschreibung
f) Mieterträge aus vermieteten Gebäudeteilen
g) Warenverderb
h) Kalkulatorische Wagnisse

8

Konto	Kontoauszug		Auszug	Blatt
360058796	STADTSPARKASSE DUISBURG	BLZ 350 500 00	192	1

Buch.-Tag	Wert	PN	Erläuterung/Verwendungszweck	Umsätze
30.09.	30.09.	0913	KAUF VON 6 200 US-$ + 7,20 EUR SPESEN	5 277,20 S
30.09.	30.09.	0980	RHEIN. VERSICHERUNGSANSTALT KFZ-VERSICHERUNG DU-PS-2000 OKT. BIS SEPT. D.F.J.	1 984,00 S

KREDITZUSAGE EUR 80 000

IHR AKTUELLER KONTOSTAND UM 15:15 UHR EUR 196 900,80 H

BS	Letzter Auszug	Auszugsdatum	Alter Kontostand	Neuer Kontostand
44	..-09-29	..-10-01	EUR 204 162,00 H	EUR 196 900,80 H

PRIMUS GMBH, KOLONIESTRASSE 2-4, 47057 DUISBURG

a) Ermitteln Sie
   1. den Verkaufskurs der Stadtsparkasse Duisburg für US-Dollar,
   2. den Posten der Rechnungsabgrenzung aufgrund der Prämienzahlung an die Rheinische Versicherungsanstalt!

b) Bilden Sie die Buchungssätze zur Vorkontierung
   1. des Umtauschs für eine Geschäftsreise des Abteilungsleiters Verkauf/Marketing zu verschiedenen Kunden in den Vereinigten Staaten,
   2. der Prämienzahlung an die Rheinische Versicherungsanstalt unter Berücksichtigung der zeitlichen Abgrenzung!

9 Bewerten Sie folgende Wirtschaftsgüter der Primus GmbH zum Bilanzstichtag für die Bilanz:

a) **Verbindlichkeit** über 136 000 USD ($) lt. ER vom 2. 12., Kurs: 1 EUR = 1,03 $.
Kurs am 31. 12.: 1 EUR = 0,99 $

b) **Grundstück,** Anschaffungswert 160 000,00 EUR; Verkehrswert zum 31. 12.: 250 000,00 EUR.
Es ist mit einer weiteren Wertsteigerung zu rechnen.

c) **Lkw**

1. **Bewertung bei der Anschaffung,** Listenpreis 180 000,00 EUR, Sonderrabatt 4 %, Skonto 2 %, Überführungs- und Zulassungskosten 2 656,00 EUR, Kfz-Steuer 8 500,00 EUR, Kfz-Versicherung 4 500,00 EUR.
2. **Bewertung am Ende des 1. Nutzungsjahres:** betriebsgewöhnliche Nutzungsdauer 5 Jahre, lineare Abschreibung

d) **Warenposten I**

Anschaffungswert am 14. 12.	2 650,00 EUR
Tageswert zum 31. 12.	2 500,00 EUR

Warenposten II

Anschaffungswert am 15. 12.	5 400,00 EUR
Tageswert zum 31. 12.	5 600,00 EUR

10 Ein Konkurrenzunternehmen der Primus GmbH verkaufte im letzten Jahr weltweit bei einem Beschäftigungsgrad von 72 % 10 800 Stück des PC-Tisches „Modulo" zum Verkaufspreis von 398,00 EUR. Der PC-Tisch verursachte variable Kosten von 248,00 EUR je Stück und fixe Kosten von insgesamt 1 072 500,00 EUR.

Ermitteln Sie
a) den Stückdeckungsbeitrag,
b) die Gewinnschwellenmenge,
c) den Erfolg,
d) die Kapazität in Stück,
e) Kosten und Erlöse bei der Gewinnschwellenmenge,
f) den Beschäftigungsgrad bei der Gewinnschwelle (auf ganze Zahl aufrunden)!

11 Ein Großhandelsunternehmen kalkuliert den Verkaufspreis von 840,00 EUR mit einem Kalkulationszuschlag von 60 %, in dem 20 % Handlungskosten, 12,5 % Kundenrabatt und 2 % Kundenskonto berücksichtigt sind.

Ermitteln Sie den Gewinn in EUR und in Prozent!

12 Bilden Sie die Buchungssätze zur zeitlichen Abgrenzung zum Geschäftsjahresende (31. Dezember).

Sachverhalte:
a) Die Kfz-Steuer für einen Lkw wurde am 1. Dezember für drei Monate im Voraus überwiesen.
b) Die Dezembermiete für eine vermietete Lagerhalle ist am Geschäftsjahresende noch nicht eingegangen.
c) Der Handelskammerbeitrag für das letzte Quartal wird erst im neuen Geschäftsjahr überwiesen.
d) Der Bescheid des Stadtsteueramtes über die für das abgelaufene Geschäftsjahr nachzuzahlende Gewerbesteuer steht noch aus.
e) Ein Mieter eines Büroraumes hat die Miete für die Monate Dezember, Januar und Februar vertragsgemäß im Voraus gezahlt.

Anhang

Ein Unternehmen stellt sich vor

Jedes Unternehmen ist gleichzeitig Kunde bei anderen Unternehmen (Lieferer) und hat selbst Abnehmer (Kunden). Groß- und Außenhandelsunternehmen beschaffen Waren von verschiedenen Herstellern, die sie ihren Kunden anbieten.

Damit Sie die vielfältigen Probleme und Methoden des Rechnungswesens leichter kennen lernen, haben wir in diesem Buch für Sie ein mittelständisches Unternehmen als Modellbetrieb gewählt, die **Primus GmbH**, Groß- und Außenhandlung für Bürobedarf. An typischen Situationen dieses Unternehmens lernen Sie die wesentlichen Themen kennen, mit denen sich das Rechnungswesen beschäftigt. Sie erfahren, wie betriebswirtschaftliche Entscheidungen zustande kommen und welche Methoden eingesetzt werden, damit ein Unternehmen Erfolg hat.

Betrachten Sie die Primus GmbH als „Ihren Ausbildungsbetrieb", um betriebswirtschaftliches Denken und Handeln zu lernen. Hierzu wollen Sie sicher einige Details über dieses Unternehmen erfahren. Auf den nächsten Seiten wird Ihre Neugier gestillt.

Sie erfahren, wo die Primus GmbH ihren Sitz hat, wie das Unternehmen aufgebaut ist, welche Abteilungen vorhanden sind und welche Menschen in diesem Unternehmen arbeiten. Einigen Mitarbeitern werden Sie in diesem Buch häufig begegnen. Sie beobachten sie in typischen betrieblichen Situationen.

Sie finden auch einen Auszug aus dem Katalog der Waren (Sortiment), die von der Primus GmbH vertrieben werden, sowie einen Auszug aus der Kunden- und Liefererdatei. Außerdem wird der Gesellschaftsvertrag der Primus GmbH vorgestellt. Schließlich erfahren Sie, in welchen Verbänden die Primus GmbH Mitglied ist und wie ihr Betriebsrat und ihre Jugendvertretung zusammengesetzt sind.

Auf diese Informationen werden Sie bei Ihrer Lernarbeit häufiger zurückgreifen. Deshalb haben wir sie zusammengefasst und als Anhang am Ende des Buches zur ständigen Nutzung dargestellt.

Szenario

Nicole Höver und Andreas Dick sind Auszubildende zur Kauffrau bzw. zum Kaufmann im Groß- und Außenhandel bei der Primus GmbH, einem Groß- und Außenhandelsunternehmen für Bürobedarf in Duisburg, und Schüler einer Unterstufe für diese Ausbildungsberufe an einer berufsbildenden Schule in Duisburg.

Am ersten Tag des Unterrichts einigen sich die Schüler ihrer Klasse, ihre Ausbildungsbetriebe vorzustellen. Diese Vorstellung soll in einem kleinen Projekt bearbeitet werden:

„Wir stellen unseren Ausbildungsbetrieb vor."

Arbeitsauftrag

- Innerhalb der Klasse haben sich mehrere Gruppen gebildet, die Gemeinsamkeiten und Unterschiede eines Industrie-, eines Groß- und Außenhandels-, eines Einzelhandels-, eines Handwerkbetriebes, eines Kreditinstitutes und eines Versicherungsunternehmens vorstellen sollen. Nicole Höver und Andreas Dick haben sich dafür entschieden, ihren Ausbildungsbetrieb, die Primus GmbH, vorzustellen. Zu diesem Zweck haben sie sich Unterlagen von der Primus GmbH besorgt (vgl. S. 249 bis 255).

  Helfen Sie Nicole Höver und Andreas Dick bei der Vorstellung der Primus GmbH!
- Der zuständige Lehrer bittet außerdem um die Beantwortung nachstehender Fragen. Benutzen Sie zur Beantwortung dieser Fragen das Sachwortverzeichnis des vorliegenden Buches!
  1. Stellen Sie die wesentlichen Aufgaben der Primus GmbH im Rahmen der Gesamtwirtschaft dar!
  2. Erläutern Sie das Organigramm der Primus GmbH!
  3. Stellen Sie mögliche Aufgaben des Rechnungswesens zusammen!
  4. Erläutern Sie die Leistungserstellung der Primus GmbH und die Bedeutung der Buchführung und der Kosten- und Leistungsrechnung in diesem Zusammenhang!

Der Standort

Lager- und Büroräume der Primus GmbH liegen in Duisburg in der Koloniestr. 2–4 (vgl. S. 250). Die Grundstücke und Gebäude sind Eigentum der Primus GmbH.

Die Primus GmbH unterhält in ihrem Verwaltungsgebäude eine kleine Verkaufsboutique, in der gewerbliche Kunden und Letztverbraucher Waren kaufen können. Die Verkaufsboutique wird von den Auszubildenden der Primus GmbH geleitet und verwaltet.

Die Primus GmbH ist unmittelbar an der Autobahn A 59 an der Abfahrt Duisburg-Zentrum gelegen. Der Güterbahnhof Duisburg befindet sich ebenfalls in unmittelbarer Nähe. Arbeitnehmerinnen und Arbeitnehmer können mit den Bus- und Straßenbahnlinien fast bis vor den Eingang des Unternehmens fahren. Auf dem Werksgelände befinden sich nur wenige Parkplätze für Mitarbeiter und Kunden, da die Geschäftsleitung der Primus GmbH über die Ausgabe von Jobtickets für die öffentlichen Verkehrsmittel ihre Mitarbeiter zu umweltbewusstem Verhalten anhalten möchte.

Telefon, Telefax und Internet

Telefon: 0203 4453690
Telefax: 0203 4453698
eMail: Info@Primus-Buerobedarf.de
Internet: http://www.Primus.Buerobedarf.de

Die Bankverbindungen

Geldinstitut	BLZ	Kontonummer
Stadtsparkasse Duisburg	350 500 00	360 058 796
Postbank Dortmund	440 100 46	286 778 431

Steuer-, Betriebs-Nr. für Sozialversicherung und Handelsregistereintragung

Finanzamt: Duisburg-Süd; **Steuer-Nr.:** 032/130/0146; **USt-IDNr.** DE-12465933
Betriebs-Nr. für die Sozialversicherung: 43641271
Handelsregistereintragung: Amtsgericht Duisburg HR B 467-0301

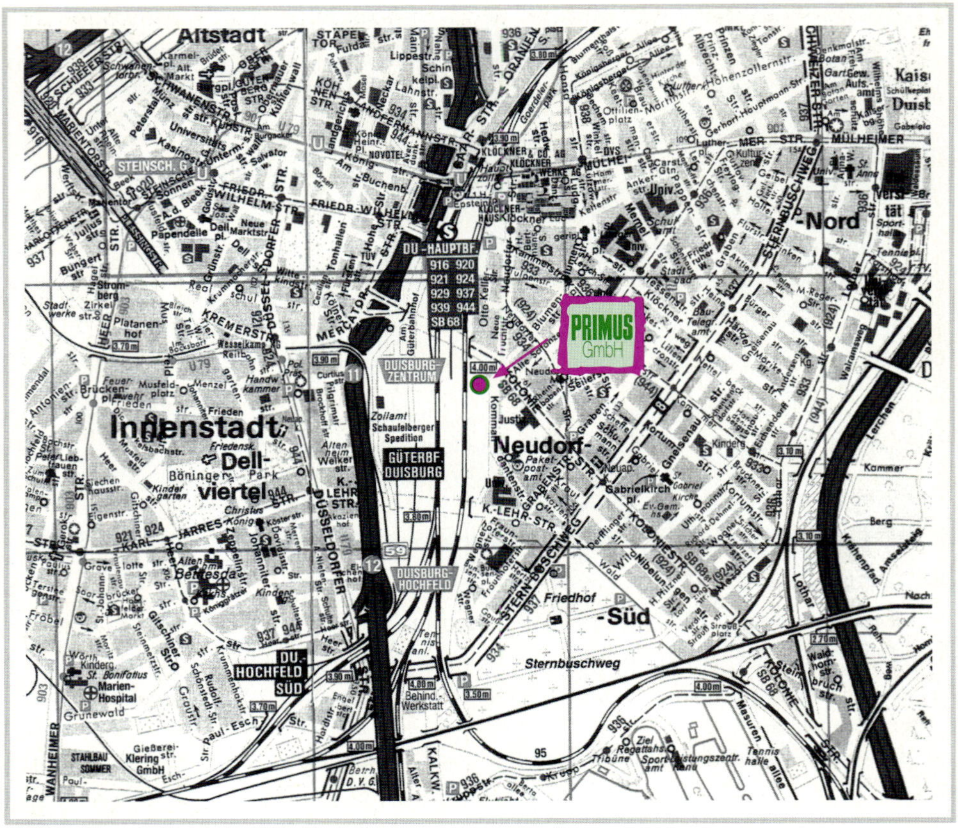

Die Verbände

Gemäß § 1 IHK-Gesetz ist die Primus GmbH Mitglied in der Industrie- und Handelskammer zu Duisburg. Die Geschäftsführerin, Frau Primus, die Abteilungsleiterinnen Frau Berg und Frau Konski und der Abteilungsleiter Herr Patt sind Mitglieder in Prüfungsausschüssen der IHK. Das Unternehmen ist im Groß- und Außenhandelsverband Westfalen-Mitte organisiert, die organisierten Arbeitnehmer sind Mitglieder in der Vereinigten Dienstleistungsgewerkschaft (VerDi).

Der Betriebsrat und die Jugend- und Auszubildendenvertretung

Vorsitzender des Betriebsrates der Primus GmbH ist Marc Cremer, sein Stellvertreter ist Sven Fischer. Jugend- und Auszubildendenvertreterin ist Petra Jäger, Stellvertreter ist Andreas Dick.

Sicherheits-, Umwelt-, Datenschutz- und Qualitätsbeauftragte der Primus GmbH

Sicherheitsbeauftragter:	Arno Schmitt
Umweltbeauftragter:	Thomas Weiß
Datenschutzbeauftragte:	Sabine Berg
Qualitätsbeauftragter:	Jörg Nolte

Organigramm der Primus GmbH, Groß- und Außenhandel für Bürobedarf

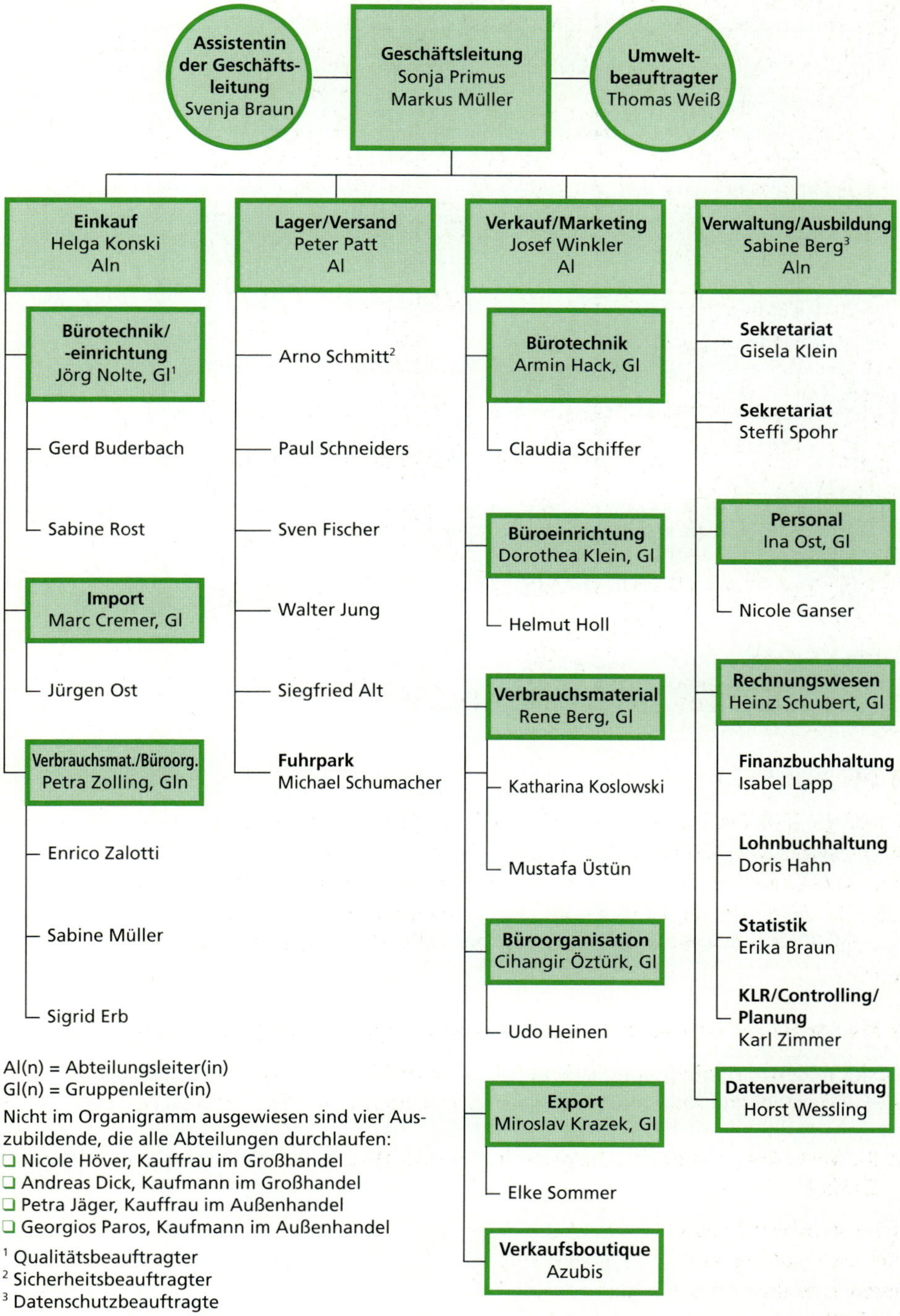

Al(n) = Abteilungsleiter(in)
Gl(n) = Gruppenleiter(in)

Nicht im Organigramm ausgewiesen sind vier Auszubildende, die alle Abteilungen durchlaufen:

- Nicole Höver, Kauffrau im Großhandel
- Andreas Dick, Kaufmann im Großhandel
- Petra Jäger, Kauffrau im Außenhandel
- Georgios Paros, Kaufmann im Außenhandel

[1] Qualitätsbeauftragter
[2] Sicherheitsbeauftragter
[3] Datenschutzbeauftragte

Der Gesellschaftsvertrag (Auszug)

Gesellschaftsvertrag der Primus GmbH Groß- und Außenhandel für Bürobedarf

durch die Gesellschaftsversammlung am 1. Januar .. in 47057 Duisburg,

Koloniestr. 2–4, festgelegt.

§ 1 Die Firma der Gesellschaft lautet Primus GmbH, Groß- und Außenhandel für Bürobedarf.

§ 2 Der Geschäftssitz der Gesellschaft ist in 47057 Duisburg, Koloniestr. 2–4.

§ 3 Die Gesellschaft betreibt die Anschaffung und Weiterveräußerung von Bürobedarf aller Art. Nach Möglichkeit sollen umweltverträgliche Artikel angeboten werden.

§ 5 Das Stammkapital der Gesellschaft beträgt 600 000,00 EUR.

§ 6 Das Stammkapital wird aufgebracht:

1. Gesellschafterin Dipl.-Kauffrau Sonja Primus mit einer Stammeinlage von 300 000,00 EUR
2. Gesellschafter Dipl.-Betriebswirt Markus Müller mit einer Stammeinlage von 300 000,00 EUR
   Die Stammeinlagen sind in bar oder in Sachwerten zu leisten. Sie sind sofort in voller Höhe fällig.

§ 7 Der Mindestbetrag einer Stammeinlage muss 500,00 EUR betragen. Jede andere Stammeinlage muss durch 100,00 EUR teilbar sein. Die Gesellschafter leisten ihre Geschäftsanteile in bar.

§ 8 Die Gesellschafterversammlung beruft einstimmig die Geschäftsführung.

§ 10 Die Gesellschafter treten jährlich einmal zu einer ordentlichen Versammlung zusammen. Die Geschäftsführer laden mit einwöchiger Frist unter Angabe von Tagungsort, Tagungszeit und Tagesordnung ein.

§ 13 Jeder Gesellschafter kann aus wichtigem Grund seinen Austritt aus der Gesellschaft erklären. Der Austritt ist nur zum Ende eines Geschäftsjahres zulässig. Er hat durch Einschreibebrief mit einer Frist von sechs Monaten zu erfolgen. Bei Kündigung der Gesellschafter oder Austritt wird die Gesellschaft nicht aufgelöst.

§ 16 Bekanntmachungen der Gesellschaft nach den gesetzlichen Bestimmungen erfolgen ausschließlich im Bundesanzeiger.

§ 20 Außerhalb des Gesellschaftsvertrages wurde folgender Beschluss gefasst:
Als Geschäftsführer gemäß § 9 des Gesellschaftsvertrages werden bestimmt

1. Frau Dipl.-Kauffrau Sonja Primus
2. Herr Dipl.-Betriebswirt Markus Müller

§ 21 Vorstehendes Protokoll wurde den Gesellschaftern vom Notar vorgelesen, von ihnen genehmigt und eigenhändig wie folgt unterzeichnet:

zu 1. Sonja Primus

zu 2. Markus Müller

Das Sortiment

Lieferer-Nr.	Bestell-Nr.	Listeneinkaufspreis, netto/EUR	Artikelbezeichnung	Artikel-Nr.	Listenverkaufspreis, netto/EUR[1]
Warengruppe I: Bürotechnik[2]			**Kalkulationszuschlag 20%**		
5641	237060	416,25	Faxgerät TA InkJet -Fax FX 640TI	335B927	499,50
5641	237061	249,58	Faxgerät Primus Fax T30	235B614	299,50
5641	237062	53,75	Anrufbeantworter euroset AB	230B912	64,50
5641	237063	37,08	Anrufbeantworter Code-A-Phone 2001	237B750	44,50
5688	353389	32,92	Taschenrechner Datenbank SF-4300 B	229B906	39,50
5620	253390	16,25	Taschenrechner TI-5028	155B440	19,50
5620	253391	582,92	Tischkopierer Primus Z-52	150B391	699,50
5669	289922	32,92	Primus Mikro-Diktiergerät S 926	149B393	39,50
5694	253321	415,84	HP-Laser Jet 5 P Laserdrucker	261B289	499,00
Warengruppe 2: Büroeinrichtung			**Kalkulationszuschlag 120%**		
5621	100201	96,59	Schreibtisch Primo	159B574	212,50
5621	100202	90,68	Bildschirm-Arbeitstisch Primo	159B590	199,50
5621	100203	108,86	Rollcontainer Primo	159B632	239,50
5621	100204	64,77	Unterschrank Primo	159B616	142,50
5621	100301	136,14	Schreibtisch Classic	308B049	299,50
5621	100303	58,86	Regalelement Classic	308B122	129,50
5621	100306	179,32	Bandscheiben-Drehstuhl Steifensand	120B592	394,50
5621	100310	90,68	Bandscheiben-Drehstuhl ‚Super-Star'	162B388	199,50
5669	289910	97,50	Bürodrehstuhl Modell 1640	381B814	214,50
5669	289934	33,86	Aktenvernichter Fellowes PS 50	228B684	74,50
5669	289958	64,77	Bildschirmarbeitstisch Charm	160B994	142,50
5669	289967	72,50	Druckertisch Euratio	305B094	159,50
Warengruppe 3: Verbrauch			**Kalkulationszuschlag 80%**		
5677	310290	1,10	Primus-Castell TK-Fine 1306 Druckbleistift	125B567	1,98
5677	310294	10,83	Primus EXPRESS RO33 20 Stück	313B221	19,50
5677	310301	4,43	Tintenroller Ball-Primus R50 9 Stück	316B158	7,98
5610	420100	1,38	Primus Bleistifte 12 Stück	253B989	2,48
5610	420108	1,15	Primus Textmarker 6 Stück	128B488	2,07
5610	420110	6,25	Seminarmark. Primus 270 Boardmark. 10 St.	312B561	11,25
5681	145220	3,32	Primus Notizblock 4×800	236B596	5,98
5681	145237	3,47	Primus Universalblock 10 Stück	116B319	6,25
5681	145250	7,47	Recycling Briefumschläge C6 1000 Stück	250B423	13,45
5681	145200	14,44	Computerpapier A4 weiß 80 g 2000 Blatt	705B251	26,00
5666	281000	21,94	Kopierpapier Primus XERO-Copy 5000 Blatt	239B632	39,50
5666	281001	3,58	Kopierpapier X-Offit 500 Blatt	251B926	6,45
Warengruppe 4: Organisation			**Kalkulationszuschlag 100%**		
5641	237064	192,25	Drehsäule für Aktenordner 3 Etagen	182B238	384,50
5666	405129	1,00	Primus Ordner 6 Farben A4	119B263	2,00
5666	405145	0,79	Primus Trennblätter A4 Register 10 Stück	118B364	1,58
5669	289905	4,49	Registraturlocher	200B071	9,98
5669	289908	3,74	Primus Briefablage 5 Stück	310B615	7,48
5669	289915	5,88	Karteikasten aus Kunststoff	138B859	11,76
5669	289922	32,25	Zeitschriftenhalter	240B804	64,50
5610	420115	3,74	Primus Heftzange B36	194B340	7,48
5610	420130	22,50	Magister-Flip-Chart-Tafel	296B673	45,00
5681	145260	14,00	Primus Hängehefter 50 Stück	128B579	28,00

[1] Aus Gründen der Vereinfachung wurden einige Verkaufspreise auf glatte Beträge auf- oder abgerundet.
[2] Auf die Warengruppe I werden keine Rabatte gewährt.

Liefererdatei der Primus GmbH (Auszug)

Firma	Lieferer-/ Kred.-Nr.	Adresse	Ansprech-partner	Tel./ Fax	Kredit-institut	Produkte	Liefer-bedingungen	Zahlungs-bedingungen	Umsatz lfd. Jahr in EUR
Giesen & Co OHG Herstellung von Kleingeräten für Schulungsbedarf	5610 K71710	Quarzstr. 98 51371 Leverkusen	Frau Gentgen	0214 766754 766734	Bank für Gemeinwirtschaft Leverkusen BLZ: 37511411 Kto.-Nr. 674563870	Büromaterial, Schulungs-bedarf	Auftragswert bis 1000 EUR: 50 EUR, über 1000 EUR: 84 EUR Verpackungs-pauschale: 21 EUR	Ziel: 20 Tage Skonto: 7 Tage/2%	45000,00
Computec GmbH & Co KG Hard- u. Softwarevertrieb	5620 K71711	Volkspark-str. 12–20 22525 Hamburg	Herr Ötztürk	040 2244669 2244664	Hamburger Handelsbank BLZ: 20020500 Kto.-Nr.: 671190870	Hard- und Software, Bürogeräte	bis 10 kg: 12 EUR, bis 25 kg: 20 EUR, bis 50 kg: 32 EUR, bis 100 kg: 54 EUR, über 100 kg nach Vereinbarung	Ziel: 14 Tage Skonto: -	600000,00
Bürodesign GmbH Herstellung von Büromöbeln	5621 K71712	Stolberger Str. 188 50933 Köln	Herr Stam	0221 6683550 668357	Postbank Köln BLZ: 37010050 Kto.-Nr. 324066-506	Büromöbel	bis 20 km Lieferpauschale: 80 EUR	Ziel: 50 Tage Skonto: 14 Tage/2%	210000,00
Jansen BV. Bürotechnik	5641 K71713	Jan de Ver-wersstraat 10 NL-5900 AV Venlo	Frau Sommer	00314780 866350 866401	ABN-Amro Venlo BLZ: 1031471 Kto.-Nr.: 92233723	Bürogeräte aller Art	4% vom Warenwert, maximal 400 EUR	Ziel: 30 Tage Skonto: -	165000,00
Latex AG Herstellung von Büroverbrauchs-gütern	5666 K71714	Neckar-str. 89–121 12053 Berlin	Frau Demming	030 445546 445548	Citibank Berlin BLZ: 10010900 Kto.-Nr.: 98453223	Bürobedarf aller Art	Spesenpauschale: 10 EUR	Ziel: 60 Tage Skonto: 14 Tage/3%	75000,00
Bürotec GmbH Büroeinrichtung aller Art	5669 K71715	Fabrik-str. 24–30 04129 Leipzig	Frau Asbach	03141 554645 554849	Deutsche Bank Leipzig BLZ: 87070000 Kto.-Nr.: 91111723	Bürogeräte, Büromöbel, Büro-einrichtungs-gegenstände	Auftragswert über 10000,00 EUR frei Haus	Ziel: 30 Tage Skonto: 10 Tage/2%	150000,00
Flamingo-werke AG Fabrikation von Schreibbedarf	5677 K71716	Palzstr. 16 59073 Hamm	Frau Sydow	02381 417118 985410	Volksbank Hamm BLZ: 41060120 Kto.-Nr.: 98789723	Schreibbedarf aller Art	ab Bestellwert von 2000 EUR frei Haus, sonst 3% vom Warenwert, mindestens jedoch 15 EUR	Ziel: 14 Tage Skonto: -	110000,00
Papierwerke Iserlohn GmbH Müller & Co	5681 K71717	Laarstr. 19 58636 Iserlohn	Herr Kern	02371 334231 334232	Deutsche Bank Iserlohn BLZ: 44580070 Kto.-Nr.: 674563870	Papierwaren aller Art	ab Werk	Ziel: 30 Tage Skonto: 10 Tage/3%	80000,00
Silvermann & Smith Co. Ltd.	5688 K71718	GPO Box 1731 18–22 Sydney street Melbourne VIC 3001 Victoria-Australia	Herr Sussex	0061348 33661 0061348 33654	Bank of Melbourne Kto.-Nr.: 1432698	Hardware, Bürogeräte	EX WORKS	Ziel: 30 Tage	110000,00
Richard D. Wesley, Inc.	5694 K71719	64–70 John F. Kennedy bvd. Washington, DC 20265-9997 Columbia USA	Frau Jagger	00120216 346829 00120216 346833	Bank of Chicago Kto.-Nr.: 8866352	Hard- und Software	C & F	Ziel: 20 Tage	145000,00

Kundendatei der Primus GmbH (Auszug)

Firma	Kunden-/ Debit-Nr.	Adresse	Ansprechpartner	Tel./Fax	Kreditinstitut	Umsatz lfd. Jahr in EUR	Offene Rechnungen	Rabattsätze[1]
Stadtverwaltung Duisburg	8135 D10110	Am Buchenbaum 18–22 47051 Duisburg	Herr Baum	0203 667531 667538	Landeszentralbank Duisburg BLZ: 35000000 Kto.-Nr.: 111222870	230000,00	0	20%
Klöckner-Müller Elektronik AG	8142 D10120	Taunusring 16–34 63069 Offenbach	Frau Jansen	069 443228 443217	Commerzbank Offenbach BLZ: 50540028 Kto.-Nr. 43978623	285000,00	1	25%
Herstadt Warenhaus GmbH	8155 D10130	Brunostr. 45 45889 Gelsenkirchen	Herr Kluge	0209 56499 54490	Postbank Dortmund BLZ: 44010046 Kto.-Nr.: 432056-204	185000,00	1	35%
Krankenhaus GmbH Duisburg	8326 D10140	Emsstr. 30–40 47169 Duisburg	Frau Straub	0203 556476 556448	Volksbank Meiderich BLZ: 35060281 Kto.-Nr.: 89366223	105000,00	1	25%
Modellux GmbH & Co KG Herstellung von Modelleisenbahnen	8453 D10150	Hofstr. 55–67 48167 Münster	Frau Simon	0251 89438 89444	Deutsche Bank Münster BLZ: 40070080 Kto.-Nr. 674563870	240000,00	2	20%
Computerfachhandel Martina van den Bosch	8564 D10160	Vinckenhofstraat 45 NL 5900 AA Venlo	Frau van den Bosch	003153 341769 341764	Crédit Lyonnais Bank Nederland BLZ: 3241100 Kto.-Nr.: 656632120	145000,00	0	40%
Bürofachgeschäft Herbert Blank e.K.	8671 D10170	Cäcilienstr. 86 46147 Oberhausen	Frau Brieger	0208 111360 111345	Dresdner Bank Oberhausen BLZ: 36580072 Kto.-Nr. 06789763	75000,00	3	30%
Carl Wägli Bürobedarf	8784 D10180	Ostermundigerstr. 121 CH-3030 Bern	Herr Wägli	004131 3382708 004131 3387308	Postbank Bern Kto.-Nr.: 30-654372-0	90000,00	0	25%

Konkurrenzbetriebe

Schäfer & Co KG Büroeinrichtungssysteme und Bürobedarf	Kaarster Weg 124–126 40547 Düsseldorf
Feld OHG Bürobedarf, Büromöbel, Büromaschinen	Ruhrstr. 48–52 46049 Oberhausen
Otto Rompf GmbH Bürobedarf, Direktversand	Baumstr. 108 45128 Essen
ABE Aktuell Büro-Einrichtungen KG	Dillinger Str. 16 47059 Duisburg

[1] Auf die Warengruppe I Bürotechnik werden keine Rabatte gewährt.

Sachwortverzeichnis